轨道交通装备制造业职业技能鉴定指导丛书

工业自动化仪器仪表与装置修理工

中国北车股份有限公司　编写

中国铁道出版社

2015年·北 京

图书在版编目(CIP)数据

工业自动化仪器仪表与装置修理工/中国北车股份有限公司编写.—北京:中国铁道出版社,2015.3

(轨道交通装备制造业职业技能鉴定指导丛书)

ISBN 978-7-113-19308-9

Ⅰ.①工… Ⅱ.①中… Ⅲ.①电子仪器—维修—职业技能—鉴定—教材 ②电工仪表—维修—职业技能—鉴定—教材 Ⅳ.①TM930.7

中国版本图书馆 CIP 数据核字(2014)第 226075 号

书　　名: 轨道交通装备制造业职业技能鉴定指导丛书
工业自动化仪器仪表与装置修理工

作　　者: 中国北车股份有限公司

策　　划: 江新锡　钱士明　徐　艳

责任编辑: 陶赛赛　　　**编辑部电话:** 010-51873193

编辑助理: 袁希翀

封面设计: 郑春鹏

责任校对: 龚长江

责任印制: 郭向伟

出版发行: 中国铁道出版社(100054,北京市西城区右安门西街 8 号)

网　　址: http://www.tdpress.com

印　　刷: 北京尚品荣华印刷有限公司

版　　次: 2015 年 3 月第 1 版　2015 年 3 月第 1 次印刷

开　　本: 787 mm×1092 mm　1/16　**印张:** 14.25　**字数:** 352 千

书　　号: ISBN 978-7-113-19308-9

定　　价: 45.00 元

序

在党中央、国务院的正确决策和大力支持下，中国高铁事业迅猛发展。中国已成为全球高铁技术最全、集成能力最强、运营里程最长、运行速度最高的国家。高铁已成为中国外交的新名片，成为中国高端装备"走出国门"的排头兵。

中国北车作为高铁事业的积极参与者和主要推动者，在大力推动产品、技术创新的同时，始终站在人才队伍建设的重要战略高度，把高技能人才作为创新资源的重要组成部分，不断加大培养力度。广大技术工人立足本职岗位，用自己的聪明才智，为中国高铁事业的创新、发展做出了重要贡献，被李克强同志亲切地赞誉为"中国第一代高铁工人"。如今在这支近5万人的队伍中，持证率已超过96%，高技能人才占比已超过60%，3人荣获"中华技能大奖"，24人荣获国务院"政府特殊津贴"，44人荣获"全国技术能手"称号。

高技能人才队伍的发展，得益于国家的政策环境，得益于企业的发展，也得益于扎实的基础工作。自2002年起，中国北车作为国家首批职业技能鉴定试点企业，积极开展工作，编制鉴定教材，在构建企业技能人才评价体系、推动企业高技能人才队伍建设方面取得明显成效。为适应国家职业技能鉴定工作的不断深入，以及中国高端装备制造技术的快速发展，我们又组织修订、开发了覆盖所有职业（工种）的新教材。

在这次教材修订、开发中，编者们基于对多年鉴定工作规律的认识，提出了"核心技能要素"等概念，创造性地开发了《职业技能鉴定技能操作考核框架》。该《框架》作为技能人才评价的新标尺，填补了以往鉴定实操考试中缺乏命题水平评估标准的空白，很好地统一了不同鉴定机构的鉴定标准，大大提高了职业技能鉴定的公信力，具有广泛的适用性。

相信《轨道交通装备制造业职业技能鉴定指导丛书》的出版发行，对于促进我国职业技能鉴定工作的发展，对于推动高技能人才队伍的建设，对于振兴中国高端装备制造业，必将发挥积极的作用。

中国北车股份有限公司总裁：[signature]

2015.2.7

前　言

鉴定教材是职业技能鉴定工作的重要基础。2002 年，经原劳动保障部批准，中国北车成为国家职业技能鉴定首批试点中央企业，开始全面开展职业技能鉴定工作。2003 年，根据《国家职业标准》要求，并结合自身实际，组织开发了《职业技能鉴定指导丛书》，共涉及车工等 52 个职业（工种）的初、中、高 3 个等级。多年来，这些教材为不断提升技能人才素质、适应企业转型升级、实施"三步走"发展战略的需要发挥了重要作用。

随着企业的快速发展和国家职业技能鉴定工作的不断深入，特别是以高速动车组为代表的世界一流产品制造技术的快步发展，现有的职业技能鉴定教材在内容、标准等诸多方面，已明显不适应企业构建新型技能人才评价体系的要求。为此，公司决定修订、开发《轨道交通装备制造业职业技能鉴定指导丛书》（以下简称《丛书》）。

本《丛书》的修订、开发，始终围绕促进实现中国北车"三步走"发展战略、打造世界一流企业的目标，努力遵循"执行国家标准与体现企业实际需要相结合、继承和发展相结合、坚持质量第一、坚持岗位个性服从于职业共性"四项工作原则，以提高中国北车技术工人队伍整体素质为目的，以主要和关键技术职业为重点，依据《国家职业标准》对知识、技能的各项要求，力求通过自主开发、借鉴吸收、创新发展，进一步推动企业职业技能鉴定教材建设，确保职业技能鉴定工作更好地满足企业发展对高技能人才队伍建设工作的迫切需要。

本《丛书》修订、开发中，认真总结和梳理了过去 12 年企业鉴定工作的经验以及对鉴定工作规律的认识，本着"紧密结合企业工作实际，完整贯彻落实《国家职业标准》，切实提高职业技能鉴定工作质量"的基本理念，在技能操作考核方面提出了"核心技能要素"和"完整落实《国家职业标准》"两个概念，并探索、开发出了中国北车《职业技能鉴定技能操作考核框架》；对于暂无《国家职业标准》、又无相关行业职业标准的 40 个职业，按照国家有关《技术规程》开发了《中国北车职业标准》。经 2014 年技师、高级技师技能鉴定实作考试中 27 个职业的试用表明：该《框架》既完整反映了《国家职业标准》对理论和技能两方面的要求，又适应了企业生产和技术工人队伍建设的需要，突破了以往技能鉴定实作考核中试卷的难度与完整性评估的"瓶颈"，统一了不同产品、不同技术含量企业的鉴定标准，提高了鉴定考核的技术含量，保证了职业技能鉴定的公平性，提高了职业技能鉴定工作质量和管理水平，将成为职业技能鉴定工作、进而成为生产操作者技能素质评价的新标尺。

本《丛书》共涉及 98 个职业（工种），覆盖了中国北车开展职业技能鉴定的所有职业（工种）。《丛书》中每一职业（工种）又分为初、中、高 3 个技能等级，并按职业技能鉴定理论、技能考试的内容和形式编写。其中：理论知识部分包括知识要求练习题与答案；技能操作部分包括《技能考核框架》和《样题与分析》。本《丛书》按职业（工种）分册，并计划第一批出版 74 个职业（工种）。

本《丛书》在修订、开发中，仍侧重于相关理论知识和技能要求的应知应会，若要更全面、系统地掌握《国家职业标准》规定的理论与技能要求，还可参考其他相关教材。

本《丛书》在修订、开发中得到了所属企业各级领导、技术专家、技能专家和培训、鉴定工作人员的大力支持；人力资源和社会保障部职业能力建设司和职业技能鉴定中心、中国铁道出版社等有关部门也给予了热情关怀和帮助，我们在此一并表示衷心感谢。

本《丛书》之《工业自动化仪器仪表与装置修理工》由长春轨道客车股份有限公司《工业自动化仪器仪表与装置修理工》项目组编写。主编李铁维，副主编赵忠超；主审周东，副主审闫宏娜；参编人员李方。

由于时间及水平所限，本《丛书》难免有错、漏之处，敬请读者批评指正。

中国北车职业技能鉴定教材修订、开发编审委员会

二〇一四年十二月二十二日

目　　录

工业自动化仪器仪表与装置修理工(职业道德)习题……………………………………………… 1
工业自动化仪器仪表与装置修理工(职业道德)答案……………………………………………… 8
工业自动化仪器仪表与装置修理工(初级工)习题…………………………………………………… 9
工业自动化仪器仪表与装置修理工(初级工)答案 ………………………………………………… 42
工业自动化仪器仪表与装置修理工(中级工)习题 ………………………………………………… 57
工业自动化仪器仪表与装置修理工(中级工)答案………………………………………………… 102
工业自动化仪器仪表与装置修理工(高级工)习题………………………………………………… 123
工业自动化仪器仪表与装置修理工(高级工)答案………………………………………………… 173
工业自动化仪器仪表与装置修理工(初级工)技能操作考核框架………………………………… 194
工业自动化仪器仪表与装置修理工(初级工)技能操作考核样题与分析………………………… 197
工业自动化仪器仪表与装置修理工(中级工)技能操作考核框架………………………………… 203
工业自动化仪器仪表与装置修理工(中级工)技能操作考核样题与分析………………………… 206
工业自动化仪器仪表与装置修理工(高级工)技能操作考核框架………………………………… 212
工业自动化仪器仪表与装置修理工(高级工)技能操作考核样题与分析………………………… 215

工业自动化仪器仪表与装置修理工（职业道德）习题

一、填 空 题

1. 职业道德建设是公民(　　)的落脚点之一。

2. 如果全社会职业道德水准(　　)，市场经济就难以发展。

3. 职业道德建设是发展市场经济的一个(　　)条件。

4. 企业员工要自觉维护国家的法律、法规和各项行政规章，遵守市民守则和有关规定，用法律规范自己的行为，不做任何(　　)的事。

5. 爱岗敬业就要恪尽职守，脚踏实地，兢兢业业，精益求精，干一行，爱一行(　　)。

6. 企业员工要熟知本岗位安全职责和(　　)规程。

7. 企业员工要积极开展质量攻关活动，提高产品质量和用户满意度，避免(　　)发生。

8. 提高职业修养要做到：正直做人，坚持真理，讲正气，办事公道，处理问题要(　　)合乎政策，结论公允。

9. 职业道德是人们在一定的职业活动中所遵守的(　　)的总和。

10. (　　)是社会主义职业道德的基础和核心。

11. 人才合理流动与忠于职守、爱岗敬业的根本目的是(　　)。

12. 市场经济是法制经济，也是德治经济、信用经济，它要靠法制去规范，也要靠(　　)良知去自律。

13. 文明生产是指在遵章守纪的基础上去创造(　　)而又有序的生产环境。

14. 遵守法律、执行制度、严格程序、规范操作是(　　)。

15. 仪表工人员应掌握触电急救和人工呼吸方法，同时还应掌握(　　)的扑救方法。

16. 仪表工应具有高尚的职业道德和高超的(　　)，才能做好仪表维修工作。

17. 职业纪律和与职业活动相关的法律、法规是职业活动能够正常进行的(　　)。

18 诚实守信，做老实人、说老实话、办老实事，用诚实(　　)获取合法利益。

19. 奉献社会，有社会(　　)感，为国家发展尽一份心，出一份力。

20. 公民道德建设是一个复杂的社会系统工程，要靠教育，也要靠(　　)、政策和规章制度。

21. 要自觉维护法律的尊严，善于用法律武器维护自己的合法权益，对违法之事敢于揭发，对违法之人敢于斗争，见义勇为，伸张正义，做(　　)卫士。

22. 熟知本岗位安全职责和安全操作规程，增强自我保护意识，按时参加班组安全教育，正确使用防护用具用品，经常检查所用、所管的设备、工具、仪器、仪表的(　　)状态，不违章指挥，不违章冒险作业。

23. 增强责任意识，以高度负责的态度开展工作，以科学务实的态度对待工作，注重工作的实际效果和效益，讲实话、(　　)、重实效。

24. 保护环境，遵守公共秩序，树立"保护环境，人人有责"的观念，维护公共卫生，不随地吐痰，不乱扔垃圾，不乱涂乱画，爱护花草树木，培养符合环境(　　)要求的生活习惯和行为方式。

25. 按图纸标准和工艺要求核对原材料零配件、半成品，调整规定的设备、工具、仪器、仪表等加工设施，严格遵守(　　)标准和操作规程。

26. 认真进行质量控制、检查，定期按规定做好(　　)记录及合格率，一次合格率的记录与统计。

27. 职业化是一种按照职业道德要求的工作状态的(　　)、规范化、制度化。

28. 敬业的特征是(　　)、务实、持久。

29. 从业人员在职业活动中应遵循的内在的道德准则是(　　)。

30. 员工的思想、行动集中起来是(　　)的核心要求。

31. 职业化管理不是靠直觉和灵活应变，而是靠(　　)、制度和标准。

32. 职业活动内在的道德准则是(　　)、审慎、勤勉。

33. 职业化核心层面的是(　　)。

34. 建立员工信用档案体系的根本目的是为企业选人用人提供新的(　　)。

35. 不管职位高低，人人都厉行(　　)。

36. 班组长及所有操作工在生产现场和工作时间内必须穿(　　)。

37. 企业生产管理的依据是(　　)。

二、单项选择题

1. 随着现代社会分工发展和专业化程度的增强，市场竞争日趋激烈，整个社会对从业人员职业观念、职业态度、职业(　　)、职业纪律和职业作风的要求越来越高。

(A)法制　(B)规范　(C)技术　(D)道德

2. 市场经济是法制经济，也是德治经济、信用经济，它要靠法制去规范，也要靠(　　)良知去自律。

(A)法制　(B)道德　(C)信用　(D)经济

3. 在竞争越来越激烈的时代，企业要想立于不败之地，个人要想脱颖而出，良好的职业道德是(　　)，十分重要。

(A)技能　(B)作风　(C)信誉　(D)观念

4. 遵守法律、执行制度、严格程序、规范操作是(　　)。

(A)职业纪律　(B)职业态度　(C)职业技能　(D)职业作风

5. 爱岗敬业是(　　)。

(A)职业修养　(B)职业态度　(C)职业纪律　(D)职业作风

6. 提高职业技能与(　　)无关。

(A)勤奋好学　(B)勇于实践　(C)加强交流　(D)讲求效率

7. 严细认真就要做到：增强精品意识，严守(　　)，精意求精，保证产品质量。

(A)国家机密　(B)技术要求　(C)操作规程　(D)产品质量

8. 树立用户至上的思想,就是增强服务意识,端正服务态度,改进服务措施达到(　　)。
(A)用户至上　(B)用户满意　(C)产品质量　(D)保证工作质量

9. 清正廉洁,克己奉公,不以权谋私,行贿受贿是(　　)。
(A)职业态度　(B)职业修养　(C)职业纪律　(D)职业作风

10. 职业道德是促使人们遵守职业纪律的(　　)。
(A)思想基础　(B)工作基础　(C)工作动力　(D)理论前提

11. 在履行岗位职责时,(　　)。
(A)靠强制性　(B)靠自觉性
(C)当与个人利益发生冲时可以不履行　(D)应强制性与自觉性相结合

12. 下列叙述正确的是(　　)。
(A)职业虽不同,但职业道德的要求都是一致的
(B)公约和守则是职业道德的具体体现
(C)职业道德不具有连续性
(D)道德是个性,职业道德是共性

13. 下列叙述不正确的是(　　)。
(A)德行的崇高,往往以牺牲德行主体现实幸福为代价
(B)国无德不兴、人无德不立
(C)从业者的职业态度是既为自己,也为别人
(D)社会主义职业道德的灵魂是诚实守信

14. 产业工人的职业道德的要求是(　　)。
(A)精工细作、文明生产　(B)为人师表
(C)廉洁奉公　(D)治病救人

15. 下列对质量评述正确的是(　　)。
(A)在国内市场质量是好的,在国际市场上也一定是最好的
(B)今天的好产品,在生产力提高后,也一定是好产品
(C)工艺要求越高,产品质量越精
(D)要质量必然失去数量

16. 掌握必要的职业技能是(　　)。
(A)每个劳动者立足社会的前提　(B)每个劳动者对社会应尽的道德义务
(C)为人民服务的先决条件　(D)竞争上岗的唯一条件

17. 分工与协作的关系是(　　)。
(A)分工是相对的,协作是绝对的　(B)分工与协作是对立的
(C)二者没有关系　(D)分工是绝对的,协作是相对的

18. 下列提法不正确的是(　　)。
(A)职业道德＋一技之长＝经济效益　(B)一技之长＝经济效益
(C)有一技之长也要虚心向他人学习　(D)一技之长靠刻苦精神得来

19. 下列不符合职业道德要求的是(　　)。
(A)检查上道工序、干好本道工序、服务下道工序
(B)主协配合,师徒同心

(C)粗制滥造,野蛮操作

(D)严格执行工艺要求

20. 随着现代社会分工发展和专业化程度的增强,对从业人员职业观念、职业态度、职业(　　)、职业纪律和职业作风的要求越来越高。

(A)技能　(B)规范　(C)技术　(D)道德

21. 爱岗敬业,忠于职守,团结协作,认真完成工作任务,钻研(　　),提高技能。

(A)业务　(B)理论　(C)科技　(D)技术

22. 服务群众,听取群众意见,了解群众需要,为群众排忧解难,端正服务态度,改进(　　),提高服务质量。

(A)措施　(B)态度　(C)对象　(D)项目

23. 要自觉维护国家法律,法规和各项行政(　　),遵守市民守则和有关制度,用法律规范自己的行为,不做任何违法违纪的事。

(A)规章　(B)规则　(C)规范　(D)规定

24. 认同理念,做企业理念的拥护者,传播者和实践者;恪尽职守,脚踏实地,兢兢业业,精益求精;善于创新,不因循守旧,敢于(　　)自我,超越自我。

(A)否定　(B)否认　(C)认定　(D)否决

25. 互相体谅,团结友爱,尊重同事,互相关心,互相爱护,先人后己,克己(　　)。相互支持,密切配合,顾全大局,善于倾听别的意见,坦诚发表自己的想法,达成共识,形成合力。

(A)让人　(B)利人　(C)助人　(D)为人

26. 保证起重机具的完好率和提高其使用(　　),是起重机具管理工作的非常主要的内容。

(A)效率　(B)效果　(C)频率　(D)次数

27. 爱护公物,要关心爱护、保护国家和企业的财产,敢于同一切(　　)和浪费公共财物的行为作斗争。

(A)破坏　(B)损坏　(C)损害　(D)破害

28. 质量方针规定了企业的质量(　　)和方向,与企业总的经营宗旨相适应。

(A)宗旨　(B)目标　(C)措施　(D)责任

29. 抓好重点,对关键部位或影响质量的(　　)因素,确定管理点,进行重点控制。

(A)关键　(B)相关　(C)重要　(D)重点

30. 对待你不喜欢的工作岗位,正确的做法是(　　)。

(A)干一天,算一天　(B)想办法换自己喜欢的工作

(C)做好在岗期间的工作　(D)脱离岗位,去寻找别的工作

31. 从业人员在职业活动中应遵循的内在的道德准则是(　　)。

(A)爱国、守法、自强　(B)求实、严谨、规范

(C)诚心、敬业、公道　(D)忠诚、审慎、勤勉

32. 关于职业良心的说法中,正确的是(　　)。

(A)如果公司老板对员工好,那么员工干好本职工作就是有职业良心

(B)公司安排做什么,自己就做什么是职业良心的本质

(C)职业良心是从业人员按照职业道德要求尽职尽责地做工作

(D)一辈子不“跳槽”是职业良心的根本表现

33. 关于职业道德,正确的说法是( )。

(A)职业道德是从业人员职业资质评价的唯一指标

(B)职业道德是从业人员职业技能提高的决定性因素

(C)职业道德是从业人员在职业活动中应遵循的行为规范

(D)职业道德是从业人员在职业活动中的综合强制要求

34. 关于“职业化”的说法中,正确的是( )。

(A)职业化具有一定合理性,但它会束缚人的发展

(B)职业化是反对把劳动作为谋生手段的一种劳动观

(C)职业化是提高从业人员个人和企业竞争力的必由之路

(D)职业化与全球职场语言和文化相抵触

35. 我国社会主义思想道德建设的一项战略任务是构建( )。

(A)社会主义核心价值体系　(B)公共文化服务体系

(C)社会主义荣辱观理论体系　(D)职业道德规范体系

36. 职业道德的规范功能是指( )。

(A)岗位责任的总体规定效用　(B)规劝作用

(C)爱干什么,就干什么　(D)自律作用

37. 我国公民道德建设的基本原则是( )。

(A)集体主义　(B)爱国主义　(C)个人主义　(D)利己主义

38. 关于职业技能,正确的说法是( )。

(A)职业技能决定着从业人员的职业前途

(B)职业技能的提高,受职业道德素质的影响

(C)职业技能主要是指从业人员的动手能力

(D)职业技能的形成与先天素质无关

39. 一个人在无人监督的情况下,能够自觉按道德要求行事的修养境界是( )。

(A)诚信　(B)仁义　(C)反思　(D)慎独

三、多项选择题

1. 职业道德指的是职业道德是所有从业人员在职业活动中应遵循的行为准则,涵盖了( )的关系。

(A)从业人员与服务对象　(B)上级与下级

(C)职业与职工之间　(D)领导与员工

2. 职业道德建设的重要意义是( )。

(A)加强职业道德建设,坚决纠正利用职权谋取私利的行业不正之风,是各行各业兴旺发达的保证。同时,它也是发展市场经济的一个重要条件

(B)职业道德建设不仅建设精神文明的需要,也是建设物质文明的需要

(C)职业道德建设对提高全民族思想素质具有重要的作用

(D)职业道德建设能够提高企业的利润,保证盈利水平

3. 企业主要操作规程有( )。

(A)安全技术操作规程 (B)设备操作规程
(C)工艺规程 (D)岗位规程

4. 职业作风的基本要求有(　　)。
(A)严细认真 (B)讲求效率 (C)热情服务 (D)团结协作

5. 职业道德的主要规范有大力倡导以爱岗敬业、(　　)为主要内容的职业道德。
(A)诚实守信 (B)办事公道 (C)服务群众 (D)奉献社会

6. 社会主义职业道德的基本要求是(　　)。
(A)诚实守信 (B)办事公道 (C)服务群众奉献社会 (D)爱岗敬业

7. 职业道德对一个组织的意义是(　　)。
(A)直接提高利润率 (B)增强凝聚力
(C)提高竞争力 (D)提升组织形象

8. 从业人员做到真诚不欺,要(　　)。
(A)出工出力 (B)不搭"便车"
(C)坦诚相待 (D)宁欺自己,勿骗他人

9. 从业人员做到坚持原则要(　　)。
(A)立场坚定不移 (B)注重情感 (C)方法适当灵活 (D)和气为重

10. 执行操作规程的具体要求包括(　　)。
(A)牢记操作规程 (B)演练操作规程
(C)坚持操作规程 (D)修改操作规程

11. 北车集团要求员工遵纪守法,做到(　　)。
(A)熟悉日常法律、法规 (B)遵守法律、法规
(C)运用常用法律、法规 (D)传播常用法律、法规

12. 从业人员节约资源,要做到(　　)。
(A)强化节约资源意识 (B)明确节约资源责任
(C)创新节约资源方法 (D)获取节约资源报酬

13. 下列属于《公民道德建设实施纲要》所要提出的职业道德规范是(　　)。
(A)爱岗敬业 (B)以人为本 (C)保护环境 (D)奉献社会

14. 在职业活动的内在道德准则中,"勤勉"的内在规定性是(　　)。
(A)时时鼓励自己上进,把责任变成内在的自主性要求
(B)不管自己乐意或者不乐意,都要约束甚至强迫自己干好工作
(C)在工作时间内,如手头暂无任务,要积极主动寻找工作
(D)经常加班符合勤勉的要求

四、判 断 题

1. 抓好职业道德建设,与改善社会风气没有密切的关系。(　　)

2. 职业道德也是一种职业竞争力。(　　)

3. 企业员工要认真学习国家的有关法律、法规,对重要规章、制度、条例达到熟知,不需知法、懂法,不断提高自己的法律意识。(　　)

4. 热爱祖国,有强烈的民族自尊心和自豪感,始终自觉维护国家的尊严和民族的利益是

爱岗敬业的基本要求之一。( )

5. 热爱学习,注重自身知识结构的完善与提高,养成学习习惯,学会学习方法,坚持广泛涉猎知识,扩大知识面,是提高职业技能的基本要求之一。( )

6. 坚持理论联系实际不能提高自己的职业技能。( )

7. 企业员工要:讲求仪表,着装整洁,体态端正,举止大方,言语文明,待人接物得体树立企业形象。( )

8. 让个人利益服从集体利益就是否定个人利益。( )

9. 忠于职守的含义包括必要时应以身殉职。( )

10. 市场经济条件下,首先是讲经济效益,其次才是精工细作。( )

11. 质量与信誉不可分割。( )

12. 将专业技术理论转化为技能技巧的关键在于凭经验办事。( )

13. 敬业是爱岗的前提,爱岗是敬业的升华。( )

14. 厂规、厂纪与国家法律不相符时,职工应首先遵守国家法律。( )

15. 道德建设属于物质文明建设范畴。( )

16. 做一个称职的劳动者,必须遵守职业道德,职业道德也是社会主义道德体系的重要组成部分。职业道德建设是公民道德建设的落脚点之一。加强职业道德建设是发展市场经济的一个重要条件。( )

17. 办事公道,坚持公平、公正、公开原则,秉公办事,处理问题出以公心,合乎政策,结论公允。主持公道,伸张正义,保护弱者,清正廉洁,克己奉公,反对以权谋私,行贿受贿。( )

18. 法律对道德建设的支持作用表现在两个方面:"规定"和"惩戒",即通过立法手段选择进而推动一定道德的普及,通过法律惩治严重的不道德行为。( )

19. 甘于奉献,服从整体,顾全大局,先人后己,不计较个人得失,为企业发展尽心出力,积极进取,自强不息,不怕困难,百折不挠,敢于胜利。( )

20. 认真学习工艺操作规程,做到按规程要求操作,严肃工艺纪律,严格管理,精心操作,积极开展质量攻关活动,提高产品质量和用户满意度,避免质量事故发生。( )

21. 增强标准意识,坚持高标准、严要求,按标准为事不走样,以一丝不苟、认真负责的态度,踏踏实实地做好每项工作。( )

22. 要自觉执行企业的设备管理的有关规章制度,操作者严格执行设备操作维护规程,做到"三好""四会",专业维护人员实行区域维修负责制,确保设备正常运转。( )

23. 讲求仪表,着装整洁,体态端庄,举止大方,言语文明,待人接物得体。( )

24. 质量方针是根据企业长期经营方针、质量管理原则,质量振兴纲要,国家颁布的质量法规,市场经营变化而制定的。( )

25. 对于集体主义,可以理解为集体有责任帮助个人实现个人利益。( )

26. 职业道德是从业人员在职业活动中应遵循的行为规范。( )

27. 职业选择属于个人权利的范畴,不属于职业道德的范畴 。( )

28. 敬业度高的员工虽然工作兴趣较低,但工作态度与其他员工无差别。( )

29. 社会分工和专业化程度的增强,对职业道德提出了更高要求。( )

工业自动化仪器仪表与装置修理工(职业道德)答案

一、填 空 题

1. 道德建设　2. 低下　3. 重要　4. 违法
5. 干好一行　6. 安全操作　7. 质量事故　8. 出以公正
9. 行为规范　10. 爱岗敬业　11. 一致的　12. 道德
13. 整洁、安全、舒适、优美　14. 职业纪律　15. 电气火灾　16. 技术水平
17. 基本保证　18. 劳动　19. 责任　20. 法律
21. 护法　22. 安全　23. 办实事　24. 道德
25. 工艺　26. 原始　27. 标准化　28. 主动
29. 忠诚、审慎、勤勉　30. 集体主义　31. 职业道德　32. 忠诚
33. 职业化素养　34. 参考依据　35. 节约　36. 劳保皮鞋
37. 生产计划

二、单项选择题

1. A　2. B　3. C　4. A　5. B　6. D　7. C　8. B　9. B
10. A　11. D　12. B　13. D　14. A　15. C　16. C　17. A　18. B
19. C　20. A　21. A　22. A　23. A　24. A　25. A　26. A　27. A
28. A　29. A　30. C　31. D　32. C　33. C　34. C　35. A　36. A
37. A　38. B　39. D

三、多项选择题

1. AC　2. ABC　3. ABC　4. ABCD　5. ABCD　6. ABCD　7. BCD
8. ABC　9. AC　10. ABC　11. ABCD　12. ABC　13. AD　14. AC

四、判 断 题

1. ×　2. √　3. ×　4. √　5. √　6. ×　7. √　8. ×　9. √
10. ×　11. √　12. ×　13. ×　14. ×　15. ×　16. √　17. √　18. √
19. √　20. √　21. √　22. √　23. √　24. √　25. ×　26. √　27. ×
28. ×　29. √

工业自动化仪器仪表与装置修理工（初级工）习题

一、填 空 题

1. 气动仪表的信号范围为(　　)kPa。

2. 二进制 10110101 转换成十进制为$(\quad)_{10}$。

3. 铂铑-铂型热电偶所配补偿导线正负极的材料为(　　)。

4. 调节器引入微分作用是克服被调节对象的(　　)影响。

5. 调节器是通过改变 PID (　　)的阻容值，来改变比例积分、微分作用强弱的。

6. 串级调节系统投自动时，应按(　　)的顺序。

7. 1Pa 指的是(　　)力垂直作用在 $1m^2$ 表面上。

8. 常规 PID 调节器的"I"指的是(　　)。

9. 将允许误差去掉百分号后的绝对值，称为仪表的(　　)。

10. 氧化锆氧量计是根据(　　)原理工作的。

11. 雷诺数是表征流体流动的(　　)与黏性力之比的无量纲数。

12. 热电偶回路电势的大小，只与热电偶的导体、(　　)和两端温度有关，而与热电偶的长度直径无关。

13. 国际上广泛应用的温标有三种，即摄氏温标、(　　)和热力学温标。

14. 测量仪表的品质指标中(　　)是最重要的。

15. $(110010110)_2=(\quad)_{10}$

16. 1151 变送器的测量范围最小是(　　)，最大是 0～6 890 kPa。

17. 常见的节流件有(　　)喷嘴及文丘里管等。

18. 按误差数值表示的方法，误差可分为(　　)、相对误差、引用误差。

19. 积分调节器的输出值不但取决于偏差的大小还取决于偏差存在的(　　)。

20. 自动调节常见的参数整定方法有经验法、衰减曲线法、(　　)反应曲线法。

21. 闭环调节系统是根据被调量与给定值的(　　)进行的调节系统。

22. 交流电路经整流后，变成了(　　)直流电路。

23. 当用仪表对被测参数进行测量时仪表指示值总要经过一段时间才能显示出来，这段时间称为仪表的反应时间。如果仪表不能及时反映被测参数便要造成误差，这种误差称为(　　)。

24. A/D 转换器的输入电阻高和输出电阻(　　)，这是对高性能 A/D 转换器的基本要求。

25. 当积分动作的效果达到和比例动作效果(　　)的时刻，所经历的时间叫积分时间。

26. 串级控制系统能使等效副对象的时间常数变小，放大系数(　　)，因而使系统的工作频率提高。

27. 衰减振荡程是最一般的过渡过程，振荡衰减的快慢对过程控制的(　　)关系极大。

28. 在生产过程中，开环控制和闭环控制常常相互使用，组成(　　)控制系统。

29. 热电偶的基本定律有均质导体定律，中间导体定律和(　　)。

30. 在实际使用中，差压变送器与差压源之间导管内径不宜小于(　　)mm。

31. DJK-03 型开方器中信号切除电流允许变化范围为(　　)mA。

32. 对不同量程的气动差压变送器，高压差变送器的膜盒要比低压差变送器的膜盒(　　)。

33. 静压是在流体中不受(　　)影响而测得的压力值。

34. 当测量高压力时，正常操作压力应为量程的(　　)。

35. 在校验工作中，标准表允许误差一般应为被校表允许误差的(　　)。

36. $\phi159\times5$ 的管子内流体的平均流速为 2.5 m/s，所以管道内的瞬时流量为(　　)m^3/h。

37. 调节器的正作用一般是指随正偏差值的增加，输出增加而调节器的反作用则指随正偏差值的增加，输出(　　)。

38. 在数字仪表的显示中，有 31/2 位、41/2 位、51/2 位等。其中 1/2 位表示(最高位为 0 或 1)。因此对一个 31/2 位的显示仪表来说，其显示数可从 0000 至(　　)。

39. 当用仪表对被测参数进行测量时，仪表指示值总要经过一段时间才能显示出来，这段时间称为仪表的反应时间。如果仪表不能及时反映被测参数，便要造成误差，这种误差称为(　　)。

40. 爆炸性气体混合物发生爆炸必须具备的两个条件是(　　)和足够的火花能量。

41. 输入设备、(　　)统称为计算机的外部设备。

42. 一个完整的计算机系统包括(　　)和软件两大部分。

43. 测量值与(　　)之差称为误差。

44. 测量误差按其性质不同可分为(　　)，随机误差和疏忽误差。

45. 差压式流量计由(　　)，导压管和差压计三部分组成的。

46. 闭环控制系统是根据被控量与给定值的(　　)进行控制的系统。

47. 热电偶产生的热电势是由(　　)和温差电势组成的。

48. 允许误差最小，测量精度最高的是 S 型热电偶，热电偶的热电特性由电极材料的化学成分和物理性能所决定，热电势的大小与组成热电偶的材料及(　　)有关，与热电偶丝的粗细和长短无关。

49. 压力传感器的作用是感受压力并把压力参数变换成电量，当测量稳定压力时，正常操作压力应为量程的(　　)，最高不得超过测量上限的 3/4。

50. 当雷诺数小于 2 300 时，流体流动状态为层流，当雷诺数大于(　　)时，流体流动状态为紊流。

51. 工业控制机主要用于巡回检测、生产过程控制、(　　)和事故处理。

52. 在热电偶测温回路中，只要显示仪表和连接导线两端的温度相同，热电偶总电势值不会因它们的接入而改变，这是根据(　　)定律而得出的结论。

53. 动态误差的大小常用时间常数、(　　)和滞后时间来表示。

54. 用一台普通万用表测量同一个电压,每隔十分钟测一次,重复测量十次,数值相差造成的误差为(　)误差。

55. 流体的密度与温度和压力有关,其中气体的密度随温度的升高而减少,随压力的增大而增大液体的密度则主要随温度升高而减少,而与(　　)关系不大。

56. 流体惯性力与(　　)的比值,称为雷诺数。

57. pH 值=7 时为中性溶液,pH 值>7 时为碱性溶液,pH 值<7 时为(　　)。

58. 热值仪入口压力不低于(　　)kPa。

59. 热值与华白、比重的关系为(　　)。

60. 1Ba=1 000 MBa=(　　)kPa。

61. 1 卡=(　　)焦耳。

62. 热磁氧分析仪是根据氧气具有(　　)而工作的。

63. 热值仪预处理系统电冷井的作用(　　)。

64. 1%O_2=(　　)ppmO_2。

65. 分析表预处理系统的作用是除尘、水、(　　)。

66. 标准状态是当压力在(　　)和温度在 20℃下的状态。

67. 工程上测量的压力是绝对压力,它是表压力与(　　)之和。

68. 零漂是指仪表在参比条件下输入一个恒定的值零或测量范围的下限值的(　　)。

69. 温度、压力、流量、液位 4 种参数测量中滞后最大的是(　　)滞后最小的是压力。

70. 在飞升曲线上,反映被控对象特性的参数分别是放大系数,(　　)和滞后。

71. 单纯的前馈调节是一种能对(　　)进行补偿的调节系统。

72. 比例积分调节系统的调节精度与调节放大器的开环放大倍数有密切关系,放大倍数越大,调节精度(　　)。

73. 自动调节系统常用的参数整定方法有经验法、衰减曲线法、(　　)、反应曲线法。

74. 串级控制系统由于副回的存在,具有一定的自适应能力,并适应负荷和操作条件的(　　)。

75. 定值调节系统是按测量与给定的偏差大小进行调节的,而前馈调节是按扰动量大小进行调节的,前者是闭环调节,后者是开环调节,采用前馈—反馈调节的优点是(　　)。

76. 选择串级调节系统调节器的型式主要是依据工艺要求、对象特性和干扰性质而定。一般情况下主回路常选择 PI 或 PID 调节器,副回路选用 P 或(　　)调节器。

77. 经验法是简单调节系统应用最广泛的工程整定方法之一,它是一种凑试法。参数预先设置的数值范围和(　　)是本方法的核心。

78. 调节器的比例度越大,则放大倍数越小,比例调节作用就越弱,过渡过程曲线越平稳,但余差也越大,积分特性曲线的斜率越大,积分作用越强。消除余差越快,微分时间越大,微分作用(　　)。

79. 在 PID 调节中,比例作用是依据偏差的大小来动作的,在系统中起着稳定被调参数的作用,积分作用是依据偏差是否存在来动作的,微分作用是依据(　　)来动作的,在系统中起着超前调节的作用。

80. 了解自动调节系统的过渡过程对于(　　)调节系统具有重要意义。

81. 自动调节系统的过渡过程是指调节系统在受干扰作用在调节系统控制下(　　)随时间而变化的过程。

82. 传递函数定义为当初始条件为零时，输出量与输入量拉氏变换的比值，它表示系统或系统本身的(　　)，与外作用无关。

83. 前馈控制是按照(　　)的大小来进行控制的。

84. 分程控制的特点是一个控制器的(　　)同时控制几个工作范围不同的调节阀。

85. 防积分饱和方法有限幅法、(　　)、积分外反馈法。

86. 系统的输出通过测量变送环节，又返回到系统的输入端，与给定信号比较，以偏差的形式进入控制器，对系统起(　　)，整个系统构成了一个封闭的反馈回路。

87. 控制系统的输出信号不反馈到系统的输入端，因而也不对控制作用产生影响的系统称为(　　)。

88. 简单控制系统又称单回路反馈控制系统，是指由一个被控对象、一个测量变送器、一个控制器和一只(　　)所组成的单回路闭合控制系统。

89. 串级控制系统是应用最早，效果最好，使用最广泛的一种复杂控制系统。它的特点是两个控制器相串接，主控制器的输出作为副控制器的设定，适用于(　　)的被控对象。

90. 组成计算机的基本部件有中央处理器、(　　)、输入输出设备。

91. UPS 电源能带三种负载分别是：容性负载、感性负载、(　　)电源。

92. 磁压力式氧分析仪是基于氧气的(　　)原理工作的。

93. A/D 转换器位数有 8 位、10 位、12 位、(　　)位数越高，其分辨度和精度越高。

94. 敷设补偿导线时，导线周围的最高允许温度，橡皮绝缘导线为 70℃，石棉绝缘导线为(　　)。

95. 补偿导线敷设完后，应用 500 V 兆欧表进行线间、线地绝缘试验，绝缘电阻应高于(　　)MΩ。

96. 在铁-康铜热电偶电极中，稍亲磁的是(　　)。

97. 在镍铬-镍硅热电偶电极中，稍亲磁的是(　　)。

98. 在分度号 S、K、E 三种热电偶中，价格最便宜的是(　　)型热电偶，最贵的是 S 型热电偶。

99. 在分度号 S、K、E 三种热电偶中，热电势最大，灵敏度最高的是(　　)型热电偶。

100. 在分度号 S、K、E 三种热电偶中，允许误差最小，测量精度最高的是(　　)型热电偶。

101. 在分度号 S、K、E 三种热电偶中，适用于氧化和中性气氛中测温的是(　　)型热电偶。

102. 在分度号 S、K、E 三种热电偶中，100℃时 E 电偶热电势最大，K 次之，(　　)最小。

103. 玻璃液体温度计常用的感温液有水银和(　　)两种。

104. Pt100 铂热电阻的 $R_{100}/R_0=1.3850$，分度号 Cu50/Cu100 铜热电阻的 $R_{100}/R_0=$(　　)。

105. 在热电阻温度计中，R_0 和 R_{100} 分别表示(　　)和 100℃时的电阻值。

106. 温度越高，铂、镍、铜等材料的电阻值越(　　)。

107. 热电偶或补偿导线断路时，电位差计的示值(　　)，而有断偶保护的仪表示值为仪表上限。

108. 热电偶或补偿导线短路时,电位差计的示值约为短路处的温度值。习惯上称短路时仪表指示(　　)。

109. 铠装热电偶可以做的很细,国产铠装热电偶最细的为(　　)。

110. 最短的铠装热电偶为 50 mm,最长的为(　　)。

111. 按热电偶支数分,铠装热电偶有单支双芯和(　　)两种。

112. 铠装热电偶是把热电偶丝、(　　)和金属套管三者加工在一起的坚实缆状组合体。

113. 为分辨 S 型热电偶的正负极,可根据偶丝的软硬程度来判断,较硬者是铂铑丝,为正极。欲分辨 K 型热电偶的正负极,可由偶丝是否能明显被磁化来判断,能明显被磁化者是镍铝或镍硅丝,为(　　)极。

114. 热电偶产生热电势的条件是(　　)。

115. 在热点偶测温回路中,只要显示仪表和连接导线两端温度相同,热点偶总电势值不会因它们的接入而改变。这是根据(　　)定律而得出的结论。

116. 水的沸点是 373.15 K 或(　　)℃。

117. 水的冰点是 273.15 K 或(　　)℃。

118. 水的三相点是 273.16 K 或(　　)℃。

119. 绝对零点是(　　)℃。

120. 华氏 98.6℉,相当于(　　)℃。

121. 摄氏−182.962℃,相当于绝对温度(　　)K。

122. 绝对温度 273.15 K,相当于摄氏(　　)℃。

123. 摄氏 100℃,相当于华氏(　　)°F。

124. 温标的种类很多,除摄氏温标外,还有华氏温标、热力学温标、(　　)等。

125. 温标是一个量度温度的(　　)。温标规定了温度的读数起点零点和测温基本单位。摄氏温标规定的读数起点是在标准大气压下,冰的融点为零度,测量的基本单位为从冰的融点和水的沸点之间划分为 100 等分,每 1 等分为 1 度,符号为℃。

126. 温度是衡量物体冷热程度的一个物理量。温度不能直接测量,只能通过其他物体随温度变化而变化的物理量来间接地进行测量。例如水银的体积随温度变化而变化,故可用水银的(　　)来衡量温度。

127. 在温度控制过程中,电阻炉的加热有通电、断电两种状态,称为(　　)温度控制系统。

128. 热电偶热电极材料的均匀性是衡量热电偶(　　)的重要指标之一。

129. 热电偶的热电势是由接触电势和(　　)组成的。

130. 超声波流量计是一种非接触式流量测量仪表,可测量液体(　　)介质的体积流量。

131. 节流装置一般是由节流元件、(　　)和测量管三部分组成。

132. 对流体压力的测量,只有在对(　　)无任何扰动时,才能正确测出静压力。

133. 非标准节流装置比较适于测量(　　)流量。

134. 当充满管道的流体经节流装置时,流束将在压缩口处发生局布收缩从而使(　　)增加,而静压力降低。

135. 在标准孔板、标准喷嘴、文丘里管、四分之一圆喷嘴、双重孔板、圆缺孔板六种节流装置中，造价昂贵，但压力损失最小的是(　　)。

136. 转子流量计的浮子的材料是不锈钢、铝、塑料等，在使用中可根据流体的(　　)性质加以使用。

137. 在孔板加工的技术要求中。上游平面应和孔板中心线垂直，不应有可见伤痕，上游面和下游面应(　　)，上游入口边缘应锐利无毛刺和平行。

138. 节流孔板前的直管段一般要求 10D 孔板后的直管段一般要求(　　)D。为了正确测量，孔板前的直管段最好 30～50D，特别是孔板前有泵或调节阀时更应如此。

139. 现场安装取压导管时，一般规定取压导管的长度不应超过(　　)。

140. 压力式液位计测量方法比较简单，测量(　　)不受限制，还可以采用压力变送器进行远距离传送。

141. 电磁流量计要求介质温度一般不超过(　　)℃。

142. 按误差出现的规律，误差可分为系统误差、随机误差、疏忽误差，按被测变量随时间变化的关系来分，误差可分为静态误差(　　)。

143. 管道内的流体速度，一般情况下在管道中心线处的流速最大，在(　　)处的流速等于零。

144. 调节阀由(　　)和阀体部件两部分组成。

145. 执行机构是(　　)的推动装置。

146. 电动执行机构分为(　　)、角行程两种形式。

147. 调节阀所能控制的最大流量与最小流量之比，称为调节阀的(　　)。

148. 当调节阀两端差压保持恒定时可调比称为(　　)。

149. 我国生产的直通单、双座调节阀，可调比为(　　)。

150. 调节阀实际可调比取决于(　　)和配管状况。

151. 调节阀(　　)是阀全关时泄露的量。

152. 精密压力表精度等级较高，一般有(　　)、0.4、0.25 级。

153. 精密压力表(　　)做标准压力表用，但并不等于标准压力表。

154. 电接点压力表实际上是在弹簧管压力表的基础上加(　　)装置。

155. 水位表是显示锅炉工作时(　　)高低的仪表，能够使得司炉人员随时掌握锅炉的工作状态，避免发生缺水和满水的事故。

156. DBC334 差压变送器的精度等级为(　　)级。

157. 负迁移就是在不改变量程的条件下将(　　)向负方向迁移。

158. 锅炉 A/D 板的型号是(　　)。

159. 1151 差压变送器采用可变(　　)作为敏感元件。

160. 在管道上安装孔板时，如果将方向装反了会造成：差压变送器输出(　　)。

161. 用孔板测量流量，孔板装在调节阀(　　)。

162. 仪表导压管的内径应视介质的性质而定，一般为(　　)mm。

163. 测量蒸汽流量时变送器最好位于节流装置(　　)。

164. 电磁流量计要求介质温度一般不超过(　　)℃。

165. 节流装置有标准节流装置和(　　)。

二、单项选择题

1. 下列关于电压的描述中,(　　)是正确的。
(A)衡量电场力转移电荷做功能力的物理量
(B)电压的单位为焦耳
(C)电压的方向是从低位能指向高位能
(D)电压的大小与电荷绕行的途径有关
2. 国际上长度的基本单位是(　　)。
(A)尺　(B)米　(C)英尺　(D)公里
3. 表示温度的写法错误的是(　　)。
(A)20 摄氏度　(B)20℃　(C)摄氏 20 度　(D)20 K
4. 下列关于电位的描述中,(　　)是不正确的。
(A)电位是个代数量
(B)当参考点不同时,各点的电位也随之改变,但各点间的电压不变
(C)参考点的标示符号一般为电气"地"的符号
(D)两点间的电压为它们的代数和
5. 下列描述性长度的正确写法是(　　)。
(A)425 mm±5 mm　(B)1.83 m　(C)1 m73 cm　(D)1 m54
6. 下面不属于 SI 基本单位的是(　　)。
(A)米　(B)安培　(C)摩(尔)　(D)欧(姆)
7. 在负载中,电流的方向与电压的方向总是(　　)的。
(A)相同　(B)相反　(C)视具体情况而定　(D)任意
8. 在交流电压中,频率代表(　　)。
(A)电压变化的快慢　(B)电压的大小
(C)初相位的大小　(D)完成一个循环所需的时间
9. 在交流电路中,容抗与(　　)成反比。
(A)电压的大小　(B)电流的大小　(C)频率的大小　(D)电动势的大小
10. 根据欧姆定律,相同的电压作用下(　　)。
(A)电阻越大,电流越大　(B)电阻越大,电流越小
(C)电阻越小,电流越小　(D)电流大小与电阻无关
11. 在交流电路中,线性电阻的大小与(　　)有关。
(A)电流　(B)电压　(C)电位　(D)材料
12. 正弦交流电的三要素为(　　)。
(A)电压、电流、功率　(B)有效值、频率、相位
(C)幅值、频率、初相位　(D)幅值、有效值、相位差
13. 选择电阻率单位名称的正确表示(　　)。
(A)欧·米　(B)欧姆-米　(C)欧姆米　(D)[欧]·[米]
14. 可编程控制器的简称为(　　)。
(A)DCS　(B)BMS　(C)CRT　(D)PLC

15. 自动报警装置应该包括显示器、音响器和(　　)三大部分。

(A)逻辑电路　(B)指示电路　(C)输入电路　(D)控制电路

16. 顺序控制系统又可简称为(　　)。

(A)SCS　(B)DAS　(C)MCS　(D)DEH

17. 汇线槽的形式及尺寸应根据(　　)及维修方便等条件选择。

(A)测量点数和导线粗细　(B)甲方和实物配制要求

(C)钢材供应及现场条件　(D)以上答案都对

18. 电气原理图中的各种电器和仪表都是用规定的(　　)表示的。

(A)符号　(B)图形　(C)线段　(D)方框

19. 发电厂锅炉水冷壁吸收燃料燃烧时发出热量,其主要的传热方式为(　　)。

(A)导热　(B)对流　(C)辐射　(D)不确定

20. 导线不应有中间接头,如必须有中间接头,应连接牢固,不承受机械力,并保证(　　)绝缘水平。

(A)现有的　(B)原有的　(C)可靠的　(D)以上答案都不对

21. 表示自动化系统中各自动化元件在功能上相互联系的图纸是(　　)。

(A)控制流程图　(B)电气原理图　(C)安装接线图　(D)梯形图

22. 下列控制装置中哪一种不适用于顺序控制(　　)。

(A)机械凸轮式步序控制器　(B)继电器组合的控制柜

(C)KMM 调节器　(D)集散控制器

23. 下列设备中,(　　)不是开关量变送器。

(A)压力开关　(B)流量开关　(C)温度开关　(D)控制开关

24. 以下四种低压电器中,(　　)可用来控制联锁回路的接通和断开。

(A)按钮　(B)组合开关　(C)控制开关　(D)交流接触器

25. 行程开关主要是用来把(　　)转换为电接点信号。

(A)差压信号　(B)温度信号　(C)电量信号　(D)机械位移信号

26. 联锁控制属于(　　)。

(A)过程控制级　(B)过程管理级　(C)生产管理级　(D)经营管理级

27. 国产 SX-1 型报警装置的控制电路是由(　　)组成的。

(A)逻辑门电路　(B)单片机　(C)继电器　(D)集成电路

28. XXS-05 型闪光报警器属于(　　)型报警器。

(A)晶体管　(B)集成电路　(C)微机　(D)继电器电路

29. 1151 压力变送器根据其测量原理,可以认为是(　　)式的压力变送器。

(A)电位器　(B)电感　(C)电容　(D)应变

30. 工业电视的信号传输可采用(　　)。

(A)双绞线　(B)同轴电缆　(C)护套线　(D)屏蔽线

31. 要了解一台机组的自动化程度,首先要熟悉(　　)。

(A)安装接线图　(B)电气原理图　(C)控制流程图　(D)梯形图

32. 传统 BTG 操作方式的单元机组,其报警系统是通过(　　)和音响来提醒运行人员的。

(A)CRT 显示器　(B)光字牌　(C)工业电视　(D)其他

33. 下面(　　)式在逻辑代数中仅表示"或"关系,其中 Y、A、B 均为逻辑量。

(A)$Y=A+B$　(B)$Y=(A+B)B$　(C)$Y=A$　(D)$Y=AB$

34. 晶体管型闪光报警器,是通过(　　)来触发光字牌的。

(A)继电器电路　(B)门电路　(C)三极管　(D)单片机程序

35. XXS 系列的微机报警装置的输入电源是(　　)。

(A)36VAC　(B)24VDC　(C)15VDC　(D)220VAC

36. XXS-05 型闪光报警器的输入信号是(　　)。

(A)有源触点　(B)无源触点　(C)继电器触点　(D)其他

37. 炉膛火焰电视监视系统中实现火焰探测的设备是(　　)。

(A)场景潜望镜　(B)火焰检测探头　(C)电视摄像头　(D)其他

38. 汽轮机紧急跳闸保护系统的简称为(　　)。

(A)TSI　(B)DEH　(C)DCS　(D)ETS

39. 准确度最高的热电偶是(　　)。

(A)S 型　(B)K 型　(C)J 型　(D)E 型

40. 机械步进式顺序控制器的核心部分是步进器,最常用的步进器是(　　)。

(A)步进继电器　(B)中间继电器　(C)时间继电器　(D)接触器

41. 继电器是一种借助于(　　)或其他物理量的变化而自动切换的电器。

(A)机械力　(B)电磁力　(C)电流　(D)电压

42. 可编程控器的基本控制规律是(　　)。

(A)逻辑控制　(B)PID 调节　(C)模糊控制　(D)预测控制

43. 汽轮机转速调节主要依靠(　　)。

(A)蒸汽进汽温度　(B)蒸汽进汽压力

(C)蒸汽进汽流量　(D)机组负荷

44. 中间再热机组采用旁路系统的目的是(　　)。

(A)提高机组出力

(B)提高热力系统效率

(C)调节主蒸汽参数

(D)启动或低负荷时通过锅炉产生的多余蒸汽,维持燃烧

45. 联锁是一种(　　)措施。

(A)保护　(B)调节　(C)顺序控制　(D)功频电液调节

46. 回热系统中高加疏水采用逐级自流的目的是(　　)。

(A)提高系统热经济性　(B)提高给水温度

(C)提高系统运行可靠性　(D)提高除氧器除氧效果

47. 在机组运行过程中,(　　)是保证机组及人身安全的最后手段。

(A)MCS　(B)DEH　(C)热工保护　(D)顺序控制

48. 炉膛火焰场景潜望镜中光学系统的冷却用(　　)。

(A)水　(B)冷却液　(C)压缩空气　(D)油

49. 电涡流传感器测量的被测体必须是(　　)。

(A)铜质导体　(B)铝质导体　(C)绝缘体　(D)金属导体

50. 调节阀的漏流量应小于额定流量的(　　)。

(A)5%　(B)10%　(C)15%　(D)20%

51. 炉膛火焰潜望镜必须具有(　　)层隔热保护。

(A)一　(B)两　(C)三　(D)四

52. 生产厂房内、外工作场所的井、坑、孔、洞或沟道,必须覆以与地面平齐的坚固的盖板。检修各种需取下盖板的设备时,必须(　　)。

(A)派人看守　(B)挂警告标志

(C)设临时围栏　(D)周围摆放障碍物

53. 现阶段的质量管理体系称为(　　)。

(A)统计质量管理　(B)检验员质量管理

(C)一体化质量管理　(D)全面质量管理

54. 工作票签发人(　　)兼任工作负责人。

(A)可以　(B)不得

(C)经领导批准可以　(D)事故抢修时可以

55. 工作人员接到违反安全规程的命令,应(　　)。

(A)服从命令　(B)执行后向上级汇报

(C)拒绝执行并立即向上级报告　(D)向上级汇报后再执行

56. 新参加工作人员必须经过(　　)三级安全教育,经考试合格后才可进场。

(A)厂级教育、分场教育(车间教育)、班组教育

(B)厂级教育、班组教育、岗前教育

(C)厂级教育、分场教育、岗前教育

(D)分场教育、岗前教育、班组教育

57. 锉刀的锉纹有(　　)。

(A)尖纹和圆纹　(B)斜纹和尖纹　(C)单纹和双纹　(D)斜纹和双纹

58. 全面质量管理概念源于(　　)。

(A)美国　(B)英国　(C)日本　(D)德国

59. 胸外按压与口对口人工呼吸同时进行,单人抢救时,每按压(　　)次后,吹气(　　)次。

(A)5,3　(B)3,1　(C)15,2　(D)15,1

60. 在进行气焊工作时,氧气瓶与乙炔瓶之间的距离不得小于(　　)m。

(A)4　(B)6　(C)8　(D)10

61. 锉刀按用途可分为(　　)。

(A)普通锉、特种锉、整形锉　(B)粗齿锉、中齿锉、细齿锉

(C)大号、中号、小号　(D)1号、2号、3号

62. 丝锥的种类分为(　　)。

(A)英制、公制、管螺纹　(B)手工、机用、管螺纹

(C)粗牙、中牙、细牙　(D)大号、中号、小号

63. 在交流放大电子电路中,电容器的一般作用是(　　)。

(A)储能　(B)反馈　(C)隔直　(D)整流

64. 有效数字不是 5 位的是(　　)。

(A)3.141 6　(B)43.720　(C)3.127 8　(D)0.427 8

65. 0.173 894 7 取 5 位有效数字,正确的是(　　)。

(A)0.173 89　(B)0.173 9　(C)0.173 8　(D)0.173 40

66. 在带感性负载的可控硅直流整流电路中,与负载并联的二极管的作用是(　　)。

(A)整流　(B)滤波　(C)放大信号　(D)续流

67. 电阻串联时,当在支路两端施加一定的电压时,各电阻上的电压为(　　)。

(A)电阻越大,电压越大　(B)电阻越大,电压越小

(C)电阻越小,电压越大　(D)与电阻的大小无关

68. 0.314 16×0.17 的结果正确的是(　　)。

(A)0.053 38　(B)0.05　(C)0.053　(D)0.053 4

69. 热工报警信号的主要来源有开关量信号变送器和(　　)。

(A)报警装置　(B)行程开关

(C)被控对象的控制电路　(D)光字牌

70. 热工控制回路中所使用的电器开关一般属于(　　)。

(A)低压电器　(B)高压电器　(C)交流电器　(D)直流电器

71. 自动控制系统中使用的启动按钮具有(　　)触点。

(A)常闭触点　(B)常开触点

(C)常开或常闭触点　(D)常开和常闭触点

72. 有关单元机组的自动保护下列叙述是正确的是(　　)。

(A)汽轮发电机跳闸,则锅炉必须跳闸　(B)汽轮机、发电机跳闸互为联锁

(C)锅炉跳闸,则汽轮发电机不一定跳闸　(D)锅炉和汽轮发电机跳闸互为联锁

73. 汽轮机运行时,其转速最大一般不允许超过额定转速的(　　)。

(A)30%　(B)25%　(C)20%　(D)10%

74. 压力开关的被测介质温度一般不超过(　　)℃。

(A)50　(B)100　(C)150　(D)200

75. 在正常运行时,锅炉汽包云母水位计指示的水位比汽包内实际汽水分界面(　　)。

(A)高　(B)低　(C)相同　(D)不确定

76. 测量气体压力时,取压口高度高于测量点时,对读取的测量结果(　　)。

(A)应加正修正　(B)不需修正　(C)应加负修正　(D)无法决定

77. 热电阻测温元件一般应插入管道(　　)。

(A)5~10 mm　(B)越过中心线 5~10 mm

(C)100 mm　(D)任意长度

78. 热电偶测温时,输出信号应采用(　　)连接。

(A)普通电缆　(B)屏蔽电缆　(C)通信电缆　(D)补偿导线

79. 端子排接线时,每一个端子最多只允许接入(　　)根导线。

(A)一　(B)两　(C)三　(D)四

80. INFI-90 系统采用的网络结构为(　　)。

(A)树型　(B)环型　(C)总线型　(D)星型

81. 信号、保护及程控系统的电缆必须是(　　)。

(A)通信电缆　(B)铜芯电缆　(C)铝芯电缆　(D)光纤电缆

82. 200MW 机组在润滑油压低于(　　)MPa 时，应跳机。

(A)0.05　(B)0.04　(C)0.03　(D)0.02

83. 当电网侧故障导致 FCB 时，若 FCB 成功，则单元机组带(　　)负荷运行。

((A))5%　(B)15%　(C)20%　(D)30%

84. 当单元机组的汽轮机发电机跳闸时，要求锅炉维持运行，必须投入(　　)。

(A)灭火保护系统　(B)协调控制系统

(C)燃烧控制系统　(D)旁路系统

85. 为了使工业水位电视系统的监视屏幕显示清晰，需要(　　)。

(A)改变电视摄像机的摄像角度　(B)更换电视信号传输线

(C)调整监视器的分辨率　(D)调整水位表照明系统的光照角度

86. 对于比例调节器，比例带增大，系统的稳定性将(　　)。

(A)增大　(B)减小　(C)不变　(D)不一定

87. 新装炉膛安全监控保护装置的炉膛压力取样孔间的水平距离应大于(　　)m。

(A)1　(B)2　(C)0.5　(D)5

88. 对于稳定的系统，衰减率总是(　　)。

(A)大于 1　(B)大于 0　(C)小于 1　(D)小于 0

89. 下图中的 PLC 梯形图，画法正确的是(　　)。

(A) 10 001　10 002　10 005　10 003　10 004　F

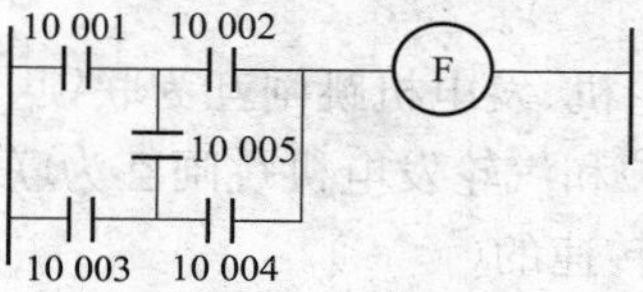

(B) 10 001　10 002　10 004　10 003　F

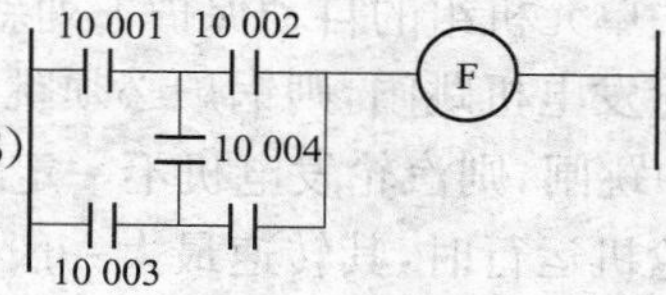

(C) 10 001　10 002　10 003　10 004　F

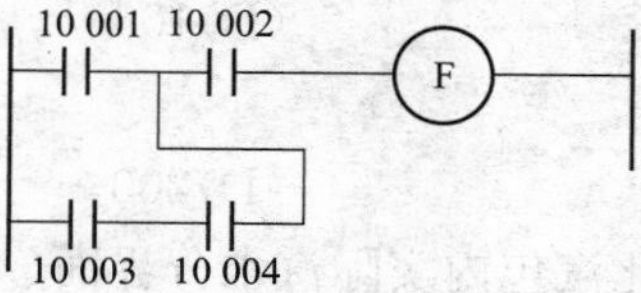

(D) 10 001　10 004　10 002　10 003　F

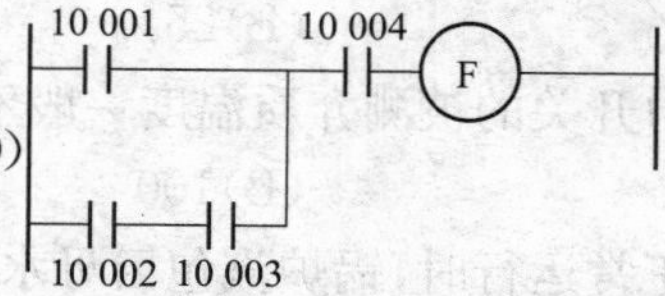

90. 在工作台面上安装台虎钳时，其钳口与地面高度应是(　　)。

(A)站立时的腰部　(B)站立时的肘部

(C)站立时的胸部　(D)站立时的膝部

91. 轴承与孔配合时，利用锤击法，则力要作用在(　　)上。

(A)轴承　(B)孔　(C)外环　(D)内环

92. 下列文字符号中，表示磁放大器的是(　　)。

(A)CJ　(B)SK　(C)CF　(D)CT

93. 测量二极管时，万用表拨到“欧姆挡”的(　　)。

(A)R×1 挡或 R×10 挡　(B)R×100 或 R×1K 挡

(C)R×10K 挡　(D)R×1 挡

94. 锉削的表面不可用手摸擦，以免锉刀(　　)。

(A)生锈　(B)打滑　(C)影响工件精度　(D)变钝

95. 乙炔瓶工作时要求(　　)放置。

(A)水平　(B)垂直　(C)倾斜　(D)倒置

96. 乙炔瓶的放置距明火不得小于(　　)。

(A)5 m　(B)7 m　(C)10 m　(D)15 m

97. 样冲的尖角一般磨成(　　)。

(A)30°～45°　(B)45°～60°　(C)60°～75°　(D)75°～80°

98. 确定尺寸精确程度的公差等级共有(　　)级。

(A)12　(B)14　(C)18　(D)20

99. 5 英分写成(　　)英寸。

(A)1/2　(B)5/12　(C)5/8　(D)6/8

100. 145 mm=(　　)in。

(A)5.8　(B)5.577　(C)5.709　(D)5.701

101. 在两个以上的电阻相连的电路中,电路的总电阻称为(　　)。

(A)电阻　(B)等效电阻　(C)电路电阻　(D)等值电阻

102. 金属导体的电阻与(　　)无关。

(A)导体的长度　(B)导体的截面积

(C)材料的电阻率　(D)外加电压

103. 在串联电路中,电源内部电流(　　)。

(A)从高电位流向低电位　(B)从低电位流向高电位

(C)等于零　(D)无规则流动

104. 一个工程大气压(kgf/cm^2)相当于(　　)毫米汞柱。

(A)1 000　(B)13.6　(C)735.6　(D)10 000

105. 半导体导电的主要特点是(　　)。

(A)自由电子导电　(B)空穴导电

(C)自由电子和空穴同时导电　(D)无导电离子

106. 电焊机一次测电源线应绝缘良好,长度不得超过(　　),超长时应架高布设。

(A)3 m　(B)5 m　(C)6 m　(D)6.5 m

107. 下列单位中属于压力单位的是(　　)。

(A)焦尔　(B)牛顿·米　(C)牛顿/米^2　(D)公斤·米

108. 物质从液态变为汽态的过程叫(　　)。

(A)蒸发　(B)汽化　(C)凝结　(D)平衡

109. 平垫圈主要是为了增大(　　),保护被连接件。

(A)摩擦力　(B)接触面积　(C)紧力　(D)螺栓强度

110. 一个工程大气压(kgf/cm^2)相当于(　　)mmH_2O。

(A)10 000　(B)13 300　(C)98 066　(D)10 200

111. 两个 5Ω 的电阻并联在电路中,其总电阻值为(　　)Ω。

(A)10　(B)2/5　(C)2.5　(D)1.5

112. 有四块压力表,其量程如下,它们的误差绝对值都是 0.2 MPa,准确度高的是(　　)。

(A)1 MPa　(B)6 MPa　(C)10 MPa　(D)8 MPa

113. 目前,凝汽式电厂热效率为(　　)。

(A)25%～30%　(B)35%～45%　(C)55%～65%　(D)75%～85%

114. 压力增加后,饱和水的密度(　　)。

(A)增大　(B)减小　(C)不变　(D)波动

115. 镍铬-镍硅热电偶的分度号是(　　)。

(A)S　(B)B　(C)K　(D)T

116. 划针尖端应磨成(　　)。

(A)10°～15°　(B)15°～20°　(C)20°～25°　(D)25°～30°

117. DDZ-Ⅱ型电动压力变送器的代号是(　　)。

(A)DBC　(B)DBY　(C)DBL　(D)DYC

118. 下列不属于压力变送器的敏感元件的是(　　)。

(A)波纹管　(B)弹簧管　(C)膜盒　(D)弹片

119. 导管敷设,在设计未做规定的情况下,应以现场具体条件来定。应尽量以最短的路径敷设,以(　　)。

(A)减少测量的时滞,提高灵敏度　(B)节省材料

(C)减少施工量　(D)减少信号能量损失

120. 不同直径管子对口焊接,其内径差不宜超过(　　)mm,否则,应采用变径管。

(A)0.5　(B)1　(C)2　(D)3

121. 管路支架的间距宜均匀,无缝钢管水平敷设时,支架距离为(　　)m。

(A)0.8～1　(B)1～1.5　(C)1.5～2　(D)2～2.5

122. 无缝钢管垂直敷设时,支架距离为(　　)m。

(A)1.5～2　(B)2～2.5　(C)2.5～3　(D)3～3.5

123. 就地压力表,其刻度盘中心距地面高度宜为(　　)m。

(A)1.2　(B)1.5　(C)1.8　(D)1

124. 相邻两取源部件之间的距离应大于管道外径,但不得小于(　　)mm。

(A)200　(B)300　(C)400　(D)500

125. 电线管的弯成角度不应小于(　　)。

(A)90°　(B)115°　(C)130°　(D)120°

126. 塑料控制电缆敷设时的环境温度不应低于(　　)℃。

(A)0　(B)－10　(C)－20　(D)－15

127. 电缆与测量管路成排上下层敷设时,其间距不宜小于(　　)mm。

(A)200　(B)300　(C)400　(D)100

128. 镍铬-镍硅热电偶配用的补偿导线型号(　　)。

(A)SC　(B)KC　(C)EX　(D)KS

129. 铂铑 10-铂热电偶相配的补偿导线的正极是红色,负极颜色是(　　)。

(A)绿色　(B)蓝色　(C)黑色　(D)紫色

130. 差压管路敷设时应有一定的坡度,其值应大于(　　)。

(A)1∶8　(B)1∶12　(C)1∶15　(D)1∶20

131. 就地压力表采用的导管外径不应小于(　　)mm。

(A)ϕ10　(B)ϕ12　(C)ϕ14　(D)ϕ16

132. 导管应以尽量短的路径敷设,是为了(　　)。

(A)减少热量损失　(B)减少震动　(C)减少测量时滞　(D)增大稳定性

133. 导线穿管时,一般使用(　　)牵引。

(A)细铁丝　(B)细铜导线　(C)细钢丝　(D)单芯导线

134. 用热电偶测量温度时,当两端接点温度不同时,则回路产生热电势,这种现象叫做(　)。

(A)电磁感应　(B)热电效应　(C)光电效应　(D)热磁效应

135. 为了加大U形管压力计的量程,可采用密度(　　)的工作液体。

(A)较小　(B)较大　(C)稳定　(D)可变

136. 弹簧管压力表上的读数(　　)。

(A)绝对压力　(B)表压力

(C)表压力与大气压之和　(D)表压力减去大气压

137. 某一热电偶的分度号是S,其测量上限长期使用为1 300℃,短期使用可达1 600℃,该热电偶是(　　)。

(A)铂铑10-铂热电偶　(B)铂铑30-铂铑6热电偶

(C)镍铬-镍硅热电偶　(D)铜-康铜

138. 铂热电阻的测温范围是(　　)℃。

(A)－300～100　(B)－200～300　(C)－200～650　(D)－200～800

139. 控制电缆的使用电压为交流(　　)及以下或直流1 000 V及以下。

(A)750 V　(B)1 000 V　(C)500 V　(D)250 V

140. 管子在安装前,端口应临时封闭,以避免(　　)。

(A)管头受损　(B)生锈　(C)脏物进入　(D)变形

141. 油管路离开热表面保温层的距离不应小于(　　)mm。

(A)100　(B)150　(C)300　(D)400

142. 电线管单根管子的弯头不宜超于两个,其弯曲半径不应小于电线外径的(　　)倍。

(A)4　(B)6　(C)8　(D)10

143. 从型号"WTQ-280型"中可认定,此设备是(　　)。

(A)测温式压力计　(B)压力式温度计　(C)流速计　(D)差压计

144. YTZ-150型电阻远传压力表,其输出信号为(　　)。

(A)电流值　(B)毫伏值　(C)电阻值　(D)脉冲信号

145. 就地压力表安装时,其与支点的距离应尽量缩短,最大不应超过(　　)mm。

(A)400　(B)600　(C)800　(D)1 000

146. 单元组合仪表等各种变送器就地安装时,一般都由环形夹紧固在垂直或水平安装的管状支架上,其管的直径为(　　)mm。

(A)ϕ25～45　(B)ϕ45～60　(C)ϕ60～75　(D)ϕ75～90

147. XCZ-102动圈式温度指示仪与热电阻的接法采用(　　)。

(A)二线制 (B)三线制 (C)四线制 (D)五线制

148. 管路敷设完毕后，应用(　　)进行冲洗。

(A)煤油 (B)水或空气 (C)蒸气 (D)稀硫酸

149. 热电偶补偿导线的作用是(　　)。

(A)将热电偶的参考端引至环境温度较恒定的地方

(B)可补偿热电偶参考端温度变化对热电势的影响

(C)可代替参考端温度自动补偿器

(D)可调节热电偶输出电势值

150. 动圈指示表中的热敏电阻，是用来补偿(　　)因环境温度变化而改变，以免造成对测量结果的影响。

(A)动圈电阻 (B)张丝钢度 (C)磁感应强度 (D)线路电阻

151. 铜-康铜热电偶的分度号及测温范围是(　　)。

(A)E，－200～900℃ (B)J，－40～75℃

(C)T，－200～350℃ (D)K，－200～35℃

152. 在电动执行器的运行过程中，当输入信号为 0～5 mA 时，相应的输出角度变化为(　　)。

(A)0°～180° (B)0°～45° (C)0°～360° (D)0°～90°

153. DDZ-Ⅱ型变送器输出信号为(　　)。

(A)0～10 mV，DC (B)0～10 mA，DC

(C)0～5 mA，DC (D)0～20 mA，DC

154. DDZ-Ⅲ变送器采用的是(　　)的传输方式。

(A)二线制 (B)三线制 (C)四线制 (D)五线制

155. DDZ-Ⅱ型调节设备的信号是(　　)。

(A)电压制 (B)电流制 (C)频率制 (D)磁量制

156. DKJ 型电动执行器是(　　)位移输出形式。

(A)直行程 (B)角行程 (C)线性行程 (D)非线性行程

157. 仪表测点的开孔应在(　　)。

(A)管道冲洗之前 (B)管道冲洗之后 (C)任何时候 (D)试压之后

158. 弹簧管式压力表中，游丝的作用是为了(　　)。

(A)减小回程误差 (B)固定表针

(C)提高灵敏度 (D)平衡弹簧管的弹性力

159. 划针一般用(　　)制成。

(A)不锈钢 (B)高碳钢 (C)弹簧钢 (D)普通钢

160. 划针盘是用来(　　)。

(A)划线或找正工件的位置 (B)划等高平行线

(C)确定中心 (D)测量高度

161. 使用砂轮时人应站在砂轮(　　)。

(A)正面 (B)侧面 (C)两砂轮中间 (D)背面

162. 钢直尺使用完毕，将其擦净封闭起来或平放在平板上，主要是为了防止直尺(　　)。

(A)碰毛　(B)弄脏　(C)变形　(D)折断

163. 37.37 mm=(　　)inch。

(A)1.443　(B)1.496　(C)1.438　(D)1.471

164. 下列图形符号中表示信号灯的是(　　)。

(A)⊗　(B)Ⓜ　(C)Ⓜ~　(D)─□─

165. 下列文字符号中,表示热继电器的是(　　)。

(A)L5　(B)CJ　(C)FR　(D)JR

三、多项选择题

1. 配热电偶的动圈式仪表要有(　　)在现场进行校验。

(A)手动电位差计　(B)旋钮式标准电阻箱

(C)标准毫安表　(D)毫伏发生器

2. 与电动Ⅱ、Ⅲ型差压变送器,温度变送器配合使用的显示仪表要有(　　)在现场进行校验。

(A)手动电位差计　(B)旋钮式标准电阻箱

(C)标准毫安表　(D)恒流给定器

3. 电阻温度计是借金属丝的电阻随温度变化的原理工作的。下述有关与电阻温度计配用的金属丝的说法中,合适的是(　　)。

(A)电阻温度计经常采用的是铂丝　(B)电阻温度计也有利用铜丝的

(C)电阻温度计也有利用镍丝的　(D)电阻温度计通常不采用金丝

4. PLC 的基本组成部份有(　　)和编程软件工具包组成。

(A)电源模块　(B)CPU 模块　(C)I/O 模块　(D)编程器

5. 智能式温度变送器具有(　　)和自诊断功能等。

(A)补偿功能　(B)控制功能　(C)通信功能　(D)数字处理功能

6. 控制器常用的控制规律有(　　),以及它们的组合控制规律,例 PI、PD、PID 等。

(A)位式控制　(B)比例控制(P)　(C)积分控制(I)　(D)微分控制(D)

7. 计算机网络可分为(　　)三大类。

(A)远程网球　(B)局域网　(C)总线网　(D)紧耦合网

8. 智能变送器主要包括(　　)和通信电路部分。

(A)传感器组件　(B)A/D 转换器　(C)微处理器　(D)存储器

9. 常见的复杂调节系统有(　　)和前馈调节系统。

(A)串级　(B)均匀　(C)比值　(D)分程

10. 金属腐蚀分为(　　)两种。

(A)内部腐蚀　(B)表面腐蚀　(C)化学腐蚀　(D)电化学腐蚀

11. 直线流量特性是指(　　)与相对位移成直线特性。

(A)调节阀　(B)调节器　(C)相对流量　(D)传感器

12. 集散控制系统的一个显著特点就是(　　)。

(A)管理集中　(B)管理分散　(C)控制集中　(D)控制分散

13. 可编程序控制器的特点有(　　)。

(A)高可靠性　　(B)丰富I/O接口模块

(C)采用模块化结构　　(D)安装简单,维修方便

14. 现场总线控制系统是(　　)。

(A)开放通信网络　　(B)控制网络

(C)全分布控制系统　　(D)底层控制系统

15. 分散控制系统(DCS)一般由(　　)组成。

(A)过程输入/输出接口　　(B)过程控制单元

(C)CRT操作站　　(D)高速数据通路

16. 蒸汽锅炉自动控制方式可选择(　　)控制。

(A)智能调节器　　(B)组态　　(C)PLC　　(D)逻辑

17. 按误差数值表示的方法,误差可分为(　　)。

(A)绝对误差　　(B)相对误差　　(C)随机误差　　(D)引用误差

18. 按与被测变量的关系来分,误差可分为(　　)。

(A)定值误差　　(B)附加误差　　(C)累计误差　　(D)疏忽误差

19. 法兰变送器的响应时间比普通变送器要长,为了缩短法兰变送器的传送时间:(　　)。

(A)毛细管尽可能选短　　(B)毛细管应选长一点

(C)毛细管直径可能小　　(D)毛细管直径应大一点

20. 弹簧管的截面呈(　　)形。

(A)扁圆　　(B)椭圆　　(C)圆　　(D)方

21. 一些测量特殊介质的压力表,下列哪些颜色的标注的是对的(　　)。

(A)氢气压力表——深绿色　　(B)乙炔压力表——白色

(C)燃料气压力——红　　(D)氯气压力表——褐色

22. 某容器内的压力为1 MPa。为了测量它,应选用量程为(　　)。

(A)0～1 MPa　　(B)0～1.6 MPa

(C)0～2.5 MPa　　(D)0～4.0 MPa的工业压力表

23. 适用于测量脏污介质的有(　　)。

(A)标准孔板　　(B)标准喷嘴　　(C)双重孔板　　(D)1/4圆喷嘴

24. 调节器PID参数整定方法有(　　)四种。

(A)临界比例度法　　(B)衰减曲线法

(C)反应曲线法　　(D)经验法

25. DCS的本质是(　　)。

(A)集中操作管理　　(B)分散操作

(C)分散控制　　(D)集中控制

26. 可编程序控制器基本组成包括(　　)四大部分。

(A)中央处理器　　(B)存储器

(C)输入输出组件　　(D)其他可选部件

27. PLC的基本组成部分有(　　)。

(A)电源模块 (B)CPU 模块 (C)I/O 模块 (D)编程器

28. 集散控制系统(DCS)应该包括( )构成的分散控制系统。

(A)常规的 DCS (B)可编程序控制器 PLC

(C)工业 PC 机 IPC (D)现场总线控制系统

29. 智能式温度变送器具有( )等功能。

(A)补偿功能 (B)控制功能 (C)通信功能 (D)自诊断

30. 吹气法不适宜测量静压压力( )容器的液位。

(A)较高 (B)较低 (C)密闭 (D)敞口

31. 雷达液位计是一种不接触测量介质的物位仪表,因此它可用于测量( )等介质的液位。

(A)高温 (B)高压 (C)易燃 (D)易爆

32. 和介质不接触的物位计有( )。

(A)超声波物位计 (B)雷达物位计

(C)激光物位计 (D)浮子式液位计

33. 测量油罐液位的高精度液位计有( )。

(A)伺服式液位计 (B)钢带液位计

(C)雷达液位计 (D)光导电子液位仪

34. 属于浮力式液位计的有( )。

(A)浮子式液位计 (B)浮球式液位计

(C)核辐射物位计 (D)浮筒式液位计

35. 开口容器的液位测量可以用( )。

(A)浮子式液位计 (B)压力和单法兰变送器

(C)玻璃管或翻板液位计 (D)超声波料位计

36. 热电偶产生热电势的条件是:( )。

(A)两热电极材料相异 (B)两接点温度相异

(C)两热电极材料相同 (D)两接点温度相同

37. 铠装热电偶是把( )加工在一起的坚实缆状组合体。

(A)热电偶比 (B)绝缘材料 (C)金属管 (D)导线

38. 每支保护套管内的热电偶对数有( )式。

(A)单支式 (B)双支 (C)三支 (D)四支

39. 适用于氧化和中性气氛中测温的是( )型热电偶。

(A)S (B)K (C)E (D)F

40. 补偿导线的正确敷设,应该从热电偶起敷到( )为止。

(A)就地接线盒 (B)仪表盘端子板

(C)二次仪表 (D)与冷端温度补偿装置同温的地方

41. 直行程电动执行机构——输出直线位移,用来推动( )等调节阀。

(A)单座 (B)双座 (C)套筒 (D)三通

42. 角行行程电动执行机构——输出角位移,用来推动( )。

(A)碟阀 (B)球阀 (C)偏心旋转阀 (D)程控阀

43. 直通单座调节阀体内只有一个阀芯和阀座,主要特点是(　　)。
(A)泄漏量大,标准泄漏量为 0.1%C
(B)泄漏量小,标准泄漏量为 0.01%C
(C)许用压差小,DN100 的阀 ΔP 为 120 kPa
(D)流通能力小,DN100 的阀,C=120
44. 直通双座调节阀阀体内有两个阀芯和两个阀座,主要特点是(　　)。
(A)许用压差大,DN100 的阀 ΔP 为 280 kPa
(B)流通能力大,DN100 的阀 C=160
(C)泄漏量小,标准泄漏量为 0.01%C
(D)泄漏量大,标准泄漏量为 0.1%C
45. 调节阀常用的填料有(　　)。
(A)V 形聚四氟乙烯填料　(B)O 形石墨填料
(C)塑料　(D)石棉
46. 阀门定位器的作用主要有(　　)。
(A)改善调节阀的静态特性,提高阀门位置的线性度
(B)改善调节阀的动态特性,减少调节阀信号的传递滞后
(C)改变调节阀的流量特性,使阀门动作反向
(D)改变调节阀对信号压力的响应范围,实现分程控制
47. 调节阀阀组由(　　)组成。
(A)前阀　(B)后阀　(C)排放阀　(D)旁路阀
48. BASIC 语言属于(　　)。
(A)计算机软件　(B)计算机硬件　(C)计算机语言　(D)计算机网络
49. 造成涡街流量计流量波动不正常的原因可能有(　　)。
(A)涡街流量计探头损坏　(B)涡街流量计放大扳损坏
(C)电磁干扰　(D)被测流体流动异常
50. 分程调节应用在(　　)。
(A)扩大调节阀的可调范围
(B)满足工艺要求在一个调节系统中控制两种不同介质
(C)用于放大倍数变化较大的对象
(D)安全生产防护措施
51. 1.5 级仪表的精度等级可写为(　　)。
(A)1.5 级　(B)±1.5 级　(C)1.5　(D)+1.5
52. 评定仪表品质的几个主要质量指标(　　)、动态误差。
(A)精度　(B)非线性误差　(C)变差　(D)灵敏度和灵敏限
53. 仪表的精度与(　　)有关。
(A)相对误差　(B)绝对误差　(C)测量范围　(D)基本误差
54. 以下说法正确的有(　　)。
(A)其绝对误差相等,测量范围大的仪表精度高
(B)其绝对误差相等,测量范围大的仪表精度低

(C)测量范围相等,其绝对误差大的仪表精度高

(D)测量范围相等,其绝对误差小的仪表精度高

55. 仪表变差引起的原因有(　　)。

(A)传动机构的间隙　　(B)运动部件的摩擦

(C)弹性元件的弹性滞后　　(D)读数不准

56. 按使用条件分类,误差分为(　　)。

(A)绝对误差　　(B)基本误差　　(C)相对误差　　(D)附加误差

57. 选择调节参数应尽量使调节通道的(　　)。

(A)功率比较大　　(B)放大系数适当大

(C)时间常数适当小　　(D)滞后时间尽量小

58. 被调参数选择应遵循的原则有(　　)。

(A)能代表工艺操作指标或能反映工艺操作状态

(B)可测并有足够大的灵敏度

(C)独立可控

(D)尽量采用直接批标

59. 典型调节系统方块图由(　　)及比较机构等环节组成。

(A)调节器　　(B)测量元件　　(C)调节对象　　(D)调节阀

60. 调节系统方块图中与对象方块相连的信号有(　　)。

(A)给定值　　(B)被调参数　　(C)干扰　　(D)调节参数

61. 某简单调节系统的对象和变送器作用为正,可选的组合有(　　)。

(A)正作用调节器+气关阀　　(B)正作用调节器+气开阀

(C)反作用调节器+气开阀　　(D)反作用调节器+气关阀

62. (　　)调节阀特别适用于浆状物料。

(A)球阀　　(B)隔膜阀　　(C)蝶阀　　(D)笼式阀

63. PID调节器的三个重要的参数是(　　)。

(A)比例度　　(B)积分时间　　(C)迟后时间　　(D)微分时间

64. (　　)情况下需要用阀门定位器。

(A)摩擦力大,需要精确定位的场合

(B)缓慢过程需要提高调节阀影响速度的场合

(C)需要提高执行机构输出力和切断能力的场合

(D)分程调节的场合

65. 生产现场有一台气动阀门定位器,表现为有输入信号无输出压力,你认为造成的主要原因有(　　)。

(A)阀内件卡涩等故障　　(B)放大器故障

(C)空位器故障　　(D)定位器故障

66. 调节阀全关后泄漏量大的原因主要有(　　)。

(A)阀芯、阀座密封面腐蚀、磨损

(B)阀座外圆与阀体连接的螺纹被腐蚀、冲刷

(C)阀内件之间有异物

(D)介质压差大于执行机构的输出力

67. 按误差数值表示的方法,误差可以分为(　　)。

(A)绝对误差　(B)相对误差　(C)引用误差　(D)系统误差

68. 用一只标准压力表来标定A、B两块压力表,标准压力表的读数为1 MPa,A、B两块压力表的读数为1.01 MPa、0.98 MPa,求这两块就地压力表的修正值分别为(　　)。

(A)−0.1　(B)0.1　(C)−0.2　(D)0.2

69. 评定仪表品质的几个主要质量指标(　　)。

(A)精度　(B)非线性误差

(C)变差　(D)灵敏度和灵敏限

70. 下列属于电气式物位测量仪表的有(　　)。

(A)电阻式　(B)电容式　(C)电感式　(D)热敏式

71. 对象特性的实验测取常用的方法有(　　)。

(A)阶跃响应曲线法　(B)最小二乘法

(C)频率特性法　(D)矩形脉冲法

72. 一个闭环自动调节系统可能是一个(　　)。

(A)反馈调节系统　(B)负反馈调节系统

(C)正反馈调节系统　(D)静态前馈调节系统

73. 串级调节系统的方块图中有(　　)。

(A)两个调节器　(B)两个变送器

(C)两个调节阀　(D)两个被调对象

74. SIEMENS S7-300/400 PLC采用的编程语言主要有(　　)。

(A)梯形图(LAD)　(B)语句表

(C)逻辑功能图　(D)JAVA

75. 下列DCS系统属于Honewell公司产品的有(　　)。

(A)TDC-3000　(B)S9000　(C)INFI-90　(D)MOD-300

76. DCS控制系统又称为(　　)。

(A)集中控制系统　(B)分散控制系统

(C)计算机控制系统　(D)集散控制系统

77. 分布式控制系统式用了(　　)现代高科技最新成就。

(A)计算机技术　(B)通信技术　(C)CRT技术　(D)自动控制技术

78. 一流量用差变配合标准孔板测量,下列情况可能使二次表指示增大的是(　　)。

(A)节流件上游直管段5D处有调节阀　(B)孔板方向装反

(C)节流件安装偏心率超出规定　(D)极性接反

79. 带三阀组的液位测量仪表,下列情况使指示偏小的是(　　)。

(A)正压侧导压管或阀门漏　(B)负压侧导压管或阀门漏

(C)平衡阀漏　(D)负压侧导压管堵

80. 下列关于阀门定位器作用描述正确的是(　　)。

(A)改变阀门流量特性　(B)改变介质流动方向

(C)实现分程控制　(D)延长阀门使用寿命

81. 下列DCS系统属国产DCS的有(　　)。

(A)TDC3000　(B)HS2000　(C)SUPCON-JX　(D)FB-2000

82. 我们无法控制的误差是(　　)。

(A)系统误差　(B)偶然误差　(C)疏忽误差　(D)随机误差

83. 220VAC交流电可用以下工具检测是否有电。(　　)

(A)万用表R档　(B)万用表DC档

(C)万用表AC档　(D)试电笔

84. 直流电有:(　　)。

(A)1 V　(B)5 V　(C)24 V　(D)220 V

85. 处理仪表故障需要:(　　)。

(A)仪表修理工　(B)工艺操作工　(C)有关的工具　(D)领导在场

86. 在测量误差中,按误差数值表示的方法误差可分为:(　　)。

(A)绝对误差　(B)相对误差　(C)随机误差　(D)静态误差

87. 按被测变量随时间的关系来分,误差可分为:(　　)。

(A)静态误差　(B)动态误差　(C)相对误差　(D)疏忽误差

88. 电容式、振弦式、扩散硅式等变送器是新一代变送器,它们的优点是(　　)。

(A)结构简单　(B)精度高

(C)测量范围宽,静压误差小　(D)调整、使用方便

89. 安装电容式差压变送器应注意(　　)。

(A)剧烈振动　(B)腐蚀　(C)朝向　(D)高度

90. 电容式差压变送器无输出时可能原因是(　　)。

(A)无电压供给　(B)无压力差　(C)线性度不好

91. 浮子钢带液位计出现液位变化,指针不动的故障时其可能的原因为(　　)。

(A)显示部分齿轮磨损　(B)链轮与显示部分轴松动

(C)指针松动　(D)导向保护管弯曲

92. 浮子钢带液位计读数有误差时可能的原因是(　　)。

(A)显示部分齿轮磨损　(B)指针松动　(C)恒力盘簧或磁偶扭力不足

93. 玻璃液体温度计常用的感温液有(　　)。

(A)水银　(B)有机液体　(C)无机液体　(D)水

94. 大仪表、电气设备中,工作接地包括(　　)。

(A)信号回路接地　(B)屏蔽接地　(C)本安仪表接地　(D)电源接地

95. 下列不需要冷端补偿的是(　　)。

(A)铜电阻　(B)热电偶　(C)铂电阻　(D)双支热电偶

96. DDZ-Ⅲ型仪表与DDZ-Ⅱ型仪表相比,有(　　)主要特点。

(A)采用线性集成电路　(B)采用国际标准信号制

(C)集中统一供电　(D)更小巧耐用

97. 适用于测量低雷诺数,粘度大的流体的有(　　)。

(A)标准孔板　(B)标准喷嘴　(C)双重孔板　(D)1/4圆喷嘴

98. 符合国标GB 2624—81规定,可以直接使用,不须进行标定的有(　　)。

(A)标准孔板　(B)标准喷嘴　(C)文丘利管　(D)1/4 圆喷嘴

99. 如作精确测量,因而必须单独进行标定的有(　　)。

(A)1/4 圆喷嘴　(B)圆缺孔板　(C)文丘利管　(D)双重孔板

100. 联锁线路通常由(　　)三部分组成。

(A)输出回路　(B)输入回路　(C)数字回路　(D)逻辑回路

四、判 断 题

1. 电功率表示电能对时间的变化速率,所以电功率不可能为负值。(　　)
2. 线性电阻的大小与电压、电流的大小无关。(　　)
3. 因为储能元件的存在,就某一瞬间来说,回路中一些元件吸收的总电能可能不等于其他元件发出的总电能。(　　)
4. 引起被调量变化的各种因素都是扰动。(　　)
5. 电压互感器的原理与变压器不尽相同,电压互感器的二次侧电压恒为 100V。(　　)
6. 与 CMOS 电路相比,TTL 电路的能耗较大。(　　)
7. 对压敏电阻而言,所加的电压越高,电阻值就越大。(　　)
8. 只要满足振幅平衡和相位平衡两个条件,正弦波振荡器就能产生持续振荡。(　　)
9. 在整流电路中,滤波电路的作用是滤去整流输出电压中的直流成分。(　　)
10. 直流放大器中若静态工作点设在截止区,则该放大器将无任何放大信号输出。(　　)
11. 三极管工作在饱和区时,两个 PN 结的偏量是:发射结加正向电压,集电极加正向电压。(　　)
12. 在正弦交流变量中,幅值与有效值之比约为 1∶0.707。(　　)
13. 组合开关和控制开关的控制原理相同。(　　)
14. 火力发电厂的大容量锅炉可以不装设安全门保护装置。(　　)
15. 继电器的常开触点在继电器线圈通电后处于断开的触点。(　　)
16. 热继电器是利用测量元件加热到一定温度而动作的继电器。(　　)
17. 手动电器与自动电器分别用于控制不同的热工控制对象。(　　)
18. 热工控制系统中使用的控制开关是一种低压自动电器。(　　)
19. 接触器是一种利用电磁吸引使电路接通和断开的电器。(　　)
20. 相对于继电器而言,接触器可用来通断较大的电流。(　　)
21. 可编程控器主要用于调节控制。(　　)
22. 顺序控制所涉及的信号主要为开关量。(　　)
23. 控制流程图中,用符号 XK 表示设备的选线功能。(　　)
24. 自动报警装置的光字牌,是用来连续监视的。(　　)
25. 锅炉汽包的水位开关量信号,通常是通过电接点水位计来测量的。(　　)
26. 可以用电气原理图把热工控制的具体方案表示出来。(　　)
27. 单元机组的一般报警信号是指主设备状态参数偏离规定值,即系数越限。(　　)
28. 在锅炉吹灰、化学水处理等项目中一般可采用顺序控制。(　　)
29. 热工调节对象一般都具有迟延和惯性。(　　)

30. 热工信号系统一般只需具有灯光和音响报警功能。(　　)

31. XXS 系列微机报警装置的优点之一是可以进行报警方式的选择和切换。(　　)

32. 对于热工报警信号,可以采用统一的显示和音响回路而无须区分其报警信息的重要性。(　　)

33. 安装接线图是用来指导热力过程工艺流程的。(　　)

34. 监视炉膛火焰的摄像机就其安装位置而言都采用外窥式。(　　)

35. 不同结构、容量、运行方式和热力系统的单元机组锅炉设备,其热工保护的内容是相同的。(　　)

36. 联锁控制属于热工保护的一部分。(　　)

37. 积分调节作用能消除系统静态偏差。(　　)

38. 取压管的粗细、长短应取合适。一般内径为 6～10 mm,长为 3～50 m。(　　)

39. 顺序控制中所用的信号一般为开关量,对于涉及的模拟量信号,一般也仅对其进行比较转换成开关量。(　　)

40. 机组跳闸信号是指在热机保护已动作的情况下发出的信号。(　　)

41. 热电偶冷端补偿的目的是为了消除热电偶冷端不为 0℃的影响。(　　)

42. 使用节流装置测量流量时,差压计的正压侧取压口在节流件的迎流面。(　　)

43. 可编程控制器在工作过程中,中断控制程序并不是在每个扫描周期都执行的。(　　)

44. 降低凝汽器的真空可以提高机组效率。(　　)

45. 临时进入绝对安全的现场可以不戴安全帽。(　　)

46. 遇有电气设备着火时,应立即将有关设备的电源切断,然后进行救火。(　　)

47. 凡在离地面 3 m 以上的地点进行的工作,才视作高处作业。(　　)

48. 企业全面质量管理概念起源于日本。(　　)

49. 产品质量是指产品的可靠性。(　　)

50. 热力系统中除氧器采用将给水加热到沸腾的方法来除去氧气。(　　)

51. 蒸汽动力循环采用的给水回热级数越多,可以提高的循环热效率也越大。(　　)

52. 现阶段的质量管理体系称为全面质量管理。(　　)

53. 在用万用表判别三极管性能时,若集电极-基极的正反向电阻均很大,则说明该三极管已被击穿。(　　)

54. 用万用表判别二极管时,万用表的电阻挡应切至"×100k"挡。(　　)

55. 三极管的任意两个管脚在应急时可作为二极管使用。(　　)

56. 两个电阻并联后的等效电阻一定小于其中任何一个电阻。(　　)

57. 测量时,等级越高的仪表其测量的绝对误差越小。(　　)

58. 多次测量能减少系统误差。(　　)

59. 0.00510 m 的有效数字是 3 位。(　　)

60. 0.0730800 m 的有效数字是 4 位。(　　)

61. 两个电动势为 10 V 的电压源,同向串联,串联后的总电动势为 15 V。(　　)

62. 在同频率的正弦交流电量中,参考正弦量的初相位设为零,其余正弦量的初相位等于它们与参考正弦量之间的相位差。(　　)

63. 一个阻抗与另一个阻抗串联后的等效阻抗必然大于其中任何一阻抗。(　　)

64. 直流电动机电枢绕组正常工作时的电流为交流电。(　　)

65. 在共射极放大电路中,三极管集电极的静态电流一定时,其集电极电阻的阻值越大,输出电压U_{ce}越大。(　　)

66. 交流放大电路中,在输入回路中串入电容的主要作用是整流。(　　)

67. 当电压的有效值恒定时,交流电的频率越高,流过电感线圈的电流越小。(　　)

68. 对于盘内配线,导线绝缘电阻应不小于1 MΩ。(　　)

69. 理顺导线后绑扎成方把或圆把均可,可以有明显的交叉。(　　)

70. 配线应做到接线、标识与图纸一致。(　　)

71. 控制盘底座固定应牢固,顶面应水平,倾斜度不得大于0.1%。(　　)

72. 任何报警信号,可以使用测量指示表所带的发信器,也可以使用专用的开关量发信器来进行信号检测。(　　)

73. 开关量变送器中存在着切换差,在应用时为保证测量的精确度,应尽量减小切换差。(　　)

74. 电缆保护管的管口应根据下料的结果,顺其自然。(　　)

75. 看电气原理图,应按自上而下,从左到右的顺序。(　　)

76. 在机组运行过程中,自动报警系统的主要作用是当参数及设备状态异常时,提醒运行人员注意。(　　)

77. 工业电视系统中被监视物体应用强光照射。(　　)

78. 顺序控制一般是作为一个独立系统,与常规控制分开。(　　)

79. 压力开关的被测介质温度一般不超过100℃,若介质温度较高且超过允许温度,则应将介质温度冷却后再引入。(　　)

80. 氧化锆氧量计要求安装在烟气流动性好且操作方便的地方。(　　)

81. 当介质工作压力超过10 MPa时,管道接口处必须另加保护外套。(　　)

82. 热工信号系统为了区分报警性质和严重程度,常采用不同的灯光和音响加以区别。(　　)

83. 当单元机组发生RB时,表明锅炉主要辅机局部发生重大故障,而汽轮发电机运行正常。(　　)

84. 当单元机组发生RB时,表明汽轮发电机运行不正常。(　　)

85. 炉膛水位与火焰的监视器应安装在集控室内便于观察的部位。(　　)

86. 为了保证运行值班员对报警信号的快速反应,报警用的光字牌通常装在控制盘或控制台的主要监视区域内。(　　)

87. 测量水和水蒸气压力的水平引压管应朝工艺管道方向倾斜。(　　)

88. 电缆在敷设时,要求排列整齐,减小与其他设备、管道的交叉。(　　)

89. 敷设风压管路时,因被测压力极低,所以不可装设阀门。(　　)

90. 顺序控制中主要采用PID作为控制规律,控制整个SCS系统的正常运行。(　　)

91. 检修后的顺序控制装置,应进行系统检查和试验,由运行人员确认正确可靠后,才可投入运行。(　　)

92. 机组快速甩负荷时,应先增加给水量,过一定时间后再减少给水量。(　　)

93. 当需要在阀门附近取压时,若取压点选在阀门前,则与阀门的距离必须大于两倍管道直径。(　　)

94. 弹簧管压力表出现线性误差时,应调整拉杆的活动螺丝。(　　)

95. 积分时间减少,将使调节系统稳定性上升。(　　)

96. 炉膛火焰场景潜望镜所具有的隔热保护层,只要能抗御炉膛内强大的辐射热即可。(　　)

97. 钳工用的丝锥是用来在钻床上打孔的工具。(　　)

98. 钳工用的板牙是用来在孔上套扣的工具。(　　)

99. 轴和孔的配合,承载大的、振动大的,应用较紧的配合,反之应用较松的配合。(　　)

100. 利用锤击法在轴上装配滚动轴承时,力要作用在外环上。(　　)

101. 轴承与孔配合时,利用锤击法,力要作用在外环上。(　　)

102. 从事量值传递工作的人员必须持证上岗。(　　)

103. 两个电阻并联后的等效电阻一定小于其中任何一个电阻。(　　)

104. 数字 0.0520 中的有效数字有四位。(　　)

105. 线性电阻的大小与电压、电流的大小无关。(　　)

106. 计量检定工作可由国家法制计量部门或其他法定授权组织进行。(　　)

107. 目前我国采用的温标是摄氏温标。(　　)

108. 大气压力就是地球表面大气自重所产生的压力,它不受时间、地点变化的影响。(　　)

109. 国际单位制中基本单位有 7 种。(　　)

110. 1 工程大气压等于 9.80665×104 Pa。(　　)

111. 真空越高,其绝对压力越大。(　　)

112. 仪表的回程误差也称变差,其数值等于正反行程在同一示值上的测量值之差的绝对值。(　　)

113. 允许误差就是基本误差。(　　)

114. 电功率是表示电能对时间的变化速率,所以电功率不可能为负值。(　　)

115. 1 mmH_2O 是指温度为 0.01℃时的纯水,在标准重力加速度下,1 mmH_2O 所产生的压力。(　　)

116. 温度计的时间常数是指由于被测量的阶跃变化,温度计输出上升到最终值的 90% 时,所需的时间。(　　)

117. 因为储能元件的存在,就某一瞬间来说,回路中一些元件吸收的总电能可能不等于其他元件发出的总电能。(　　)

118. 对压敏电阻而言,所加的电压越高,电阻值就越大。(　　)

119. 在同频率的正弦交流电量中,参考正弦量的初相位设为零,其余正弦量的初相位等于它们与参考正弦量之间的相位差。(　　)

120. 液体静压力 P,液体密度 ρ,液柱高度 h 三者之间存在着如下关系式:$h=\rho g P$。(　　)

121. 数据采集系统(DAS)也具有调节功能。(　　)

122. 自动调节系统环节之间有 3 种基本的连接方式:串联、并联和反馈。(　　)

123. 可编程序控制器的简称为 KMM。( )

124. 集散控制系统 DCS 的英文全称为 Distribute Control System。( )

125. 单根匀质导体做成的闭和回路,其热电动势总是为零。( )

126. 热电偶输出电压仅与热电偶两端温度有关。( )

127. 电触点水位计工作原理是利用水的导电性。( )

128. 热电偶的热电特性是由其测量端和冷端的温度差决定的。( )

129. 工业用铂、铜电阻温度计的测温原理是利用了金属的电阻值随温度变化而变化的特性。( )

130. 孔板,喷嘴,云母水位计都是根据节流原理来测量的。( )

131. 活塞式压力计是根据流体静力学的力平衡原理及帕斯卡定律为基础进行压力计量工作的。( )

132. 数据采集系统既可采集模拟两信号,又可采集数字量信号。( )

133. 数据采集系统不具备数据输出功能。( )

134. PLC 系统只能用来处理数字量。( )

135. 集散控制系统的一个显著特点就是管理集中,控制分散。( )

136. 纯比例调节器即不能消除动态偏差又不能消除静态偏差。( )

137. 具有深度负反馈的调节系统,其输出量与输入量之间的关系仅由反馈环节的特性所决定,而与正向环节的特性无关。( )

138. 调节系统的快速性是指调节系统过渡过程持续时间的长短。( )

139. 衰减率 $\phi=0$,调节过程为不振荡的过程。( )

140. 热电偶的电势由温差电势和接触电势组成。( )

141. 烟气中含氧量越高,氧化锆传感器输出的氧浓度差电压越大。( )

142. 临时进入绝对安全的现场可以不戴安全帽。( )

143. 凡在离地面 3 m 以上的地点进行的工作都应视作高处作业。( )

144. 企业全面质量管理概念起源于日本。( )

145. 现阶段的质量管理体系称为全面质量管理。( )

146. 产品质量是指产品的可靠性。( )

147. 热工控制图纸中安装接线图是用来指导安装接线的施工图。( )

148. 根据有效数字运算规则,1.72×1 013=1.740×103。( )

149. 信号电缆、控制电缆屏蔽层可就近接地。( )

150. 主燃料跳闸是 FSSS 系统中最重要的安全功能。( )

151. 为了防止干扰,通信电缆和电源电缆不得平行敷设。( )

152. 当仪表管道的敷设环境温度超过一定范围时,应有防冻或隔热措施。( )

153. 标准仪器与压力表使用液体为工作介质时,它们的受压点应在同一水平面上,否则应考虑由液柱高度所产生的压力误差。( )

154. 当被测介质具有腐蚀性时,必须在压力表前加装缓冲装置。( )

155. 连接固定表盘的螺栓、螺母、垫圈无须经过防锈处理就可使用。( )

156. 电缆与测量管路成排作上下层敷设时,其间距不宜过小。( )

157. 测量轴承座振动量的传感器是涡流式传感器。( )

158. 热电偶的补偿导线有分度号和极性之分。( )

159. 若流量孔板接反,将导致流量的测量值增加。( )

160. PLC梯形图程序中,相同编号的输出继电器可重复引用。( )

161. 压力表的示值应按分度值的1/5估读。( )

162. 保护通过联锁实现,所以保护也称为联锁。( )

163. 热电厂中,空气流量的测量多采用孔板。( )

164. 活塞式压力计可作为标准仪器使用。( )

165. 一旦PLC系统组态、配置完毕,每个输入、输出通道对应唯一一个输入、输出地址。( )

五、简 答 题

1. 正弦波振荡器的用领域有哪些(请说出5个)?
2. 电功率和电能的相互关系如何?电功率越大,电能就越大吗?
3. 对功率放大器的主要要求是什么?
4. 简述基本单位和导出单位的关系。
5. 简述国际单位制的特点。
6. 简述国际单位制中基本单位的名称和符号。
7. 什么是运算放大器?
8. 试说明电压与电位、电压与电动势间的相互关系。
9. 二极管的主要参数有哪几个?
10. 什么是互感现象?互感电动势的大小和方向应遵守什么定律?
11. 同频率正弦量相位差是如何计算的?它与时间是否相关?
12. 如何分析随机误差?
13. 简述如何减少系统误差。
14. 在信号放大上,交、直流放大器有什么不同?
15. 有两个同频率的正弦交流电流 $i_1=I_{m1}\sin(\omega t+120°)$A,$i_2=I_{m2}\sin(\omega t-120°)$问:哪个电流超前?超前多少度?
16. 什么叫晶闸管的维持电流?
17. 正弦量的有效值是否就是正弦量的平均值?为什么?
18. 简述热工信号的作用。
19. 常用的自动报警装置主要有哪几部分组成?
20. 热工控制回路中常采用的一类控制开关的代号为LW-××…,试说明LW的含义。
21. 何为开关量变送器的切换差?
22. 简述XXS-05型闪光报警器的基本组成。
23. 程序控制系统由哪些组成项目?
24. 常用的计量方法有哪些?
25. 按照火力发电厂中热工信号使用的电源及音响动作情况,热工信号系统可分为哪几类?
26. 在顺序控制中,"与"关系在数学上是怎么表示的?在实际应用中表示什么?

27. 对于测量蒸汽流量的节流装置,在取压口应装设冷凝器。它的作用是什么?

28. 热力发电厂中测量压力的意义是什么?

29. 什么是调节对象?

30. 可编程控制器输入卡件的功能是什么?

31. 什么是顺序控制?

32. 火力发电厂采用程序控制装置有什么实际意义?

33. 火力发电厂中常用的顺序控制项目有哪些?

34. 什么是反馈调节系统?

35. 什么叫标准节流装置?

36. 热电阻温度计有什么特点?

37. 顺序控制有哪些特点?

38. 可编程控制器至少应包括哪几部分? 各部分的功能是什么?

39. 对于锅炉汽压保护,仅在锅炉汽包上装设安全门可行吗?

40. 写出火力发电厂的三大主机设备及汽轮机的辅助设备。

41. 什么叫变压运行方式?

42. 火灾报警的要点有几条? 内容是什么?

43. 仪表检验报告需要哪些人签字?

44. 什么是全面质量管理的费根堡姆博士定义?

45. 比较混合式加热器与表面式加热器的不同点。

46. 试简述变压器中铁芯发热的原因和减少发热的方法。

47. 双稳态电路有什么特点?

48. 试简述整流电路中滤波电容的工作原理。

49. 三相电力变压器并联运行的条件是什么? 若不满足会产生什么危害?

50. 单相半波整流电路中,二极管的正向电压(最大值)为多少? 与全波整流电路相比,承受的反向电压哪个大? 电源变压器的利用率哪个高?

51. 为什么大中型直流电动机不允许直接启动? 启动时一般采用哪些方法?

52. 快速甩负荷时的处理原则是什么?

53. 在顺序控制技术中,顺序步序的转换条件主要有时间、条件和两者的组合,什么是按条件进行转换?

54. 如图1为一开关量变送器的输入-输出特性,请写出该变送器的复位值、动作值和切换差。

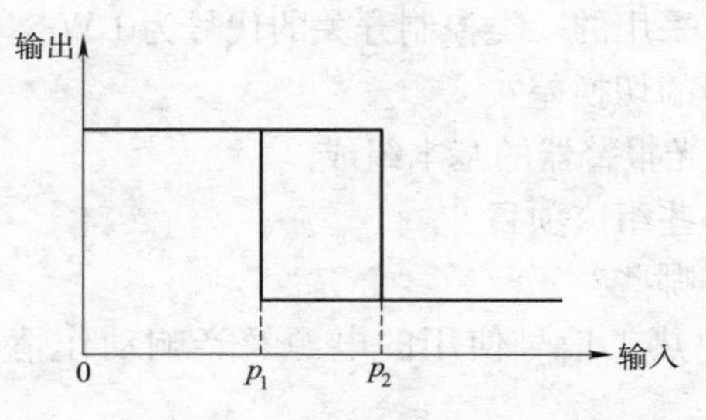

图1 开关量变送器输入——输出特性图

55. 热工保护在机组运行过程中是如何工作的?

56. 调节系统的扰动试验主要包括哪几种?

57. 电磁继电器和接触器是如何区分直流和交流的?

58. 简述电子自动平衡仪表的安装要求。

59. 热电阻保护套管的主要选择原则是什么?

60. 对控制盘安装尺寸误差有何具体要求?

61. 对控制盘底座的制作、安装有何具体要求?

62. 对控制盘安装有哪些具体要求?

63. 何为单元机组的快速甩负荷(即 FCB)?

64. 矩阵电路是如何组成其控制逻辑的?

65. 热电偶安装时,对安装位置有哪些要求?

66. 安装差压信号管路有哪些要求?

67. 如何判断使用过并混在一起的铜-铜镍合金补偿导线和铜-康铜补偿导线?

68. 标准节流装置在使用过程中应注意什么?

69. 采用蒸汽中间再热的目的是什么?

70. 什么是检定证书? 什么是检定结果通知书?

六、综 合 题

1. 请逐一说出 7 种热电偶的型号、分度号。

2. 试述热电偶测温时,参考端为什么要求处于 0℃。

3. 简述 YX-150 型、0～1.6 MPa、1.5 级电接点压力表示值检定方法及技术要求。

4. 试述热电偶测温的三个定律。

5. 试述活塞式压力计的工作原理及其结构。

6. 试通过计算说明,能否用 0.4 级、0～16 MPa 的精密压力表检定 1.5 级 0～10 MPa 的一般压力表。

7. 校验工业用压力表应注意哪些事宜?

8. 试述弹簧管式一般压力表的示值检定项目、对标准器的要求及对检定时的环境温度和工作介质的规定。

9. 试述弹簧管式一般压力表测压时,量程和准确度等级选取的一般原则。

10. 试述弹簧管式压力表为什么要在测量上限处进行耐压检定? 检定的时间是如何确定的?

11. 检定一台测量范围为 0～10 MPa 准确度为 0.5 级的压力变送器,试确定检定时所采用的压力标准器及其准确度等级、量程。

12. 试述弹簧管式精密压力表及真空表的使用要求。

13. 分别写出准确度、正确度、精密度、不确定度的含义。

14. 什么是弹性元件的弹性后效,弹性迟后? 对弹簧管压力表的示值有何影响?

15. 什么是微小误差准则,它与检定误差有何联系?

16. 工业上常用的热电阻有哪两种? 它们的分度号是什么? 常用的测量范围是多少? 其

0℃的标称电阻值R(0℃)是多少？其准确度等级分为哪两种？

17. 电阻温度计的测温原理和铂电阻温度计测温的优缺点是什么？

18. 工业热电阻测温的主要误差来源有哪些？对于工业铂热电阻是否选用的铂丝纯度越高，其测温准确度越高？

19. 请说明配热电偶用动圈式温度仪表的工作原理。

20. 用来制作热电偶的材料应具备什么条件？

21. 什么是比较法检定热电偶？它分哪几种方法？

22. 检定和使用标准铂电阻温度计时，为什么要规定通过铂电阻温度计的电流为1 mA？测量过程中为什么要电流换向？为什么要交换引线？

23. 写出差压式流量计可压缩流体的质量流量公式，并说明公式中个各符号的名称和单位。

24. 弹簧管式压力表由哪些零部件组成？并说明其传动机构中各零部件的作用。

25. 根据图2说明配热电阻的XC系列动圈式温度指示仪表的各组成部分及测量原理。

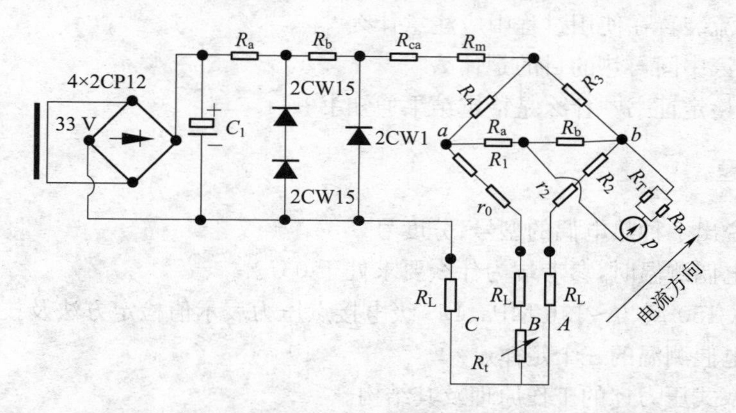

图2 配热电阻XC系列动圈式温度指示仪结构图

26. 什么是热工信号？热工信号分为哪几类？

27. 对工作人员的着装有哪些规定？

28. 请叙述QC小组成员的任务。

29. 简述压力变送器的检定环境条件，以及对工作介质的要求。

30. 如何对压力(差压)变送器进行密封性检查？

31. 如何调整弹簧管式压力表的线性误差？

32. 1151变送器如何进行零点迁移？

33. 流量孔板为什么不能接反？

34. 如何调整双波纹管差压计的零位、量程和线性？

35. 请详述力平衡式压力变送器的使用注意事项。

36. 检定压力变送器时，如何确定其检定点？

37. 校验工业用压力表时，应注意哪些事项？

38. 检定工业热电阻时应在什么条件下进行？

39. 弹簧管式压力表为什么要在测量上限处进行耐压检定？其耐压检定的时间是如何规定的？

40. 详述现场安装压力仪表应注意的主要问题。

41. 安装节流件时,为什么要特别注意避免垫片凸入管道内？

42. 试述弹簧管式一般压力表的示值检定项目、对标准器的要求及对检定时的环境温度和工作介质的规定。

工业自动化仪器仪表与装置修理工(初级工)答案

一、填 空 题

1. 20～100　2. 181　3. 铜、镍铬　4. 滞后
5. 反馈回路　6. 先投副环,后投主环　7. 一牛顿　8. 积分时间
9. 精度等级　10. 浓差电池　11. 惯性力　12. 材料
13. 华氏温标　14. 精度　15. 203　16. 0～1.3 kPa
17. 标准孔板　18. 绝对误差　19. 时间　20. 临界比例度法
21. 偏差　22. 脉动　23. 动态误差　24. 低
25. 相等　26. 增大　27. 品质　28. 复合
29. 中间温度定律　30. 8　31. 0.6～1.0　32. 小
33. 流速　34. 五分之三　35. 三分之一　36. 156.93
37. 减少　38. 1 999　39. 动态误差　40. 一定的浓度
41. 输出设备　42. 硬件　43. 真值　44. 系统误差
45. 节流装置　46. 偏差　47. 接触电势　48. 两端温度
49. 1/3～2/3　50. 40 000　51. 自动开停　52. 中间导体
53. 全行程时间　54. 随机　55. 压力　56. 黏性力
57. 酸性溶液　58. 1.5　59. 热值＝根号下比重乘以华白
60. 100　61. 4.18　62. 顺磁性的原理　63. 清除煤气中的水
64. 10 000　65. 有害杂质　66. 0.1 MPa　67. 大气压力
68. 输出变化　69. 温度　70. 时间常数　71. 干扰量的变化
72. 越高　73. 临界比例度法　74. 变化
75. 利用前馈调节的及时性和反馈调节的静态准确性　76. PI
77. 反复凑试的程序　78. 越强　79. 消除余差偏差变化速度
80. 设计、分析、整定和改进　81. 被调参数　82. 特性
83. 干扰作用　84. 输出　85. 积分切除法　86. 控制作用
87. 开环控制系　88. 调节阀　89. 时间常数及纯滞后较大
90. 存储器　91. 开关　92. 高顺磁性　93. 16 位
94. 125℃　95. 5　96. 铁　97. 镍硅
98. E　99. E　100. S　101. K 和 S
102. S　103. 有机液体　104. 1.428　105. 0℃
106. 大　107. 不动　108. 室温　109. ϕ1 mm

110. 15 000 mm　111. 双支四芯　112. 绝缘材料　113. 负
114. 两热电极材料相异,两接点温度相异　115. 中间导体　116. 100
117. 0　118. 0.01　119. −273.16　120. 37
121. 90.188　122. 0　123. 212　124. 国际实用温标
125. 标尺　126. 体积变化量　127. 二位式　128. 质量
129. 温差电势　130. 气体　131. 取压装置　132. 流速
133. 脏污液体　134. 流速　135. 文丘里管　136. 物理
137. 平行　138. 5　139. 50 m　140. 范围
141. 120　142. 动态误差　143. 管壁　144. 执行机构
145. 调节阀　146. 直行程　147. 可调比　148. 理想可调比
149. 30　150. 阀芯结构　151. 泄露量　152. 0.6
153. 可以　154. 电接点　155. 水位　156. 0.5
157. 零点　158. HY-1232　159. 电容　160. 变小
161. 前　162. 10～13　163. 下方　164. 120
165. 非标准节流装置

二、单项选择题

1. A　2. B　3. C　4. D　5. B　6. D　7. A　8. A　9. C
10. B　11. D　12. C　13. C　14. D　15. D　16. A　17. A　18. A
19. C　20. B　21. B　22. C　23. D　24. C　25. D　26. A　27. C
28. B　29. C　30. B　31. C　32. B　33. A　34. B　35. D　36. B
37. A　38. D　39. A　40. A　41. B　42. A　43. C　44. D　45. A
46. C　47. C　48. C　49. D　50. C　51. B　52. C　53. D　54. B
55. C　56. A　57. C　58. A　59. C　60. C　61. A　62. B　63. C
64. D　65. A　66. D　67. A　68. C　69. C　70. A　71. B　72. B
73. D　74. B　75. B　76. B　77. B　78. D　79. B　80. B　81. B
82. C　83. A　84. D　85. D　86. A　87. B　88. B　89. D　90. B
91. C　92. C　93. B　94. B　95. B　96. C　97. B　98. D　99. C
100. C　101. B　102. D　103. B　104. C　105. C　106. A　107. C　108. B
109. B　110. A　111. C　112. C　113. B　114. B　115. C　116. B　117. B
118. D　119. A　120. C　121. B　122. A　123. B　124. A　125. A　126. B
127. A　128. B　129. A　130. B　131. C　132. C　133. C　134. B　135. B
136. B　137. A　138. C　139. C　140. C　141. B　142. B　143. B　144. C
145. B　146. B　147. B　148. B　149. A　150. A　151. C　152. B　153. B
154. A　155. B　156. B　157. A　158. A　159. C　160. A　161. B　162. C
163. D　164. A　165. C

三、多项选择题

1. AD	2. CD	3. ABCD	4. ABCD	5. ABC	6. ABCD	7. ABD
8. ABCD	9. ABCD	10. CD	11. AC	12. AD	13. ABCD	14. ABCD
15. ABCD	16. ABC	17. ABD	18. AC	19. AC	20. AB	21. ABCD
22. BC	23. CD	24. ABCD	25. AC	26. ABCD	27. ABCD	28. ABC
29. ABCD	30. AC	31. ABCD	32. ABC	33. ABCD	34. ABD	35. ABC
36. AB	37. ABC	38. AB	39. AB	40. BD	41. ABCD	42. ABC
43. BCD	44. ABD	45. AB	46. ABCD	47. ABCD	48. AC	49. ABCD
50. ABC	51. AC	52. ABCD	53. BC	54. AD	55. ABC	56. BD
57. BCD	58. ABCD	59. ABCD	60. BCD	61. AC	62. ABC	63. ABD
64. ABCD	65. BC	66. ABCD	67. ABC	68. AD	69. ABCD	70. ABCD
71. ACD	72. ABC	73. ABCD	74. ABC	75. AB	76. BD	77. ABCD
78. AC	79. AC	80. AC	81. BCD	82. BD	83. CD	84. ABCD
85. AC	86. AB	87. AB	88. ABCD	89. AB	90. AB	91. AB
92. BC	93. AB	94. ABC	95. AC	96. ABC	97. CD	98. AB
99. ABD	100. ABD					

四、判 断 题

1. ×	2. √	3. ×	4. √	5. ×	6. √	7. ×	8. √	9. ×
10. ×	11. √	12. √	13. ×	14. ×	15. ×	16. √	17. ×	18. ×
19. √	20. √	21. ×	22. √	23. √	24. ×	25. ×	26. √	27. ×
28. √	29. √	30. ×	31. √	32. ×	33. ×	34. ×	35. ×	36. √
37. √	38. √	39. √	40. √	41. √	42. ×	43. √	44. ×	45. ×
46. √	47. ×	48. ×	49. ×	50. √	51. √	52. √	53. ×	54. ×
55. ×	56. √	57. ×	58. ×	59. √	60. ×	61. ×	62. √	63. ×
64. √	65. ×	66. ×	67. √	68. √	69. ×	70. √	71. √	72. ×
73. ×	74. ×	75. √	76. √	77. ×	78. √	79. √	80. √	81. √
82. √	83. √	84. ×	85. ×	86. ×	87. ×	88. √	89. √	90. ×
91. √	92. √	93. ×	94. ×	95. ×	96. ×	97. ×	98. ×	99. √
100. ×	101. √	102. √	103. √	104. ×	105. √	106. √	107. ×	108. ×
109. √	110. √	111. ×	112. √	113. ×	114. ×	115. ×	116. ×	117. ×
118. ×	119. √	120. ×	121. ×	122. √	123. ×	124. √	125. √	126. ×
127. √	128. ×	129. √	130. ×	131. √	132. √	133. ×	134. ×	135. √
136. √	137. √	138. √	139. ×	140. √	141. ×	142. ×	143. ×	144. ×
145. √	146. ×	147. √	148. ×	149. ×	150. √	151. √	152. √	153. √
154. ×	155. ×	156. √	157. ×	158. √	159. ×	160. ×	161. √	162. ×
163. ×	164. √	165. √						

五、简 答 题

1. 答:通信、广播、电视、工业、农业、生物医学等(5 分)。

2. 答:电能是电功率在时间坐标上的积分(或电功率是表示电能变化的快慢);电功率越大,电能不一定越大(5 分)。

3. 答:功率放大器要具有足够的功率输出,失真要小,效率要高,阻抗要匹配(5 分)。

4. 答:基本单位是约定为彼此独立的,而导出单位是用基本单位和比例因素表示的,为某些导出单位表示方便,它用专门的名称和符号表示(5 分)。

5. 答:①通用性,适合于任何科学技术领域(1 分)。②简明性,规定每个单位只有一种名称和符号(2 分)。③实用性,国际单位都比较实用(2 分)。

6. 答:国际单位制中包括 7 类基本单位,具体是:长度(米,m),质量(千克,kg),时间(秒,s),电流(安,A),温度(开,K),物质的量(摩,mol),发光强度(坎,cd)(5 分)。

7. 答:运算放大器是一种具有高放大倍数,并带有深度负反馈的直接耦合放大器(2 分)。通过由线性或非线性元件组成的输入网络或反馈网络,可以对输入信号进行多种数字处理(3 分)。

8. 答:①电压是表明电场力做功能力大小的物理量;两点间电位差的大小即为电压(2 分)。②电动势是表明电源力做功能力大小的物理量;电动势的方向与电压的方向相反(3 分)。

9. 答:主要参数有最大整流电流、反向电流、工作频率和最大反向工作电压(5 分)。

10. 答:一个线圈中的电流发生变化,导致另一个线圈产生感应电动势的现象称做互感现象。互感电动势的大小和方向分别遵守法拉第电磁感应定律和楞次定律(5 分)。

11. 答:同频率正弦量的相位差等于它们的初相位差,与时间无关(5 分)。

12. 答:用概率论和数理统计来分析(5 分)。

13. 答:提高测量仪器的等级,改进测量的方法,尽可能地改善测量的环境,减少环境对测量的影响(5 分)。

14. 答:交流放大器不能放大直流信号。直流放大器能放大直流信号,但对交流量的放大容易被直流量所淹没(5 分)。

15. 答:i_2 超前 i_1,超前的角度为 $120°$(5 分)。

16. 答:维持电流是指维持晶闸管导通的最小阳极电流(5 分)。

17. 答:正弦量的有效值不是正弦量的平均值(2 分)。因为有效值等于瞬时值的平方在一个周期内的平均值,和同值直流量作用于同一电阻时产生的热量相等,而正弦量的平均值为零(3 分)。

18. 答:在单元机组的有关参数偏离规定范围或发出某些异常情况时,通过显示设备引起运行人员注意,以便及时采取措施,避免事故的发生和扩大(5 分)。

19. 答:主要包括显示器、音响器和控制电路三大部分(5 分)。

20. 答:L 的含义为主令电路,W 的含义为万能(5 分)。

21. 答:开关量变送器的切换差为被测物理量上升时开关动作值与下降时开关动作值之差(5 分)。

22. 答:主要由输入电路、振荡电路、逻辑电路、驱动电路、报警电路、指示电路、音响电路和整流稳压电源等组成(5 分)。

23. 答:程序控制系统由开关信号、输入回路、程序控制器、输出回路和执行机构等部分组成(5 分)。

24. 答:有直接计量法、间接计量法、微差计量法、补偿计量法、静态计量和动态计量法(5 分)。

25. 答:主要分 3 类,分别为交流不重复音响信号系统、交流重复音响信号系统和直流重复音响信号系统(5 分)。

26. 答:"与"关系在数学上的表示为 $Y=A\cdot B$,Y、A、B 均为逻辑量,在实际中,表示当 A、B 均为"1"时,Y 为"1",否则为"0"(5 分)。

27. 答:是使节流件与差压计之间的导压管中的被测蒸汽冷凝,并使正负导压管中的冷凝液面有相等的恒定高度(5 分)。

28. 答:压力是热力过程中的一个重要参数,准确地测量压力进而控制压力,对保证热力设备安全和经济运行有重要意义(2 分)。如主蒸汽压力控制不好,汽压过高会使过热器和水冷壁承受不了,主蒸汽压力过低会使锅炉出力和汽轮机热效率下降(3 分)。

29. 答:被控的生产设备或生产过程称为调节对象(5 分)。

30. 答:可编程控制器的输入卡件将现场的信号转换成可编程控制器能够接受的电平信号。它必须首先有信号转换能力,同时必须有较强的抗干扰能力(5 分)。

31. 答:所谓顺序控制,是根据生产过程的要求,按照一定的工艺流程,对开关量进行逻辑运算的控制(5 分)。

32. 答:采用程序控制后,运行人员只需通过一个或几个操作指令完成一个系统、一台辅机、甚至更大系统的启停或事故处理(2 分)。因此可缩短设备的启动时间,提高设备运行的可靠性,减轻操作人员的劳动强度(3 分)。

33. 答:火力发电厂常用的顺序控制项目有:锅炉定期排污、锅炉吹灰、锅炉燃烧器控制,化学水处理除盐,汽轮机自启停,凝汽器胶球冲洗,锅炉上煤、配煤等(5 分)。

34. 答:反馈调节系统是最基本的调节系统,它按被调量与给定值的偏差进行调节,调节的目的是尽可能减少或消除被调量与给定值之间的偏差(5 分)。

35. 答:所谓标准节流装置,是指有国际建议规范和国家标准的节流装置。它们的结构形式、适用范围、加工尺寸和要求、流量公式系数和误差等,都有统一规定的技术资料(5 分)。

36. 答:热电阻温度计有以下特点:①有较高的精确度(1 分)。②灵敏度高,输出的信号较强,容易测量显示和实现远距离传送(2 分)。③金属热电阻的电阻温度关系具有较好的线性度,而且复现性和稳定性都较好。但体积较大,故热惯性较大,不利于动态测温,不能测点温(2 分)。

37. 答:顺序控制的特点主要有:①顺序控制主要是对有步序的操作进行自动控制(1 分)。②顺序控制中的信号量基本上为开关量(2 分)。③顺序控制中采用逻辑运算(2 分)。

38. 答:可编程控制器在结构上主要包括:①处理器。是核心部件,执行用户程序及相应的系统功能(1 分)。②存储器。存储系统程序、用户程序及工作数据(1 分)。③输入输出卡件。是可编程控制器与现场联系的通道(1 分)。④电源。向 PLC 系统各部分供电(1 分)。⑤内部总线。PLC 内部各部分相互联系的通道(1 分)。

39. 答:不可行(1 分)。因为安全门动作并不意味着锅炉灭火,如果仅在汽包上装设安全门,会导致大量过热蒸汽只从装于汽包上的安全门排放,使流经过热器和再热器的蒸汽流量下降,极端情况下甚至没有蒸汽流过。此时,过热器和再热器在高温烟气冲刷下因得不到蒸汽冷却而烧坏。因此锅炉汽压保护必须在锅炉的汽包、过热器和再热器上分别装设安全门(4分)。

40. 答:三大主机设备是锅炉、汽轮机和发电机(2分)。汽轮机的辅助设备有:凝汽器、凝结水泵、抽气器、油箱、油泵、冷油器和加热器等(3分)。

41. 答:变压运行方式是指由控制系统给出的主汽压给定值随负荷而变,即高负荷时,汽压给定值高;低负荷时,汽压给定值低(2分)。运行中控制系统的汽压应等于其给定值,即也是随负荷而变化的(3分)。

42. 答:有4条,内容是:①火灾地点(1分);②火势情况(1分);③燃烧物和大约数量(1分);④报警人姓名及电话号码(2分)。

43. 答:仪表检验报告需要检定员、班组技术员(班长)、车间技术员签字(5分)。

44. 答:全面质量管理的费根堡姆博士定义是指为了能够在最经济的水平上并考虑到充分满足顾客要求的条件下,进行市场研究、设计、制造和售后服务,把企业内各部门的研制质量、维持质量和提高质量的活动构成一体的有效体系(5分)。

45. 答:混合式加热器不存在疏水问题,没有加热端差,但需要给水泵打入下一级(2分)。表面式加热器不需要多个给水泵,系统可靠性高,但存在加热端差,热经济性不如混合式加热器(3分)。

46. 答:变压器铁芯发热的主要原因是磁滞损耗、涡流损耗和线圈的传导热量(2分)。减少铁芯发热的方法有:①加强冷却(1分);②采用磁化特性较好的硅钢片(1分);③增大硅钢片间的电阻(1分)。

47. 答:双稳态电路有两个特点:①电路有两个稳定状态(2分);②只有在外加触发信号作用时,电路才能从一个稳态状态转到另一个稳态状态(3分)。

48. 答:滤波电容的作用是使滤波后输出的电压为稳定的直流电压,其工作原理是整流电压高于电容电压时电容充电。当整流电压低于电容电压时电容放电,在充放电的过程中,使输出电压基本稳定(5分)。

49. 答:并联条件包括:相序相同、变比相同、接线组别相同和短路阻抗相等(2分)。若前三者不满足,会在并联运行的变压器间产生巨大的环流,烧毁变压器;若第四点不相同,会造成运行时变压器间负荷分配不均,影响变压器并联运行的效率和总容量(3分)。

50. 答:在单相半波整流电路中,二极管的反向电压(最大值)为$\sqrt{2}U_2$,即交流电源的幅值。两个电路中,二极管承受的反向电压相同。全波整流电路中电源变压器的利用率高(5分)。

51. 答:直流电动机直接启动时,因启动瞬间反电动势为零,故启动电流为端电压除以电枢电阻。因电枢电阻较小,所以直接启动时起动电流一般为额定电流的10～20倍,如此大的电流会对电动机本身、电网、机械传动系统产生非常大的危害,甚至毁坏电动机。一般采用降压启动和电枢回路串电阻起动两种方式(5分)。

52. 答:①控制汽压在最小范围内波动(1分)。②控制汽包水位在最小范围内波动(2分)。③减少燃料时应防止炉膛灭火,采取稳燃措施(2分)。

53. 答:每一个步序的执行必须在条件满足的情况下进行,操作已完成的条件反馈给系统,作为进行下一步操作的依据(5分)。

54. 答:复位值是 P_1,动作值是 P_2,切换差是 P_2-P_1(5 分)。

55. 答:热工保护是通过对设备的工作状态和机组的运行参数来实现对机组的严密监视(2 分)。当发生异常时,及时发出报警信号,必要时自动启动或切除某些设备或系统,使机组维持原负荷或减负荷运行(2 分)。当发生重大事故而危及机组运行时,应停止机组运行,避免事故进一步扩大(1 分)。

56. 答:调节系统的扰动试验主要包括:调节机构扰动、给定值扰动和甩负荷扰动试验(5 分)。

57. 答:电磁继电器是根据线圈中用直流电还是用交流电来区分的。接触器是依据主触点用来断开、合上直流负载还是交流负载区分的(5 分)。

58. 答:①安装地点应通风,没有明显的振动、撞击、无腐蚀性气体和杂质,附近没有产生强磁场设施,要有作业的场地,以便检修维护(1 分)。②感温元件的分度号要与仪表一致,补偿导线的分度号要与热电偶的分度号一致(1 分)。③按规定配接外接电阻(0.5 分)。④感温元件与仪表之间的连接导线不允许与电源线合用同一根金属套管(1 分)。⑤仪表要通过开关,熔断器要接通电源(1 分)。⑥应采用 1.5~2.5 mm^2 的铜线接地(0.5 分)。

59. 答:保护套管的选择原则包括:①能够承受被测介质的温度、压力(1 分);②高温下物理、化学性能稳定(1 分);③有足够的机械强度(0.5 分);④抗震性好(0.5 分);⑤有良好的气密性(0.5 分);⑥导热性良好(0.5 分);⑦不产生对感温件有害的气体(0.5 分);⑧对被测介质无影响,不沾污(0.5 分)。

60. 答:控制盘安装尺寸误差应符合下列要求:①盘正面及正面边线的不垂直度小于盘高的 0.15%(1 分);②相邻两盘连接处的盘面凹凸不平,其相差不大于 1 mm(2 分);③各盘间的连接缝隙不大于 2 mm(2 分)。

61. 答:控制盘底座应按施工图制做,其具体要求如下:①几何尺寸偏差不大于 1%(m),但全长不得超过 5 mm(1 分)。②不直度每米千分之一,全长度小于 5 mm(1 分)。③不平度每米不超过±1 mm,全长不超过千分之一,且必须在凹凸最大处测量(1 分)。④对角线偏差不大于 3 mm(0.5 分)。⑤焊接牢固、平滑,并清理焊渣,锉平焊口后,重新核对①~④项要求变圈(0.5 分)。⑥盘底座的固定应牢固,顶面应水平,倾斜度不大于 0.1%,最大水平高差不大于 3 mm,且应高出地面,但不能超过20 mm(0.5 分)。⑦固定好底座后用水泥封堵、刷漆(0.5 分)。

62. 答:①连接控制盘的螺栓、螺母、垫圈等应有防锈层(1 分)。②盘内不应进行电焊和火焊工作,以免烧坏油漆及损伤导线绝缘(1 分)。③控制盘安装应牢固、垂直、平整(1 分)。④控制盘应有良好的接地(1 分)。⑤盘底孔洞应用防火材料严密封闭、盘内地面应光滑(1 分)。

63. 答:①单元机组的 FCB 是指锅炉正常运行,而机、电方面发生故障时,机组降低或切除部分负荷(1 分)。②FCB 分三种情况(1 分):

a. 汽轮机自身故障。此时锅炉维持在最低负荷运行,而汽轮机跳闸并联锁发电机跳闸(1 分)。

b. 发电机自身故障。此时锅炉维持在最低负荷运行,而发电机跳闸并联锁汽轮机跳闸(1 分)。

c. 电网侧发生故障。此时单元机组维持最低负荷并自带厂用电运行(1 分)。

64. 答:矩阵电路由一组互相平行的横向母线(行母线)和一组互相平行的竖直母线(列母

线)构成,行、列母线在空间上互相交叉但又不接触,在相应的行列母线之间用二极管连接即可实现不同的信号分配及电路逻辑,从而形成控制逻辑(5分)。

65. 答:①热电偶安装位置应尽可能保持与地面垂直,以防止保护管在高温下变形(2分)。②在被测介质有流速的情况下,应使其处于管道中心线上,并与被测流体方向相对(1分)。③有弯道的应尽量安装在管道弯曲处(1分)。④必须水平安装时,应采用装有耐火粘土或耐热金属制成的支架加以支撑(1分)。

66. 答:①为了减少迟延,信号管路的内径不应小于8～12 mm,管路应按最短距离敷设,但不得短于3 m,最长不大于50 m,管路弯曲处应是均匀的圆角(2分)。②为防止管路积水、积气、其敷设应有大于1∶10的倾斜度。信号管路为液体时,应安装排气装置;为气体时,应安装排液装置(1分)。③测量具有腐蚀性或黏度大的流体时,应设隔离容器(1分)。④管路所经之处不得受热源的影响,更不应有单管道受热和冻管道现象(1分)。

67. 答:将补偿导线端头剥开,露出一段金属丝,再分别将它们的另一端绞接在一起,组成两支热电偶,使测量端加热,用UJ37型电位差计分别测量它们的热电势,其中热电势高的补偿导线是铜-康铜补偿导线,另一侧则是铜-铜镍合金补偿导线(5分)。

68. 答:①必须保证节流装置的开孔与管道的轴线同心,并使节流装置端面与管道的轴线垂直(1分)。②在节流装置前后两倍于管径的一段管道内壁上,不得有任何突出部分(1分)。③在节流装置前后必须配制一定长度的直管段(1分)。④若采用环室取压方式则安装时,被测介质的流向应与环室的方向一致(1分)。⑤使用差压测量仪表时,必须使被测介质充满管路(1分)。

69. 答:随着蒸汽初参数的提高,尤其是初压的提高,汽轮机末几级湿度增大。采用中间加热后,减小了末几级排汽湿度,改善了末几级工作条件,提高了相对内效率,在终压不变情况下提高单机出力(5分)。

70. 答:检定证书是证明计量器具检定合格的文件。检定结果通知书是证明计量器具检定不合格的文件(5分)。

六、综 合 题

1. 答:①铂铑10-铂热电偶,分度号S(1分);②铂铑30-铂热6电偶,分度号B(1分);③镍铬-镍硅热电偶,分度号K(1分);④铜-康铜热电偶,分度号T(1分);⑤镍铬-铜镍热电偶,分度号E(2分);⑥铁-铜镍热电偶,分度号J(2分);⑦铂铑13-铂热电偶,分度号R(2分)。

2. 答:由热电偶测温原理可知,热电势的大小与热电偶两端温度有关。要准确的测量温度,必须使参考端的温度固定(5分)。由于热电偶的分度表和根据分度表刻度的温度仪表或温度变送器,其参考端都是以0℃为条件的,所以一般固定在0℃。这也便于制造有统一的标准。故在使用中热电偶的参考端要求处于0℃。如果在使用时参考端不是0℃,就必须进行修正(5分)。

3. 答:①将压力表安装好,用拨针器将两个信号接触指针分别拨到上限及下限以外,然后开始示值检定(1分);②压力表的示值检定按标有数字的分度线进行(包括零位)。检定时,逐渐升压,当示值达到测量上限后,耐压3 min,然后按原检定点降压回检(2分);③检定点应均匀选取,且不少于5点(1分);④压力表轻敲表壳前及轻敲表壳后的示值与标准器示值之差均应不超过±0.024 MPa(2分);⑤压力表的回程误差不应超过0.024 MPa(2分);⑥压力表在轻敲表壳后，其指针示值变动量不超过 0.012 MPa(2 分)；⑦压力表指针的移动，在全分度范围内应平稳，不得有跳动或卡阻现象(2 分)。

4. 答：①由一种均质导体组成的闭合回路，不论导体的截面面积如何，以及各处的温度分布如何，都不能产生热电势(3 分)；②由不同材料组成的闭合回路，当各种材料接触点的温度都相同时，则回路中热电势的总和为零(3 分)；③接点温度为 t_1 和 t_3 的热电偶，它产生的热电势等于接点温度分别为 t_1、t_2 和 t_2、t_3 的两支同性质热电偶所产生热电势的代数和(4 分)。

5. 答：活塞式压力计是根据流体静力学的力平衡原理及帕斯卡定律为基础，进行压力计量的工具。一种力是由密闭管路中工作介质的压力产生的；另一种力是活塞、承重盘及加放在承重盘上砝码的质量产生的，这两种力相平衡，即

$$mg=sp \quad (2\text{分})$$

$$p=\frac{mg}{s} \quad (3\text{分})$$

式中 p——密闭管路中工作介质的压力，Pa；

m——活塞一承重盘及砝码的总质量，kg；

g——当地的重力加速度，m/s^2；

s——活塞的有效面积，m^2。

当活塞式压力计的活塞浮起并处于平衡位置，则可以根据已知的活塞有效面积，活塞、承重盘及加放在承重盘上的砝码的总质量和当地重力加速度，即可求出密闭管路中工作介质的压力值(5 分)。

活塞式压力计由活塞、活塞筒、专用砝码和油管道系统、加压泵、阀门等组成(5 分)。

6. 答：被检表的允许误差为：$\delta_{被}=\pm10\times\frac{1.5}{100}=\pm0.15(\text{MPa})$ (3 分)

精密表的允许误差为：$\delta_{标}=\pm16\times\frac{0.4}{100}=\pm0.064(\text{MPa})$ (3 分)

通过计算可知，精密表允许误差的绝对值为 0.064 MPa，大于被检表允许误差绝对值的 1/3，即大于 0.05 MPa，因此，不能用 0.4 级、0～16 MPa 的精密压力表检定 1.5 级 0～10 MPa 的一般压力表(4 分)。

7. 答：①应在(20±5)℃室温下进行(1 分)；②压力表的指针轴应位于刻度盘孔中心。当轻敲表壳时，指针位置不应变动(1 分)；③标准表与被校压力表安装在校验台上时，两表的指针轴应高度相等，以免由于传压管内液位的高度不同而造成附加误差(2 分)；④检验中应仔细观察表的指针动态，校对示值时，应使被校压力表指针对准刻度线中心，再读取标准压力表的示值，并算出误差值(2 分)；⑤校验中应进行两次读数，一次是轻敲表壳前，一次是轻敲表壳后，当轻敲位移符合要求后，才能判断检验点的误差(2 分)；⑥计算各检验点的误差时，以轻敲表壳后的指示值为准，每一校验点的误差都不应超过所规定的允许误差(2 分)。

8. 答：弹簧管式一般压力表的示值检定项目有：零位示值误差；基本误差；回程误差；轻敲表壳后，其指针示值变动量(5 分)。

检定时，标准器的综合误差应不大于被检压力表基本误差绝对值的 1/3。检定时环境温度应为(20±5)℃。对测量上限值不大于 0.25 MPa 的压力表，工作介质须为空气或其他无毒、无害、化学性能稳定的气体；对测量上限值大于 0.25 MPa 的压力表，工作介质应为液体(5 分)。

9. 答:弹簧管式一般压力表,通常是用在现场长期测量工艺过程介质的压力。因此,选择压力表时既要满足测量的准确度要求,又要安全可靠、经济耐用(2 分)。当被测压力接近压力表的测量上限时,虽然测量误差小,但仪表长期处于测量上限压力下工作,将会缩短使用寿命(2 分)。当被测压力在压力表测量上限值的 1/3 以下时,虽然压力表的使用寿命长,但测量误差较大。为了兼顾压力表的使用寿命和具有足够的测量准确性,通常在测量较稳定的压力时,被测压力值应处于压力表测量上限值的 2/3 处(2 分)。测量脉动压力时,被测压力值应处于压力表测量上限值的 1/2 处。一般情况下被测压力值不应小于压力表测量上限的 1/3(2 分)。至于压力表的准确度等级,只要能满足工艺过程对测量的要求即可,不必选用过高的准确度等级(2 分)。

10. 答:它的准确度等级,主要取决于弹簧管的灵敏度,弹性后效,弹性滞后的残余变形的大小。而这些弹性元件的主要特性,除灵敏度外,其他的只有在其极限工作压力下工作一段时间后,才能显示出来(5 分)。同时,亦可借此检验弹簧管的渗漏情况,根据国家计量检定规程的规定,对弹簧管式一般压力表在进行示值检定时,当示值达到测量上限后,耐压 3 min;弹簧管重新焊接过的压力表应在测量上限处耐压 10 min(5 分)。

11. 答:当选用等量程的标准器时,标准器的准确度等级应为:

$$a \leqslant 1/3 \times \text{被检表的准确度等级} \quad (2\text{ 分})$$

$$a \leqslant (1/3) \times 0.5 = 0.17(\text{级}) \quad (2\text{ 分})$$

目前弹簧管式精密压力表最高等级为 0.25 级,所以只有选用基本误差为±0.05%的二等标准活塞式压力计作为标准器(2 分)。由于二等标准活塞式压力计的基本误差为:当压力值在测量上限的 10%以下时,按测量上限 10%的±0.05%计算(2 分);当压力值在测量上限的 10%~100%时,按实际测量压力值的±0.05%计算。因此,只要被检表的测量上限(或测量的压力值)超过活塞式压力计测量上限的 10%时,且活塞式压力计的测量上限足够时,其准确度是绝对能满足要求的。所以,可选用 1~60 MPa 的二等标准活塞式压力计作为标准器。若被检表的测量上限小于活塞式压力计测量上限的 10%,则应核算允许误差,以确定能否满足要求(2 分)。

12. 答:弹簧管式精密压力表及真空表使用要求:①精密表只允许在无损坏和具有尚未过期的检定证书时才能使用(2 分);②300 分格的精密表必须根据检定证书中的数值使用,证书中没有给出的压力(疏空)值,须编制线性内插表(2 分);③在未加压力或疏空时,精密表处于正常工作位置的情况下,轻敲表壳后,指针对零点的偏差或由于轻敲表壳,引起指针示值变动量超过规定时,仪表不允许使用(2 分);④精密表允许在(20±10)℃下使用,其指示值误差满足下式要求:

$$\Delta = \pm(\delta + \Delta t \times 0.04\%/℃) \quad (1\text{ 分})$$

$$\Delta t = |t_2 - t_1| \quad (1\text{ 分})$$

式中 δ——仪表允许误差;

t_2——仪表使用时的环境温度;

t_1——由 t_2 来决定,当 t_2 高于 22℃或 23℃时,t_1 为 22℃或 23℃;当 t_2 低于 18℃或 17℃时,t_1 为 18℃或 17℃。Δ 的表示方法与基本误差相同。

⑤用精密表检定一般弹簧管式压力表时,精密表的绝对误差须小于被检仪表允许绝对误

差的$\frac{1}{3}$，方可使用(2分)。

13. 答：准确度是测量结果中系统误差与随机误差的综合，若已修正所有已定系统误差，则准确度可用不确定度来表示。按国际通用计量学基本名词中定义为计量结果与被测量真值(约定)之间的一致程度(3分)。

正确度是表示测量结果中系统误差大小的程度，是指在规定条件下，在测量中所有系统误差的综合(2分)。

精密度是表示测量结果中随机误差大小的程度，也可称为精度。是指在一定条件下多次测量时所得结果彼此之间符合的程度。精密度常用随机不确定度表示。不确定度是表示由于测量误差的存在，而对被测量值不能肯定的程度。国际通用计量学基本名词中定义为表征被测量的真值所处的量值范围的评定(5分)。

14. 答：当在弹性元件上加负荷停止或完全卸荷后，弹性元件不是立刻完成相应的变形，而是经过一段时间后才能完成相应的变形，这种现象叫弹性元件的弹性后效(3分)。

弹性元件在弹性极限范围内，负荷缓慢变化时，进程和回程的负荷特性曲线不重合的现象，称为弹性元件的弹性滞后(2分)。

弹性元件的弹性后效和弹性滞后是不可避免的，并在工作过程中同时产生。由于它们的存在，造成了测压仪表的测量误差，特别在动态测量中更不可避免。因此，在设计时，注意采用较大的安全系数、合理选择材料、考虑正确的结构以及加工和热处理方法，来减小弹性后效和弹性滞后现象，对弹簧管式精密压力表尤为重要(5分)。

15. 答：在测量过程中存在着各种局部误差，在各项局部误差中有可能忽略掉较小的误差项，而又不影响总的误差值，略去这种误差的根据就是微小误差准则，被略去的小误差叫微小误差(5分)。

它与检定误差的联系是，当微小误差为总误差的31%时，略去微小误差后对总误差只影响5%。根据微小误差准则，为了使检验误差不影响被检仪器的准确度，通常要求检验误差小于被检仪器允许误差的1/3(5分)。

16. 答：工业上常用的热电阻有两种，为铜热电阻和铂热电阻(2分)。铜热电阻的测温范围为−50～150℃，铂热电阻的测温范围为−200～850℃(2分)。铜热电阻的分度号为Cu50和Cu100，其0℃的标称电阻值$R(0℃)$分别为50Ω和100Ω(2分)。铂热电阻的分度号为Pt100和Pt10，其0℃的标称电阻值$R(0℃)$分别为100Ω和10Ω(2分)。其准确度等级分为A级和B级两种(2分)。

17. 答：电阻温度计的测温原理是基于金属导体或半导体的电阻值随着温度变化而变化的特性来测量温度的(2分)。当被测介质的温度发生变化时，温度计的电阻值也相应的变化(2分)。从而可测定介质的温度(2分)。

铂电阻温度计测温的优点是：测温精度高、稳定性好、测温范围广，便于远距离测量、控制和记录等(2分)。

缺点是：热惯性较大，难以测量点温度和瞬变温度(2分)。

18. 答：工业热电阻测温的主要误差来源有：①分度引入的误差(1分)；②电阻感温元件的自热效应引入的误差(1分)；③外线路电阻引入的误差(1分)；④热交换引起的误差(1分)；⑤动态误差(1分)；⑥配套显示仪表的误差(1分)。

对于工业铂热电阻的铂丝的纯度只要其符合相应标准的要求即可。因为工业铂热电阻的分度表是按照上述标准要求的铂丝纯度编制的，其使用时也是要求配分度表使用的。因此，若铂丝的纯度过高，就会偏离编制分度表时的基础条件，从而产生较大的误差。因而没有必要将铂丝的纯度提的过高(4 分)。

19. 答:配热电偶用动圈式温度仪表，是一个磁电式表头与测量电路组成的直流微安表。热电偶产生的热电势输入仪表后，动圈回路中将有电流通过，产生磁场，该磁场与永久磁铁的磁场相互作用，产生旋转力矩，使动圈和指针转动(5 分)。同时张丝(或游丝)产生反作用力矩，当两个力矩平衡时，指针就停在刻度盘的某一点上，指示出被测量温度值(5 分)。

20. 答:用来制作热电偶的材料应具备下列基本条件:①用作热电偶的材料在感温后，应有较高的热电势和热电势率，并且此热电势与温度之间成线性关系或近似线性的单值函数关系(2 分);②能在较宽的温度范围内和各种条件下应用(2 分);③材料的导电率高，电阻温度系数及热容量小(2 分);④热电性能稳定，便于加工和复制(2 分);⑤材料成分均匀，有刚性，价格便宜(2 分)。

21. 答:比较法是利用高一等级的标准热电偶和被检热电偶在检定炉中直接比较的一种分度方法(2 分)。这种方法就是把被检热电偶与标准热电偶捆扎在一起后，将测量端置于检定炉内均匀的高温区(2 分)。当检定炉内温度恒定在整百度点或锌(419.527℃)、锑(630.63℃)、铜(1 084.62℃)三点上，用测试仪器测出热电偶在该温度点上的热电势值(2 分)。这种方法使用设备简单、操作方便，并且一次能检定多支热电偶，是最常用的一种分度方法(2 分)。根据标准热电偶与被检热电偶的连接方法不同，比较法又分为双极法、同名极法和微差法 3 种(2 分)。

22. 答:测量铂电阻温度计的电阻值时，不论采用什么方法都会有电流通过电阻温度计，该电流将在电阻感温元件和引线上产生焦耳热，此热效应将使感温元件自身的温度升高，引起一定的测量误差。为使这种现象对测量的影响不超过一定的限度和规范电阻温度计的设计、制造、使用及性能评定，规定标准铂电阻温度计的工作电流为 1 mA(4 分)。

测量过程中采用电流换向的方法是为了消除杂散电势引入的误差(3 分)。

测量过程中采用交换引线的方法是为了消除引线电阻引入的误差(3 分)。

23. 答:质量流量公式:$q_m=\frac{C}{\sqrt{1-\beta^4}}\cdot\varepsilon\cdot\frac{\pi}{4}d^2\cdot\sqrt{2\rho\Delta P}$(6.5 分)

式中 q_m——质量流量，kg/s(0.5 分);

C——流出系数(0.5 分);

ε——可膨胀性系数(0.5 分);

β——直径比，$\beta=\frac{d}{D}$(0.5 分);

d——工作条件下节流件的节流孔或喉部直径，m(0.5 分);

ΔP——差压，Pa(0.5 分);

ρ——流体密度，kg/m^3(0.5 分)。

24. 答:弹簧管式压力表主要由带有螺纹接头的支持器、弹簧管、拉杆、调节螺钉、扇形齿轮、小齿轮、游丝、指针、上下夹板、表盘、表壳、罩壳等组成(4 分)。

传动机构中的各零部件的作用:拉杆的作用是将弹簧管自由端的位移传给扇形齿轮(1

分);扇形齿轮的作用是将线位移转换成角位移,并传给小齿轮(1 分);小齿轮的作用是带动同轴的指针转动,在刻度盘上指示出被测压力值(1 分);游丝的作用是使扇形齿轮和小齿轮保持单向齿廓接触,消除两齿轮接触间隙,以减小来回差(1 分);调整螺钉即改变调整螺钉的位置,用以改变扇形齿轮短臂的长度,达到改变传动比的目的(1 分);上下夹板即用以将上述部件固定在一起,组成一套传动机构(1 分)。

25. 答:配热电阻的 XC 系列动圈式温度指示仪表,测量电路是一个不平衡直流电桥线路,由测量指示部分及电源部分组成(2 分)。动圈测量机构置于桥路的对角线上,由电阻 $R_t+R_1+R_L+r_0$、$r_2+R_L+R_2$ 和 R_3、R_4 组成不平衡电桥,电桥采用 4 V 直流稳压电源供电(2 分)。通常取 $R_3=R_4$,$r_2+R_L+R_2=R_{t0}+R_1+R_L+r_0$,式中,$R_{t0}$、$R_t$ 为热电阻在表计刻度始点温度 t_0 和任一点温度 t 时的电阻值。当被测温度为 t_0 时,电桥处于平衡状态,此时流过动圈表头的电流为零,指针指于始点温度刻线 t_0 上(2 分)。当被测温度变为 t 时,热电阻阻值为 R_t,此时,$r_2+R_L+R_2\neq R_t+R_1+R_L+r_0$,电桥失去平衡,在桥路的 A、B 两顶点间将产生一个不平衡电压,将有一电流通过张丝导入流经动圈,于是动圈受到电磁力矩的作用而偏转一定的角度,直至与张丝产生的反作用力矩相平衡时为止。此时动圈上的指针就在与热电阻的阻值 R_t 相对应的温度值上(2 分)。

被测温度越高,测量桥路输出的不平衡电压就越大,流过动圈的电流就越大,仪表指针的偏转角度也越大,指示出的温度值也就越大(2 分)。

26. 答:热工信号是指在机组启停或运行过程中,当某些重要参数达到规定限值时,或设备、自动装置出现异常情况(但未构成危及机组安全)时,向运行人员发出报警的一种信号(5 分)。

热工信号一般分为热工预告信号、热工危险信号。除以上两种信号外,还有显示设备状态的信号系统,以及一些中小型电厂主控室与机炉控制室间传递运行术语的联络信号(5 分)。

27. 答:工作人员的工作服不应有可能被转动的机器绞住的部分(3 分);工作时必须穿着工作服,衣服和袖口必须扣好(3 分);禁止戴围巾和穿长衣服。工作服禁止使用尼龙、化纤或棉、化纤混纺的衣料制做,以防工作服遇火燃烧加重烧伤程度。工作人员进入生产现场禁止穿拖鞋、凉鞋,女工作人员禁止穿裙子、穿高跟鞋。辫子、长发必须盘在工作帽内。做接触高温物体的工作时,应戴手套和穿专用的防护工作服(4 分)。

28. 答:①按时参加活动:QC 小组为自愿参加,一旦成为小组成员,就应坚持经常参加小组活动,积极发挥自己的聪明才智,为 QC 小组活动作出贡献(2.5 分)。②按时完成任务:QC 小组的课题需要由全体成员分担,每个人完成自己的任务后,才能保证全组课题的进度和效果,因此每个成员必须努力完成自己分担的任务(2.5 分)。③支持组长工作:QC 小组活动有时需要合理安排,每个成员都应以全组活动为主,服从组长领导,并积极配合组长工作(2.5 分)。④配合其他组员工作:在共同展开质量活动中,组员之间需要互相沟通,传递必要的信息,互相帮助,共同创造协调、融洽的工作环境(2.5 分)。

29. 答:①环境温度为(20±5)℃,每 10 min 变化不大于 1℃;相对湿度为 45%~75%(2.5 分)。②变送器所处环境应无影响输出稳定的机械振动(2.5 分)。③电动变送器周围除地磁场外,应无影响变送器正常工作的外磁场(2.5 分)。

测量上限不大于 0.25 MPa 的变送器,传压介质为空气或其他无毒、无害、化学性能稳定的气体;测量上限值大于 0.25 MPa 的变送器,传压介质一般为液体(2.5 分)。

30. 答:平稳地升压(或疏空),使变送器测量室压力达到测量上限值(或当地大气压力90%的疏空度)后(2分),切断压力源,密封15 min(2分),在最后5 min内通过压力表观察,要求其压力值下降(或上升)不得超过测量上限值的2%(2分)。差压变送器在进行密封性检查时,高低压力容室连通(2分),并同时引入额定工作压力进行观察(2分)。

31. 答:当弹簧管式压力表的示值误差随着压力成比例地增加时,这种误差叫线性误差(2.5分)。产生线性误差的原因主要是传动比发生了变化,只要移动调整螺钉的位置,改变传动比,就可将误差调整到允许的范围内(2.5分)。当被检表的误差为正值,并随压力的增加而逐渐增大时,将调整螺钉向右移,降低传动比(2.5分)。当被检表的误差为负值,并随压力的增加而增大时,应将调整螺钉向左移,增大传动比(2.5分)。

32. 答:1151变送器零点迁移步骤如下:①在迁移前先将量程调至所需值(2.5分);②按测量的下限值进行零点迁移,输入下限对应压力,用零位调整电位器调节,是输出为4 mA(2.5分);③复查满量程,必要时进行细调(2.5分);④若迁移量较大,则先需将变送器的迁移开关(接插件切换至正迁移或负迁移的位置(由正、负迁移方向确定),然后加入测量下限压力,用零点调整电位器把输出调至4 mA(2.5分)。

33. 答:孔板安装正确时,其孔板缩口朝向流体前进的方向(3分)。流体在节流中心孔处局部收缩,使流速增加静压力降低,于是在孔板前后产生了静压差,该压差和流量呈一定的函数关系(3分)。孔板装反后,其孔板入口端面呈锥形状,流体流经孔板时的收缩程度较正装时小,流束缩颈与孔板距离较正装时远,流体流经孔板后端面时速度比正装时小,使孔板后压力较大,导致了孔板前后静压差减小,使所测流量值随之减小,影响了流量测量的准确性(4分)。

34. 答:双波纹管差压计分为指示型和记录型,它们的零位调整方法是调整机座上的调零螺钉来实现(2.5分)。量程的调整则主要改变从动杆的臂长,借以改变四连杆机构的放大倍数,达到量程调整的目的(2.5分)。线性调整应在50%上限差压作用下,改变连杆长度,使连杆垂直于主动杆和从动杆(2.5分)。有时也可调整主动杆上的偏心螺钉以改变主动杆与横座标间的夹角(2.5分)。

35. 答:①变送器在投入使用之前,应预先排除测量膜合室内的积水(以气体为传压介质时)或空气(以液体为传压介质时),避免产生运行中的指示变差(3分)。②变送器使用中负载电阻不应超过1 500℃,否则输出恒流性能将受到影响(4分)。工作中负载电路绝对不能有开路现象,以免机件受损坏(3分)。③变送器停用时,应先打开平衡阀,使$\Delta PX=0$,然后可以停止电源,不能在有差压和电流时,突然停电。

36. 答:检定0.5级以上的压力变送器时,需用二等标准活塞式压力计作为标准器,而活塞式压力计能够测量的压力值是不连续的,所以在检定压力变送器时,要根据压力变送器的量程和活塞式压力计输出压力的可能,确定5个或5个以上的检定点(2.5分)。确定好检定点后,可算出各检定点压力变送器对应的输出电流值,将其作为真值(或实际值)(2.5分)。按确定的检定点进行检定。检定时,压力变送器的实际输出值(标准毫安表的示值)作为测得值(或示值)将二者进行比较即可求出压力变送器的示值误差(2.5分)。当检定1级以下的压力变送器时,可以使用弹簧管式精密压力表作为标准器。此时,也不一定要一律均分成5个检定点,而要根据精密压力表的读数方便(按精密压力表的刻度线)来确定检定点,只要不少于5点就行(2.5分)。

37. 答:①应在(20±5)℃的温度下进行校验(1.5分);②压力表的指针轴应位于刻度盘孔

中心，当轻敲表壳时，指针位置不应变动(1.5 分)；③标准表与被校压力表安装在校验台上时，两个表的指针轴应高度相等，以免由于传压管内液位的高度不同而造成附加误差(2 分)；④校验中应仔细观察标准表的指针动态，校对读数时，应使标准表指针对准刻度线中心，再读取被校压力表的示值，并算出误差值(2 分)；⑤校验中应进行两次读数，一次是在轻敲表壳前，一次是在轻敲表壳后(1.5 分)；⑥计算各校验点的误差时，以轻敲表壳后的指示值为准，每一校验点的误差都不应超过所规定的允许误差(1.5 分)。

38. 答：检定工业热电阻的条件为：①电测设备工作的环境温度为(20±2)℃(2 分)；②电测设备的示值应予以修正(采用证书值修正)(2 分)；③对保护管可拆卸的热电阻，应将其从保护管中取出并放入玻璃试管中(检定温度高于 400℃时用石英试管)，试管内径应与感温元件相适应，为防止试管内外空气对流，管口应用脱脂棉(或耐温材料)塞紧，试管插入介质中的深度不应少于300 mm。对不可拆卸的热电阻可直接插入介质中(2 分)；④检定时通过热电阻的电流应不大于1 mA(2 分)；⑤进行 100℃点检定时，恒温槽温度偏高 100℃之值应不大于 2℃，每 10 min 温度变化值应不大于 0.04℃(2 分)。

39. 答：弹簧管式压力表的准确度等级，主要取决于弹簧管式精密压力表的灵敏度、弹性后效、弹性滞后和残余变形的大小(2 分)。而这些弹性元件的主要特性，除灵敏度外，其他的只有在其极限工作压力下工作一段时间，才能最充分地显示出来(2 分)。同时，亦可借此检验弹簧管的渗漏情况(2 分)。

根据国家计量检定规程的规定，对弹簧管式精密压力表在进行示值检定时，当示值达到测量上限后，耐压 3 min(2 分)。对弹簧管式一般压力表在进行示值检定时，当示值达到测量上限后，耐压 3 min；弹簧管重新焊接过的压力表应在测量上限处耐压 10 min(2 分)。

40. 答：①取压管口应与被测介质的流动方向垂直，与设备(管道)内壁平齐，不应有凸出物和毛刺，以保证正确测量被测介质的静压(2 分)。②防止仪表的敏感元件与高温或腐蚀介质直接接触。如测量高温蒸汽压力时，在压力表前须加装灰尘捕集器；测量腐蚀性介质时，压力表前应加装隔离容器(2 分)。③压力仪表与取压管连接的丝扣不得缠麻，应加垫片。高压表应用特制金属垫片(2 分)。④对于压力取出口的位置，测量气体介质时一般在工艺管道的上部；测量蒸汽压力时应在管道的两侧；测量液体压力时应在管道的下部(2 分)。⑤取压点与压力表之间的距离应尽可能短，信号管路在取压口处应装有隔离阀。信号管路的敷设应有一定的坡度，测量液体或蒸汽压力时，信号管路的最高处应有排气装置；测量气体压力时，信号管路的最低处应有排水装置(2 分)。

41. 答：密封垫片凸入管道内，是违反流量规程中节流装置的安装条件规定的，将造成无法估量的误差(2.5 分)。因为垫片凸入管道内后，将完全改变流束原来应有的收缩状态，引起了流量系数的很大变化(2.5 分)。此外垫片内缘粗糙程度不同，流量测量误差也不相同(2.5 分)。所以，垫片凸入管道后将对流量测量造成无法估计的误差，应该绝对避免(2.5 分)。

42. 答：弹簧管式一般压力表的示值检定项目有：①零位示值误差(1 分)；②示值基本误差(1 分)；③回程误差(1 分)；④轻敲表壳后，其指针示值变动量(1 分)；⑤耐压检定。检定时，标准器的综合误差应不大于被检压力表基本误差绝对值的 1/3；环境温度应为(20±5)℃。对测量上限值不大于 0.25 MPa 的压力表，工作介质须为空气或其他无毒、无害、化学性能稳定的气体；对测量上限值大于 0.25 MPa 的压力表，工作介质应为液体(6 分)。

工业自动化仪器仪表与装置修理工（中级工）习题

一、填 空 题

1. 气动差压变送器属于气动单元组合仪表，它的功能是将被测参数转换成(　　)。

2. 在实际使用中，差压变送器与差压源之间的导管长度一般应在 8 m 范围内，导管内径不宜小于(　　)mm。

3. 在实际使用差压变送器中，导压导管应保持不小于 1∶10 的倾斜度，以保证能顺利排出导压管中的空气或冷凝水，当测量介质为气体时，应在连接系统的(　　)端安装排水阀。

4. 气动差压变送器主杠杆上作用着两个力矩，即由测量力产生的顺时针力矩和由(　　)产生的逆时针的反馈力矩。

5. 气动差压变送器的温度附加误差表现为两种形式，一是零点随温度的变化而变化二是(　　)随温度的变化而变化。

6. 用节流装置和差压变送器测量液体流量时，节流装置的引出管要求接在管道截面的下半平面，与水平线的夹角小于(　　)，变送器应尽量装在节流装置下面。

7. 用节流装置及差压变送器测量气体流量时。最好采用垂直导压管，并且差压变送器安装在节流装置上面。对于水平管道或倾斜管道的节流装置，取压连接管应在管道截面的(　　)引出。

8. 气动差压变送器主杠杆上作用着两个力矩，即由测量力产生的顺时针力矩和由(　　)产生的逆时针的反馈力矩。

9. 气动差压变送器的温度附加误差表现为两种形式，一是零点随温度的变化而变化，二是(　　)随温度的变化而变化。

10. 热电偶的热电势是由接触电势和(　　)组成的。

11. 热电偶的热电势是合成电动势的差，并且是非线性的。所以在不同温域内温度差相等，(　　)并不相等。

12. 在实践中，判断热电偶热电势的极性，其可靠方法是将热电偶测量端加热，在自由端(　　)辨别。

13. 热电偶测温的物理基础是以(　　)为依据的。

14. 调节阀所能控制的最大流量与最小流量之比，称为调节阀的(　　)。

15. 在放射性射线的照射下，一定质量的物质电离所产生的电量，称为(　　)。

16. 从一个热源体不经过任何媒介物，又不直接接触就把(　　)传递给另外一个物体的现象，称为热辐射。

17. 由于物体受热后，一部分热能转变成辐射能，它以电磁波的形式向四周辐射，将(　　)从高能位的物体传递到低能位的物体上。

18. 根据热力学克希荷夫定律，物体的辐射能力和它的(　　)能力成正比。

19. 受热物体的辐射形式包括可见光、(　　)、紫外光、红外光和电磁波辐射等。

20. 热电偶的焊接方法有气焊、电弧焊、盐浴焊、对焊和(　　)法。

21. 热电偶的捡定方法有双极法、(　　)和微差法。

22. 热电偶热电极材料的均匀性是衡量热电偶(　　)的重要指标之一。

23. 根据中间导体定律，只要显示仪表和连接导线是匀质的，接入热电偶回路的(　　)相等，那么它们对热电偶产生的热电势就没有影响。

24. 在一般情况下，热电偶自由端所处的环境温度总是有波动的，从而使测量结果有一定的(　　)。

25. 当热电偶自由端温度恒定，但不是0℃时，可采用(　　)修正法。

26. 作为标准或实验室用的铂电阻，一般 R_0 为10Ω或(　　)。

27. 热电阻的 R_0 过大，会使热电阻的体积增大(　　)增大和电阻体发热量增大，从而引起测量误差增大。

28. 在实际工作中，铜电阻 R_0 的数值按统一设计标准制成50Ω和(　　)两种。

29. 基准铂电阻温度计用于复现－259.34～630.74℃的温域，基准铂铑-铂热电偶温度计用于复现(　　)的温域，基准光学高温计是用于复现1 064.43℃以上的温域。

30. 热电偶能将温度信号转换成(　　)信号，它是一种发电型感温元件。

31. 热电偶的测温范围为－270～2 800℃。热电偶可(　　)反映平均温度或温差。

32. 在一均匀导体中，若两端温度不同，则自由电子将按(　　)在导体中形成密度梯度。

33. 在现场，常采用恒温为50℃的恒温箱，只有在环境温度低于(　　)时，这种恒温器才能正常工作。

34. 热电势修正法要求热电偶的自由端温度在限定的范围内已知且(　　)。

35. 用自由端温度补偿器产生的补偿电势来消除由于热电偶自由端温度变化而产生的(　　)。

36. 热电阻的时间常数 τ，系指被测介质自某一温度阶跃到另一温度，热电阻体的温度达到整个温度变化范围的(　　)瞬时所需的时间。

37. 当热电阻置于冰水中，通过热电阻的电流为10 mA时，其温升不得超过规定数值：铂电阻温升不超过0.2℃，铜电阻温升不应超过(　　)。

38. 迁移分为正向迁移和负向迁移，如果测量起始点由零变为某(　　)时称为正向迁移。

39. DDZ-Ⅲ型温度变送器能将温度信号线性地转换为(　　)的输出信号。

40. DDZ-Ⅲ型温度变送器放大单元的作用是将量程单元输出的毫伏信号进行电压和功率放大，输出统一的(　　)mA的直流电流信号。

41. DDZ-Ⅲ型温度变送器放大单元输出的统一隔离的电流信号，同时又流经反馈部分，并转换成反馈电压信号 U_f，送至(　　)单元。

42. DDZ-Ⅲ型温度变送器中，直流毫伏变送器量程单元是由信号输入回路、零点调整桥路、(　　)等组成的。

43. DDZ-Ⅲ型热电偶温度变送器量程单元由信号输入回路-零点调整和冷端补偿回路及

(　)反馈回路等组成。

44. DDZ-Ⅲ型热电阻温度变送器量程单元是由热电阻及引线电阻补偿回路、(　　)部分及反馈回路部分所组成的。

45. DDZ-Ⅲ型热电阻温度变送器采用三线制接法,要求引线电阻 $R_1=R_2=R_3=$(　　)。

46. DDZ-Ⅲ型温度变送器是一个三级交流放大器,第一级是一个集电极接有 LC 谐振回路的单级选频放大器,第二和第三级组成双管(　　)耦合放大器。

47. XCT 动圈式位式调节仪表的检测线圈是连接于振荡器的发射极回路内,它由两块约 12 mm×12 mm 的方形印刷线圈(　　)联而成。

48. 仪表的指示值与被测量的(　　)之间的代数差,称为示值的绝对误差。

49. 示值的绝对误差与该仪表的(　　)之百分比,称为示值的引用误差。

50. 示值的绝对误差与被测量的(　　)之百分比,称为示值的相对误差。

51. 仪表在规定的正常工作条件下(　　)时所具有的误差,称为仪表的基本误差。

52. 仪表在规定条件下超出(　　)时规定的条件下而产生的误差,称为附加误差。

53. 在符合规定的环境条件下,同一测量信号通过仪表的同一刻度时,正反行程基本误差之差的(　　),称为回程误差。

54. 在等精度测量条件下,数值大小相等、(　　)相反的偶然误差的数目相等。

55. 自动平衡显示仪表的测量精度主要取决于流过测量电路沿线电阻中电流的精确和(　　)。

56. 可逆电机在自动平衡显示仪表中用作执行机构,仪表运行的好坏,很大程度上取决于可逆电机的(　　)。

57. 改变电子电位差计的量程就是改变测量桥路中有关的电阻阻值,其余的(　　)可以不变。

58. 放大器的作用是将来自测量线路的不平衡电压进行放大,以便驱动(　　)转动。

59. 电子电位差计中的测量桥路用来产生直流电压,使之与热电偶产生的(　　)相平衡。

60. 电子电位差计之所以能对热电偶自由端进行温度自动补偿,是因为测量桥路中采用(　　)。

61. 电子电位差计是采用(　　)来对被测对象进行测量。

62. 电子自动平衡电桥是采用(　　)来对被测对象进行测量。

63. 电子电位差计中电位器是起调节放大器的(　　)的作用。

64. 电子电位差计是由测量桥路、(　　)、可逆电机、指示记录机构和调节机构组成。

65. 电子电位差计中的放大器实际上相当于一个指零仪器,它的作用是将热电偶产生的热电势与测量桥路输出的电势比较后的(　　)放大后,推动执行机构动作。

66. 电子电位差计滑线电阻的局部磨损,会使磨损处的电阻增加,从而使(　　)偏低,并使仪表指示出非线性。

67. 电子电位差计中阻尼电位器的作用是调整仪表的(　　)的作用。

68. 当给仪表输入一个阶跃信号之后,由于可逆电机与机械传动机构的惯性,仪表指针要经过几次摆动才能最后停止下来,这个特性就是仪表的(　　)。

69. 在相同条件下多次测量同一量时,误差的大小和符号保持恒定,或按照一定规律变化,这种误差称作(　　)。

70. 在实际工作中，测量结果与被测量的真实值之间不可避免地会存在一定的差值，这个差值称为(　　)。

71. 偶然误差不能用(　　)的方法去消除。

72. 系统误差一般可以通过实验或分析的方法，查明其变化的规律及产生的原因，并能在确定了它的数值大小和方向后，对(　　)进行修正。

73. 系统误差是由于仪表使用不当或测量时外界条件变化等原因所引起的，这种误差可以用对(　　)加上适当修正的方法来消除。

74. 根据不同原理和作用，直流电位差计可分为分压线路式、并联分路式、串联代换式、电流叠加式、(　　)、直流电流比较仪式。

75. 电子电位差计在测量电路中引入下支路以后，能对热电偶(　　)进行温度补偿。

76. 在工业上通常把电子电位差计和电子平衡电桥统称为(　　)。

77. 自动平衡电桥的测量桥路有直流和交流两种，而电子电位差计的测量桥路只有(　　)一种。

78. 电子电位差计中的测量桥路其电压为 1 V 上支路电流为 4 mA，下支路电流为(　　)。

79. 文件管理主要通过我的电脑和(　　)来完成。

80. 软件系统一般分为(　　)和应用软件两类。

81. 差压式流量计是根据流体流速与(　　)的对应关系，通过对压差的测量，间接地测得管道中流体流量的一种流量计。

82. 利用节流装置使管道中流速局部收缩，通过对(　　)的测量，间接地测得流量的方法称作节流法。

83. 常见的节流件有(　　)、喷嘴及文丘理管等。

84. 节流装置的导压管应不受外界热源的影响，并应有(　　)装置。

85. 流体流经节流件时，流束在开始收缩和恢复正常后，该两处的压力差，即为流体流过节流件时的(　　)。

86. 根据流体静力学原理，液柱的(　　)与液柱的静压成比例关系。

87. 一帕指的是一牛顿力垂直作用在(　　)表面上。

88. 电容式液位计，当两电极半径比一定时，其灵敏度主要由分界面上、下两介质(　　)的差值决定。

89. 铠装热电阻是由金属套管、绝缘材料和(　　)三者加工成的组合体。

90. 活塞式压力计常被作为(　　)的压力标准器。

91. 雷诺数是表征流体流动的惯性力与(　　)之比的无量纲数。

92. 热电偶回路电势的大小，只与热电偶的导体、材料和两端温度有关，而与热电偶的(　　)、直径无关。

93. 国际上广泛应用的温标有三种，即摄氏温标、华氏温标和(　　)。

94. 直流电位差计按其测量范围可分为高电势直流电位差计和(　　)直流电位差计。

95. 现场安装取压导管时，一般规定取压导管的长度不应超过(　　)。

96. 1151 变送器的测量范围最小是 0～1.3 kPa，最大是(　　)。

97. 常见的节流件有标准孔板喷嘴及(　　)等。

98. 按误差数值表示的方法,误差可分为绝对误差、相对误差、(　　)。

99. 当引压导管内正常介质为气体时,在取压导管的最低处,应安装沉降器及(　　),以保证取压导管的畅通。

100. 自动调节常见的参数整定方法有经验法、衰减曲线法、临界比例度法和(　　)。

101. 一般压力表如要测高温介质时,应加装冷却装置,使高温介质冷却到(　　)以下再进入仪表。

102. DDZ-Ⅲ型温度变送器中,直流毫伏变送器量程单元是由信号输入回路、(　　)、反馈回路等组成的。

103. 热电偶的测温范围为(　　)。

104. 迁移分为正向迁移和负向迁移,如果测量起始点由(　　)变为某正值时称为正向迁移。

105. 当积分动作的效果达到和比例动作效果相等的时刻,所经历的时间叫(　　)。

106. 热电阻的 R_0 过大,会使热电阻的(　　)增大、热惯性增大和电阻体发热量增大,从而引起测量误差增大。

107. 在等精度测量条件下,数值大小相等,(　　)相反的偶然误差的数目相等。

108. 数字万用表一般有测量电路、转换开关、模数转换电路(　　)四个部分组成。

109. 兆欧表又叫摇表,是一种测量(　　)或高电阻的仪表。

110. 标准电池是作为(　　)的标准量具,常用的是镉汞标准电池。

111. 焊接电子线路,应采用(　　)的电烙铁,以防烫坏元件。

112. 紫铜就是(　　),有良好的导电性、导热性和抗大气腐蚀性。紫铜管常用作气动信号传送管道,紫铜板常用于制做垫片。

113. 在串级调节系统中,主调节器的输出作为副调节器的(　　)。

114. 自动调节系统中实现无扰切换的条件是调节输出的(　　)等于现场阀位。

115. CPU 也称中央处理器,是计算机的(　　)和控制的核心部件。

116. 安装孔板时,在管道有缩径时,直管段要求是孔板前(　　),后 7 D。

117. 热电偶的热电势是由(　　)和温差电势组成的。

118. 热电偶的热电势是合成电动势的差,并且是非线性的。所以在不同温域内温度差相等,(　　)并不相等。

119. 在实践中,判断热电偶热电势的极性,其可靠方法是将热电偶测量端(　　),在自由端用万用表测量毫伏值。

120. 爆炸性气体混合物发生爆炸必须具备的两个条件是一定的浓度和(　　)。

121. 热电偶测温的物理基础是以(　　)为依据的。

122. 一个完整的计算机系统包括硬件和(　　)两大部分。

123. 铂的纯度常以 $R100/R0$ 来表示,根据 1968 年国际温标规定,作为基准器的铂电阻,其 $R100/R0$ 的比值不小于(　　)。

124. 热电偶的焊接方法有气焊、电弧焊、盐浴焊(　　)和直流氩弧焊法。

125. 热电偶的检定方法有(　　)、同名极法和微差法。

126. 热电偶热电极材料的(　　)是衡量热电偶质量的重要指标之一。

127. 作为标准或实验室用的铂电阻,一般 R_0 为(　　)或 30Ω。

128. 热电偶能将(　　)信号转换成电势信号,它是一种发电型感温元件。

129. 压力传感器的作用是感受压力并把压力参数变换成电量,当测量稳定压力时,正常操作压力应为量程的1/3～2/3,最高不得超过测量上限的(　　)。

130. 当雷诺数小于2 300时,流体流动状态为层流,当雷诺数大于40 000时,流体流动状态为(　　)流。

131. 工业控制机主要用于巡回检测、生产过程控制、自动开停和(　　)。

132. 在热电偶测温回路中,只要显示仪表和连接导线两端的温度相同,热电偶总电势值不会因它们的接入而改变,这是根据(　　)定律而得出的结论。

133. 动态误差的大小常用时间常数、全行程时间和(　　)来表示。

134. 用一台普通万用表测量同一个电压,每隔十分钟测一次,重复测量十次,数值相差造成的误差为(　　)误差。

135. 流体的密度与温度和压力有关,其中气体的密度随温度的升高而减少,随压力的增大而增大液体的密度则主要随温度升高而减少,而与(　　)关系不大。

136. 节流装置一般是由(　　)、取压装置和测量管三部分组成。

137. 用于测量流量的导压管线、阀门回路中,当(　　)时,仪表指示偏高。

138. 按误差出现的规律误差可分为系统误差、(　　)和疏忽误差。

139. 法兰取压法是在孔板上下游侧法兰上开的取压孔,其轴线与孔板上下游侧端面之间的距离分别为(　　)。

140. 当确定了节流装置的形式和取压方式后,流量系数 α 则决定于雷诺数(　　)。

141. 管道凸出物和弯道等局部阻力对流体流动稳定性影响很大,因此在节流件前后必须设置适当长度的(　　)。

142. 测量是以确定(　　)为目的的一组操作。

143. 使用标准节流装置进行流量测量时,流体必须是充满管道并(　　)流经管道。

144. 节流装置或其他差压感受元件与差压计配套可用于测量各种性质及状态的液体、气体和(　　)的流量。

145. 阿牛巴与差压计配套可用于大管径、(　　)的测量。

146. 标准状态是当压力在0.1 MPa和温度在(　　)下的状态。

147. 用差压计测量液位时,常需进行零点迁移,迁移时差压计的上限和下限同时改变,但它们的(　　)保持不变。

148. 对于压力式液位计,当压力计安装的高度与被测容器底部的高度不同时,液位实际高度应为压力计指示的高度加上压力计的(　　)。

149. 温度、压力、流量、液位4种参数测量中滞后最大的是温度滞后最小的是(　　)。

150. 在飞升曲线上,反映被控对象特性的参数分别是放大系数、(　　)和滞后。

151. 单位时间内流过管道(　　)或明渠横断面的流体量,称作流量。

152. 雷诺数是表征流体流动时,(　　)与粘性力之比的无量纲数。

153. 自动调节系统常用的参数整定方法有经验法、衰减曲线法、临界比例度法、(　　)。

154. 静压是在流体中不受(　　)影响而测得的压力值。

155. DDZ-Ⅲ型差压变送器是一个变压器耦合的LC振荡器,其谐振回路在(　　)极,由差动变压器的一次绕组电感与电容并联组成。

156. 在实际使用差压变送器中，导压导管应保持不小于 1∶100 的倾斜度，以保证能顺利排出导压管中的空气或冷凝水，当测量介质为气体时，应在连接系统的(　　)端安装排水阀。

157. 在实际使用中，差压变送器与差压源之间的导管长度一般应在 3～50 m 范围内，导管内径不宜小于(　　)mm。

158. 节流装置的(　　)应与显示仪表的压差测量范围相一致。

159. 在 PID 调节中，比例作用是依据偏差的大小来动作的，在系统中起着稳定被调参数的作用。积分作用是依据偏差是否存在，消除余差的作用。微分作用是依据偏差变化速度来动作的，在系统中起着(　　)的作用。

160. 活塞式压力计对测量上限值大于 0.25 MPa 的压力表，其常用传压介质是(　　)。

161. 当压力表的测量上限不大于 0.25 MPa 时，工作介质须为(　　)。

162. 负迁移就是在不改变量程的条件下将(　　)向负方向迁移。

163. 一般锅炉的压力表与锅筒之间，都装有不同形式的(　　)弯管。

164. 水位表是显示锅炉工作时(　　)高低的仪表，能够使得司炉人员随时掌握锅炉的工作状态，避免发生缺水和满水的事故。

165. 仪表引压管路水平敷设时，应保持一定(　　)。

166. 工业锅炉微机测控系统设置的目的是为了保证锅炉的(　　)运行。

167. 锅炉水位一般采用(　　)进行自动控制。

168. 集散型控制系统是利用(　　)技术对生产过程进行集中监视、操作、管理和分散控制的一种新型控制技术。

169. 为了避免材质发生变化，在压力管道或设备上开孔时，一般应用(　　)钻孔或采用其他机械加工方法。

170、压力有(　　)、动压和全压之分。

171. 用于测量流量的导压管线、阀门回路中，当正压侧阀门或导压管泄露时，仪表指示(　　)。

172. 多个测温元件共用一台显示仪表时，使用指示值一般在满量程的(　　)。

173. 调节阀由(　　)和阀体部件两部分组成。

174. 当调节阀两端差压保持恒定时可调比称为(　　)。

175. 调节阀(　　)是阀全关时泄露的量。

二、单项选择题

1. 压力表的检定周期一般不超过(　　)。

(A)半年　　(B)1 年　　(C)1 年半　　(D)2 年

2. 目前我国采用的温标是(　　)。

(A)摄氏温标　　(B)华氏温标

(C)LPTS-68 温标　　(D)ITS-90 温标

3. 1 mmHg 是指温度为(　　)℃时的纯水，在标准重力加速度下，1 mmH_2O 所产生的压力。

(A)0　　(B)0.01　　(C)4　　(D)15

4. 纯水三相点温度为(　　)。

(A)273.15K (B)273.16K (C)0℃ (D)4℃

5. 电能的单位符号是( )。

(A)kWh (B)kW/h (C)p (D)kw

6. 对计量违法行为具有现场处罚权的是( )。

(A)计量检定员 (B)计量监督员 (C)有关领导 (D)市场管理员

7. 在利用网孔法求解复杂电路时,网孔电流是( )。

(A)彼此相关的一组量 (B)实际在网孔中流动的电流

(C)彼此独立的一组量 (D)支路电流

8. 下列关于电位的描述中,( )是不正确的。

(A)电位是个代数量

(B)当参考点不同时,各点的电位也随之改变,但各点间的电压不变

(C)参考点的标示符号一般为电气“地”的符号

(D)两点间的电压为各点电位的代数和

9. 当使用冷凝器时,正负压冷凝器应装在垂直安装的引压管路上的最高处,并具有相同的( )。

(A)平衡高度 (B)最低处 (C)排污处 (D)垂直度

10. 使用压力式液位计时,压力计通过取压管与仪表底部相连,而压力计的安装高度( ),否则指示值需加以修止。

(A)最好高于液位满量程高度

(B)最好等于液位满量程高度

(C)最好和取压点在同一水平面上

(D)最好在取压点和液位满量程高度之间

11. 电容液位计是通过电容传感器把液位转换为电容量的变化,然后再通过电容量来求知液位,因而这种液位计( )。

(A)只能测量导电液体的液位

(B)只能测量非导电液体的液位

(C)根据传感器形式的不同即可测量导电液体的液位,也可测量非导电液体的液位

(D)只能测量介电常数较大的液体的液位

12. 在变压器中,铁芯的主要作用是( )。

(A)散热 (B)磁路主通道

(C)绝缘绕组与外壳连接 (D)变换电压

13. 当正弦量交流电压作用于一实际电感元件时,元件中流过的电流( )。

(A)滞后电压90° (B)滞后电压0到90°

(C)超前电压0到90° (D)超前电压90°

14. 三相异步电动机正常工作时,鼠笼绕组中电流( )。

(A)为直流电 (B)为交流电,频率较低

(C)为交流电,频率较高 (D)为交流电,与三相电源同频率

15. 带感性负载的可控硅直流整流电路中,与负载并联的二极管的作用是( )。

(A)整流 (B)滤波 (C)放大信号 (D)续流

16. 如果要求放大电路有高的输入电阻,宜采用(　　)。

(A)电压负反馈　(B)串联负反馈　(C)电流正反馈　(D)电流负反馈

17. 晶体管放大电路中,射极跟随器的电压放大倍数为(　　)。

(A)远小于1　(B)约等于1

(C)远大于1　(D)随管子的放大倍数而定,一般为20～30倍

18. 管道内的流体速度,一般情况下,在(　　)处的流速为零。

(A)管壁　(B)管道中心线

(C)管外侧　(D)管壁和中心之间

19. 在直流放大电路中,当电流放大倍数因温度上升而增大时,静态工作点将(　　)。

(A)上移　(B)不变　(C)下移　(D)变化不定

20. 运算放大器的内部由(　　)组成。

(A)差动式输入级、电压放大级、输出级

(B)差动式输入级、电流放大级、输出级

(C)甲类输入级、电压放大级、输出级

(D)乙类输入级、电流放大级、输出级

21. 对于0.01级以上的高精度标准电阻应放在有中性(　　)的恒温槽中使用。

(A)机油　(B)变压器油　(C)汽油　(D)润滑油

22. 热工仪表是(　　)锅炉运行状态的精密部件。

(A)监视　(B)观察　(C)调整　(D)记录

23. 差压式流量计中节流装置输出差压与被测流量的关系为(　　)。

(A)差压与流量成正比　(B)差压与流量成反比

(C)差压与流量成线性关系　(D)差压与流量的平方成正比

24. 标准玻璃管液体温度计分为一等和二等,其分度值和每根标尺的范围分别为(　　)。

(A)0.05℃或0.1℃和50℃　(B)0.05℃和50℃

(C)0.1℃和50℃　(D)0.05℃或0.1℃和100℃

25. 测量仪表接入热电偶回路测量热电动势的理论依据是(　　)。

(A)中间导体定律　(B)均质导体定律

(C)参考电极定律　(D)中间温度定律

26. 用毕托管测得的差压是(　　)。

(A)静压差　(B)动压差　(C)动压力　(D)总压力

27. 下列几种电阻温度计中,哪一种的电阻温度系数最大(　　)。

(A)铂电阻温度计　(B)铜电阻温度计

(C)热敏电阻温度计　(D)铁电阻温度计

28. 数据采集系统不能实现的功能是:(　　)。

(A)简单生产过程控制　(B)性能计算

(C)画面显示　(D)点亮专用指示灯

29. 汽轮机调速系统的执行机构为(　　)。

(A)同步器　(B)主油泵　(C)油动机　(D)调节汽门

30. 锅炉水位高保护系统以(　　)信号作为禁止信号。

(A)汽轮机减负荷　　　　　　　　　　　　(B)汽轮机加负荷

(C)锅炉安全门动作　　　　　　　　　　　(D)锅炉安全门回座

31. 数据采集系统中，下列(　　)的处理过程是正确的。

(A)扫描(采样)→放大→模数转换→数据处理→存入实时数据库

(B)滤波→放大→模数转换→数据处理→存入实时数据库

(C)扫描(采样)→滤波→放大→模数转换→数据处理→存入实时数据库

(D)扫描(采样)→放大→滤波→模数转换→数据处理→存入实时数据库

32. 汽轮机跟随方式的特点是：(　　)。

(A)机组功率响应快，主汽压变化大　　　　(B)机组功率响应慢，主汽压稳定

(C)机组功率响应快，主汽流量变化大　　　(D)机组功率响应慢，主汽流量稳定

33. 调节系统的整定就是根据调节对象调节通道的特性确定(　　)参数。

(A)变送器　　　　(B)调节器　　　　(C)执行器　　　　(D)传感器

34. 电动执行机构伺服放大器的输出信号是(　　)。

(A)0～10 mA　　　　　　　　　　　　(B)4～20 mA

(C)0～90°转角　　　　　　　　　　　(D)交流无触点开关

35. 下列 PLC 梯形图，画法正确的是(　　)。

(A)

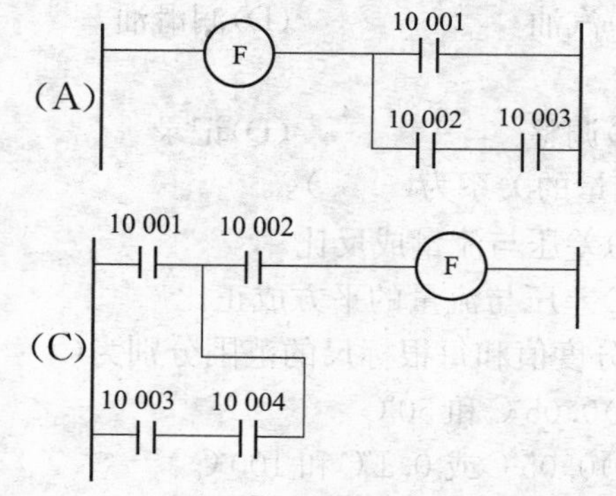

(C)

(B)

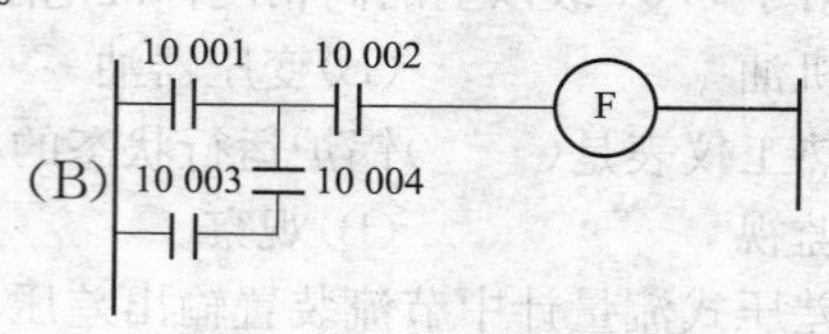

(D)

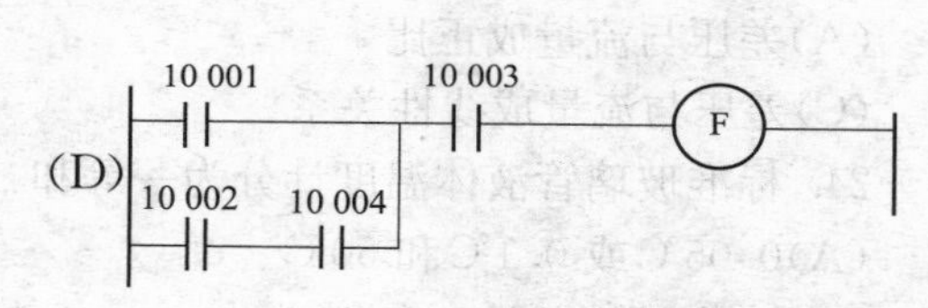

36. 铂电阻温度计电阻值与温度间的函数关系，在 0～419.527℃温度范围内，国际温标采用下述(　　)公式计算。

(A)$R_t=R_0(1+dt)$

(B)$W(t)=Wr(t)+a8[W(t)-1]+b8[W(t)-1]2$

(C)$W(t)=1+At+Bt_2$

(D)$R_t=R_0[1+At+Bt_2+C(t-100)t_3]$

37. 热电偶的测温原理是基于热电效应，热电势大小和温度之间具有一定的函数关系，下列关系式中(　　)的写法是错误的。

(A)$E(t,t_0)=f(t)-f(t_0)$　　　　　　　(B)$E(t,t_0)=E(t,t_0)-E(t_0,0)$

(C)$E(t,t_0)=E(t-t_0)$　　　　　　　　(D)$Et=a+bt+ct_2$

38. 压力表冲洗后的压力值与冲洗前的压力值不一样时，应(　　)。

(A)更换压力表　　　　　　　　　　　　(B)重新冲洗压力表

(C)效验压力表　　　　　　　　　　　　(D)修理压力表

39. 下列(　　)不在全面质量管理内涵的包括之内。

(A)具有先进的系统管理思想　　(B)强调建立有效的质量体系

(C)其目的在于用户和社会受益　　(D)其目的在于企业受益

40. 下列图中(　　)表示的是逆止阀。

(A) 　　(B)

(C) 　　(D)

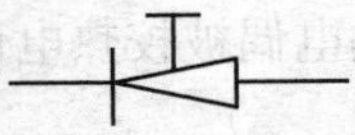

41. 下列图中(　　)表示仪表连接管路。

(A) 　　(B)

(C) 　　(D)

42. 根据有效数字运算规则,1.72×1013=(　　)。

(A)1 742.36　　(B)1 742　　(C)1.74×103　　(D)0.1 742×104

43. 十进制数 101 的二进制码为(　　)。

(A)101　　(B)100101　　(C)1100101　　(D)11100101

44. 逻辑表达式 $L=(A+\overline{B})(A+C)$ 的对偶表达式为(　　)。

(A)$L=(A+\overline{B})(\overline{A}+\overline{B})$　　(B)$L=A\overline{B}+AC$

(C)$L=A\overline{B}+\overline{AC}$　　(D)$L=AA+\overline{B}C$

45. 力平衡式压力(差压)变送器 DDZ-Ⅲ的输出信号为(　　)。

(A)0～10 mA　　(B)4～20 mA　　(C)0～5 V　　(D)1～5 V

46. 工业用弹簧管压力表校验方法采用(　　)。

(A)示值比较法　　(B)标准信号法

(C)标准物质法　　(D)以上 3 种方法均可

47. 选取压力表的测量范围时,被测压力不得小于所选量程的(　　)。

(A)1/3　　(B)1/2　　(C)2/3　　(D)3/4

48. 下列弹性膜片中,不能用作弹性式压力表弹性元件的是(　　)。

(A)金属膜片　　(B)塑料膜片　　(C)波纹管　　(D)弹簧管

49. 测温范围在 1 000℃左右时,测量精确度最高的温度计为(　　)。

(A)光学高温计　　(B)铂铑 10-铂热电偶

(C)镍铬-镍硅热电偶　　(D)铂热电阻

50. 电厂中使用的 DDD-32B 型仪表用于测量炉水、发电机冷却水、凝结水、化学除盐水等的(　　)。

(A)含盐量　　(B)电导率　　(C)硅酸根　　(D)pH 值

51. 制作热电阻的材料必须满足一定的技术要求,下列各条中错误的是(　　)。

(A)有大的电阻温度系数

(B)要求有较小的电阻率

(C)稳定的物理化学性质和良好的复现性

(D)电阻值和温度之间有近似线性的关系

52. 有一精度等级为 0.5 的测温仪表,测量范围为 400～600℃,该表的允许基本误差为(　　)。

(A)±3℃ (B)±2℃ (C)±1℃ (D)3℃

53. 锅炉汽包水位以(　　)作为零水位。

(A)最低水位 (B)任意水位 (C)正常水位 (D)最高水位

54. 各种补偿导线的正极绝缘层均为(　　)。

(A)红色 (B)白色 (C)黑色 (D)棕色

55. 将同型号标准热电偶被校热电偶反向串联后,插入炉内,直接测取其间的热电偶热电势差值的校验方法叫做(　　)。

(A)比较法 (B)双极法 (C)微差法 (D)单极法

56. 电动差压变送器输出开路影响的检定,应在输入量程(　　)的压力信号下进行。

(A)30% (B)50% (C)80% (D)100%

57. 工作用热电偶的检定周期一般为(　　)。

(A)半年 (B)1年 (C)1年半 (D)2年

58. 弹簧管压力表量程偏大时则应(　　)。

(A)逆时针转动机芯 (B)顺时针转动机芯

(C)将示值调整螺钉向外移 (D)将示值调整螺钉向内移

59. 新制造的准确度等级为1.0的电动压力变送器,其基本误差和回程误差分别要求为(　　)。

(A)±1.0%,±1.0% (B)±1.0%,1.0%

(C)±1.0%,0.8% (D)±1.0%,0.5%

60. 对使用中的电动压力变送器进行检定时,其中无需检定的项目为(　　)。

(A)绝缘强度 (B)绝缘电阻 (C)密封性 (D)基本误差

61. 工业热电偶的测量端焊点尺寸越小越好,一般要求焊点的大小是热电极直径的(　　)。

(A)1.5倍 (B)2.4倍 (C)3倍 (D)3.2倍

62. 孔板弯曲会造成流量示值(　　)。

(A)偏高 (B)偏低 (C)不受影响 (D)可能偏低或偏高

63. 采用补偿式平衡容器的差压式水位计在测量汽包水位时能消除(　　)对测量的影响。

(A)环境温度 (B)汽包压力和环境温度

(C)被测介质温度 (D)汽包工作压力

64. 补偿式水位/差压转换装置(补偿式平衡容器)在(　　)水位时达到全补偿。

(A)最低 (B)最高 (C)任意 (D)正常

65. 力平衡式差压变送器回程误差过大,常见的原因是(　　)。

(A)主杠杆不垂直于底板 (B)主、付杠杆互不平行

(C)传动机构中间隙过大 (D)传动机构中间隙过小

66. 配热电阻的动圈仪表现场安装时,用三线制接法的主要优点是(　　)。

(A)抵消线路电阻的影响

(B)减少环境温度变化引起线路电阻变化对测量结果的影响

(C)减少接触电阻

(D)提高测量精度

67. 下列热电偶中,用于测量温度为 600℃附近的微分热电势比较大的是(　　)。

(A)铂铑 30-铂铑 6 热电偶　　(B)铂铑 10-铂热电偶

(C)镍铬-镍硅(镍铝)热电偶　　(D)镍铬-铐铜热电偶

68. 差压变送器在进行密封性检查时,引入额定工作压力,密封 15 min,在最后 5 min 内,观察压力表压力下降值不得超过测量上限值的(　　)。

(A)1%　　(B)1.5%　　(C)2%　　(D)2.5%

69. 供给差压计检定时的气源压力最大变化量为气源压力的(　　)。

(A)±1%　　(B)±1.5%　　(C)±2%　　(D)±3%

70. 对差压变送器进行过范围试验时,要求差压为量程的(　　)。

(A)110%　　(B)120%　　(C)125%　　(D)150%

71. 测量压力的引压管的长度一般不应超过(　　)。

(A)10 mm　　(B)20 mm　　(C)30 mm　　(D)50 mm

72. 当需要在阀门附近取压时,若取压点选在阀门前,则与阀门的距离必须大于(　　)管道直径。

(A)0.5 倍　　(B)1 倍　　(C)2 倍　　(D)3 倍

73. 设管道中的介质为气体,下列图中取压口位置示意图正确的是(　　)。

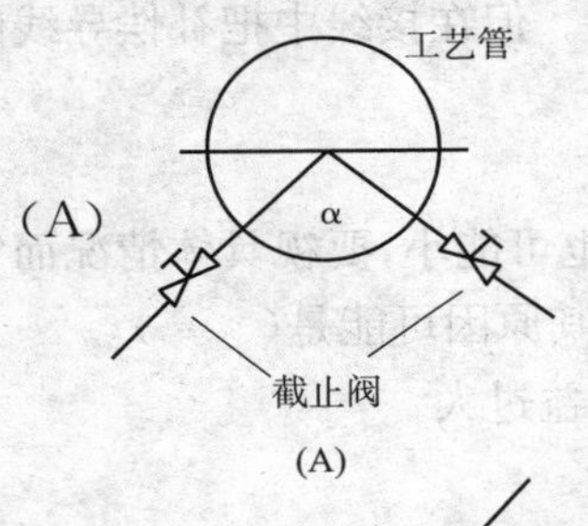

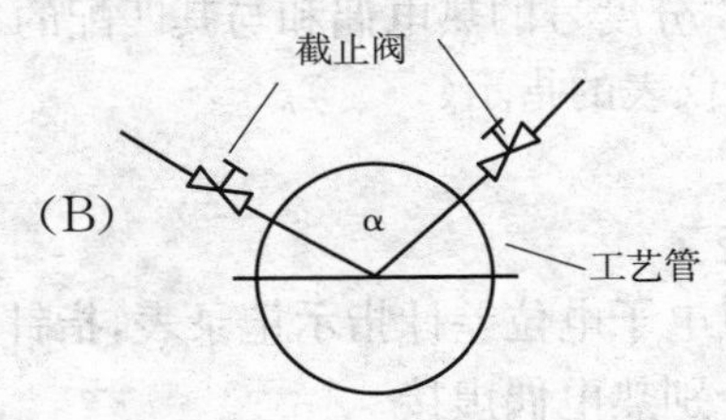

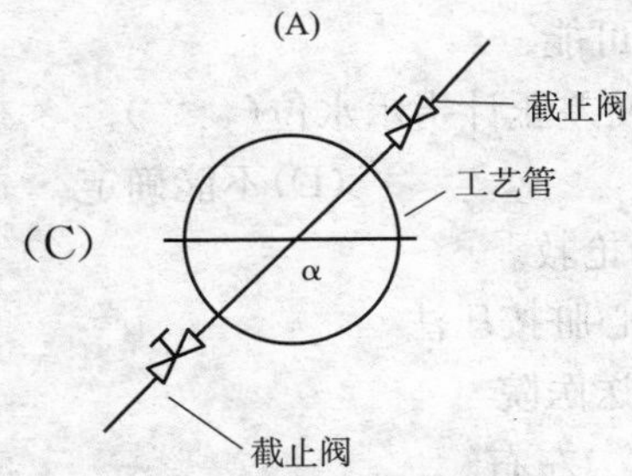

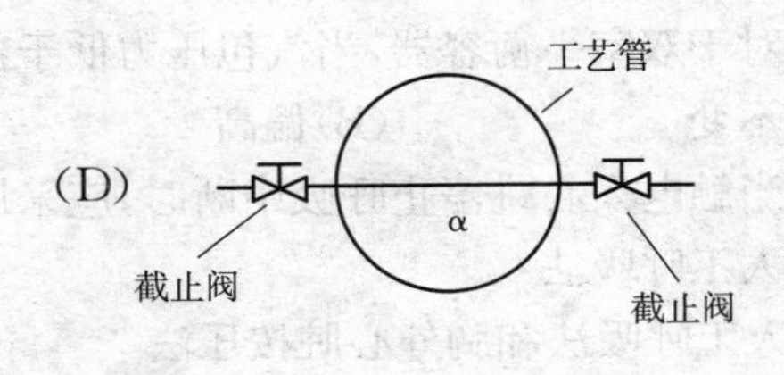

74. XCZ-102 型动圈式温度指示仪表与热电阻配套使用,可测量－200～500℃的温度。该仪表的测量范围是由(　　)决定的。

(A)线路电阻　　(B)热电阻　　(C)桥臂电阻　　(D)都不完整

75. 电阻温度计是借金属丝的电阻随温度变化的原理工作的。下述有关与电阻温度计配用的金属丝的说法,不合适的是(　　)。

(A)经常采用的是铂丝　　(B)也有利用铜丝的

(C)也有利用镍丝的　　(D)有时采用锰铜丝

76. 判断下列各条说法中,不正确的是(　　)。

(A)节流式流量计测量流量时,流量越小,则测量误差越大

(B)节流式流量计测量流量时，允许测量的最大流量和最小流量之比应为3左右，最大不得超过4

(C)节流件上、下游侧直管段若有突变，会使流量系数变大

(D)孔板在长期运行中，直角入口锐边磨损变钝时，会使流量系数变大

77. 加速度计的使用上限频率受所用固定加速度计的方法影响，现采用永久磁铁固定加速度计，此方法仅在(　　)时采用。

(A)低频　(B)中频　(C)高频　(D)超高频

78. 力平衡差压变送器零点迁移后，其输出特性是(　　)。

(A)斜率不变，量程范围改变　(B)斜率改变，量程范围不变

(C)斜率和量程范围都改变　(D)斜率和量程范围都不变

79. 用标准节流装置测管道流量时，要求流体在前(　　)管道直径长处形成典型的紊流，同时流束充满管道。

(A)1倍　(B)1.5倍　(C)2倍　(D)3倍

80. 用镍铬-镍硅热电偶测量主蒸汽温度时，误用了镍铬-康铜热电偶的补偿导线，将会造成测量误差，使仪表的(　　)。

(A)指示偏小　(B)指示偏大

(C)指示不变　(D)要视测点温度而定

81. 有K分度号的热电偶和与其匹配的补偿导线测量温度。但在接线中把补偿导线的极性接反了，则仪表的指示(　　)。

(A)偏大　(B)偏小

(C)不变　(D)可能大，也可能小，要视具体情况而定

82. 多点电子电位差计指示记录表，指针在指示位置抖动，其原因可能是(　　)。

(A)有个别热电偶虚接　(B)放大级增益过大

(C)伺服电动机轴部不清洁　(D)都有可能

83. 对于双室平衡容器，当汽包压力低于额定值时，将使差压计指示水位(　　)。

(A)不变　(B)偏高　(C)偏低　(D)不能确定

84. 当触电人心跳停止呼吸中断时，应采用(　　)进行抢救。

(A)人工呼吸法　(B)胸外心脏按压法

(C)人工呼吸法和胸外心脏按压法　(D)立即送医院

85. 触电急救胸外按压应以均匀速度进行，每分钟(　　)左右。

(A)60次　(B)70次　(C)80次　(D)90次

86. 不能用来扑救带电设备火灾的灭火器是(　　)。

(A)泡沫灭火器　(B)二氧化碳灭火器

(C)干式灭火器　(D)1121灭火器

87. 逻辑表达式$L=(A+B)(A+C)$的对偶表达式为(　　)。

(A)$L=(A+B)(A+C)$　(B)$L=AB+AC$

(C)$L=BC+AC$　(D)$L=AA+BC$

88. 十进制数101的二进制码为(　　)。

(A)101　(B)100101　(C)1100101　(D)11100101

89. 在运算放大电路中,(　　)漂移是漂移的主要来源。

(A)输入失调电压温度　(B)输入失调电流温度

(C)温度　(D)电压

90. 工业自动化仪表模拟直流电压信号是(　　)V。

(A)1～5　(B)1～10　(C)4～20　(D)4～10

91. LC 振荡器和 RC 振荡器的工作原理基本相同,但 LC 振荡器产生的频率(　　)。

(A)较高　(B)较低　(C)极低　(D)时高时低

92. 在直流放大电路中,当电流放大倍数因温度上升而增大时,静态工作点将(　　)。

(A)上移　(B)不变　(C)下移　(D)变化不定

93. 压力表的刻度盘极限值最好选用锅炉工作压力的(　　)倍。

(A)3　(B)5　(C)1　(D)2

94. 三相异步电动机正常工作时,鼠笼绕组中电流(　　)。

(A)为直流电　(B)为交流电,频率较低

(C)为交流电,频率较高　(D)为交流电,与三相电源同频率

95. 在变压器中,铁芯的主要作用是(　　)。

(A)散热　(B)磁路主通道

(C)绝缘绕组与外壳支架　(D)变换电压

96. 在三相对称正弦交流电路中,三相间的相位差为(　　)。

(A)0°　(B)120°　(C)150°　(D)以上都是

97. 锅炉水位三冲量自动控制中,调节器不接受(　　)信号。

(A)汽鼓水位　(B)给水流量

(C)蒸汽流量　(D)炉膛温度

98. 给水自动装置失灵或有故障时,应将(　　)切换成手动给水。

(A)自动给水　(B)旁通上水

(C)水泵上水　(D)管路上水

99. 用于测量流量和累积流量的仪表称为(　　)。

(A)差压变送器　(B)流量积算仪

(C)数显表　(D)报警器

100. 利用弹簧管压力表测压力,在真空中的指示为 P,如果把它移到大气中,则指示会(　　)。

(A)变小　(B)不变　(C)增加　(D)定值

101. 标准电池的电动是随温度变化而变化的,当温度每升高 1℃时,其电动势下降(　　)μV。

(A)60　(B)45　(C)40　(D)50

102. 在利用网孔法求解复杂电路时,网孔电流是(　　)。

(A)彼此相关的一组量　(B)实际在网孔中流动的电流

(C)彼此独立的一组量　(D)支路电流

103. 两个 10Ω 的电阻并联后再与一个 10Ω 的电阻串联,其等效电阻为(　　)Ω。

(A)5　(B)10　(C)15　(D)20

104. 三极管的电流放大系数是指(　　)的比值。

(A)集电极电流与射极电流　　(B)集电极电流与基极电流

(C)射极电流与基极电流　　(D)射极电流与集电极电流

105. 在选用二极管时,其特性参数中的最大整流电流是指(　　)。

(A)长期运行时,允许通过的最大正向平均电流

(B)长期运行时,允许通过的最大电流

(C)长期运行时,允许通过的最大电流的有效值

(D)长期运行时,允许通过的最大交流电流

106. 带感性负载的晶闸管直流整流电路中,与负载并联的二极管的作用是(　　)。

(A)整流　　(B)滤波　　(C)放大信号　　(D)续流

107. 光电二极管常用于光的测量,它的反向电流随光照强度的增加而(　　)。

(A)下降　　(B)不变

(C)上升　　(D)以上三项均有可能

108. 火电厂,燃油流量的测量普遍地使用(　　)。

(A)靶式流量计　　(B)转子流量计　　(C)孔板　　(D)差压流量计

109. 在标准节流件中,孔板的压损最大。在发电厂中,为保证运行的经济性,对压损有严格限制。压损一般不允许超过(　　)。

(A)60 kPa　　(B)40 kPa　　(C)80 kPa　　(D)100 kPa

110. 集散控制系统的生产管理级,是整个(　　)的协调者和控制者。

(A)工艺系统　　(B)调节系统　　(C)控制系统　　(D)数据处理系统

111. 关于锅炉水位三冲量自动控制的说法错误的是(　　)。

(A)三冲量是指汽鼓水位、给水流量、蒸汽流量

(B)自动控制也和汽鼓压力有关

(C)先对水位进行 P、I、D 运算,再与给水和蒸汽流量运算

(D)先与给水和蒸汽流量运算,在对水位进行 P、I、D 运算

112. 今有恒节流孔两个,其孔径相同,但孔的长度 A 大于 B,则在相同压差下,流过的流量是(　　)。

(A)$A>B$　　(B)$A<B$　　(C)$A=B$　　(D)无法确定

113. 今有恒节流孔两个,其孔径相同,但孔的长度 A 大于 B,则在相同压差下,A 的气阻(　　)。

(A)大于 B　　(B)小于 B　　(C)等于 B　　(D)无法确定

114. 影响蒸汽温度变化的主要因素有(　　)等。

(A)给水流量、蒸汽流量　　(B)蒸汽流量、凝结水流量

(C)蒸汽流量、减温水量　　(D)凝结水流量、减温水量

115. 当某一台高压加热器水位(　　)时,立即自动解列该高压加热器,并关闭该高压加热器进汽门。

(A)低于正常水位　　(B)高于正常水位

(C)高于给定值　　(D)低于给定值

116. INFI-90 系统厂区环路由三种类型的接点组成,即(　　)。

(A)过程控制单元、操作员接口站、历史数据处理接口站
(B)过程控制单元、操作员接口站、计算机接口站
(C)过程控制单元、历史数据处理接口站、计算机接口站
(D)历史数据处理接口站、操作员接口站、计算机接口站

117. 在汽轮机保护项目中,不包括(　　)保护。
(A)轴承振动大　(B)低真空　(C)进汽温度高　(D)低油压

118. 下面属于标准节流件的是(　　)。
(A)文丘利管　(B)偏心孔板　(C)翼形动压管　(D)以上都是

119. 调节系统中调节器正、反作用的确定是依据:(　　)。
(A)实现闭环回路的正反馈　(B)实现闭环回路的负反馈
(C)系统放大倍数恰到好处　(D)生产的安全性

120. 集散控制系统是(　　)有机结合的整体。
(A)微型处理机、工业控制机、数据通信系统
(B)工业控制机、数据通信系统、CRT 显示器
(C)过程通道、CRT 显示器、微型处理机
(D)以上都是

121. 连锁控制属于(　　)。
(A)过程控制级　(B)过程管理级　(C)生产管理级　(D)经营管理级

122. 胸外按压与口对口人工呼吸同时进行,单人抢救时,每(　　)。
(A)按压 5 次后,吹气 3 次　(B)按压 3 次后,吹气 1 次
(C)按压 15 次后,吹气 2 次　(D)按压 15 次后,吹气 1 次

123. 全面质量管理起源于(　　)。
(A)日本　(B)德国　(C)美国　(D)法国

124. 凡在离地面(　　)m 以上的地点进行的工作都应视作高处作业。
(A)1.5　(B)2　(C)2.5　(D)3

125. 现阶段的质量管理体系称为(　　)。
(A)统计质量管理　(B)检验员质量管理
(C)一体化质量管理　(D)全面质量管理

126. 根据我国检修管理水平和设备的实际情况,现阶段仍要贯彻(　　)的方针。
(A)百年大计、质量第一　(B)应修必修、修必修好
(C)预防为主、计划检修　(D)安全第一、该修必修

127. 火电厂中,抽汽逆止阀的主要作用是(　　)。
(A)阻止蒸汽倒流　(B)保护汽轮机
(C)保护加热器　(D)快速切断汽源

128. 冷加工后的钢材,其强度(　　)。
(A)基本不变　(B)减小　(C)增大　(D)和原来一样

129. 分析质量数据的分布情况,用(　　)。
(A)控制图　(B)排列图　(C)直方图　(D)因果图

130. 金属材料的基本性能包括使用性能和(　　)两个方面。

(A)化学性能　(B)物理性能　(C)机械性能　(D)工艺性能

131. 在全面质量管理中,经常用于持续质量改进的循环过程是(　　)。

(A)PCDA　(B)PDAC　(C)CAPD　(D)PDCA

132. 下列哪条不包括在全面质量管理内涵之内(　　)。

(A)具有先进的系统管理思想　(B)强调建立有效的质量体系

(C)其目的在于用户和社会受益　(D)其目的在于企业受益

133. 现场施工中,攀登阶梯的每档距离不应大于(　　)cm。

(A)30　(B)40　(C)45　(D)60

134. 给水回热系统各加热器的抽汽要装逆止门的目的是(　　)。

(A)防止蒸汽倒流　(B)防止给水倒流

(C)防止凝结水倒流　(D)以上都不是

135. 设备对地电压在(　　)以上者,称为高压设备。

(A)250 V　(B)380 V　(C)6 kV　(D)500 V

136. 砂轮机砂轮片的有效半径磨损至原有半径的(　　)就必须更换。

(A)1/2　(B)1/3　(C)2/3　(D)1/4

137. 热工控制图中,同一个仪表或电器设备在不同类型的图纸上,所用的图形符号(　　)。

(A)应不一样　(B)可随意

(C)原则上应一样　(D)按各类图纸的规定

138. 热工测量用传感器,都是把(　　)的物理量转换成电量的。

(A)非电量　(B)物质　(C)电量　(D)能量

139. 当DBW型温度变送器的"工作-检查"开关拨到"检查"位置时,其输出电流为(　　),表示整机工作正常。

(A)0 mA　(B)10 mA　(C)4~6 mA　(D)不确定

140. 在三冲量给水调节系统中,校正信号是(　　)。

(A)汽包水位信号　(B)蒸汽流量信号

(C)给水流量信号　(D)以上都不是

141. 差压变送器投运程序是:(　　)。

(A)先开平衡阀、再开低压阀、最后高压阀

(B)先开平衡阀、再开高压阀、最后低压阀

(C)先开高压阀、再开低压阀、最后平衡阀

(D)先开低压阀、再开平衡阀、最后高压阀

142. 差压变送器启、停应严格遵照程序,其目的是避免弹性元件(　　)。

(A)产生弹性变形　(B)单向过载

(C)测量不准　(D)以上都可能发生

143. DTL-331调节器在自动跟踪时,调节器动态特性是(　　)。

(A)比例作用　(B)比例积分作用

(C)比例积分微分作用　(D)积分作用

144. 当工艺管道内有爆炸和火灾危险的介质密度大于空气密度时,安装的保护套管(槽)

线路应在工艺管道的(　　)。

(A)5 m 外　(B)10 m 外　(C)上方　(D)下方

145.“后屏”过热器采用(　　)传热方式。

(A)混合式　(B)对流式　(C)辐射式　(D)半辐射式

146. 测量压力的引压管的长度一般不应超过(　　)。

(A)10 m　(B)20 m　(C)30 m　(D)50 m

147. TF 组装式仪表中,(　　)功能组件为整套仪表的核心。

(A)运算　(B)调节　(C)输入　(D)输出

148. KMM 调节器刚通电,进入(　　)状态。

(A)手动　(B)自动　(C)联锁手动　(D)后备

149. KMM 调节器在运行中,用户可根据需要通过(　　)改变部分参数。

(A)KMK 编程器　(B)数据设定器

(C)面板按钮　(D)辅助开关

150. 油区内一切电气设备的维修,都必须(　　)进行。

(A)经领导同意　(B)由熟悉人员

(C)办理工作票　(D)停电

151. 导压管应垂直或倾斜敷设,其倾斜度不小于(　　)。

(A)1∶5　(B)1∶12　(C)1∶15　(D)1∶25

152. 锅炉燃烧对象是一个(　　)调节对象。

(A)多变量　(B)双变量　(C)单变量　(D)三冲量

153. 节流件安装时,应与管道轴线垂直,偏差不得超过(　　)。

(A)0.5°　(B)1°　(C)1.5°　(D)2°

154. 动态偏差是指调节过程中(　　)之间的最大偏差。

(A)被调量与调节量　(B)调节量与给定值

(C)被调量与给定值　(D)以上都不是

155. DCS 装置按功能不同可分为(　　)。

(A)过程控制级、数据通信系统、数据处理系统

(B)过程控制级、控制管理级、数据通信系统

(C)数据通信系统、数据处理系统、控制管理级

(D)过程控制级、数据通信系统、数据处理系统和控制管理级

156. 仪表管道应敷设在环境温度为(　　)的范围内,否则应有防冻或隔热措施。

(A)0～50℃　(B)－10～40℃　(C)0～60℃　(D)5～50℃

157. 对于现代大型火电机组的锅炉控制系统的两大支柱是协调控制(CCS)和(　　)。

(A)数据采集系统(DAS)　(B)顺序控制系统(SCS)

(C)炉膛安全监控系统(FSSS)　(D)旁路控制系统(BPS)

158. 集散控制系统中,信息传输是存储转发方式进行的网络拓扑结构,属于(　　)。

(A)星形　(B)树形　(C)环形　(D)总线形

159. DAS 输入通道为了保证所需的动态特性,设计了(　　)线路。

(A)前置放大器　(B)反混叠滤波器

(C)采样保持电路　　(D)缓冲器

160. 仪表盘安装时，盘正面及正面边线的不垂直度应小于盘高的(　　)。

(A)0.1%　　(B)0.15%　　(C)0.2%　　(D)0.25%

161. 在单级三冲量给水调节系统中，调节器的作用方向根据(　　)信号进入调节器的极性选择。

(A)汽包水位　　(B)蒸汽流量　　(C)给水流量　　(D)汽包压力

162. 在热工生产过程中，对调节的最基本要求是(　　)。

(A)稳定性　　(B)准确性　　(C)快速性　　(D)稳定性和快速性

163. 锅炉燃烧调节系统中，一般调节燃烧和风量的动作顺序是：(　　)。

(A)增负荷时先增燃料后增风量，降负荷时先减燃料后减风量

(B)增负荷时先增风量后增燃料，降负荷时先减风量后减燃料

(C)增负荷时先增燃料后增风量，降负荷时先减风量后减燃料

(D)增负荷时先增风量后增燃料，降负荷时先减燃料后减风量

164. 当执行器的制动器调整不好或磁放大器的不灵敏区太小时，将会产生(　　)。

(A)真假零点　　(B)输出轴不动

(C)自激振荡　　(D)以上情况都会发生

165. 压力变送器安装在取样点上方较高位置时，其零点采用(　　)。

(A)正向迁移　　(B)负向迁移

(C)不用迁移　　(D)根据实际情况而定

166. DBY型压力变送器是利用(　　)原理工作的。

(A)力平衡　　(B)电压平衡　　(C)位移补偿　　(D)以上都有

167. 高压旁路控制系统设计有(　　)三种运行方式。

(A)阀位、定压和快开　　(B)阀位、定压和滑压

(C)定压和快开、慢开　　(D)快开、慢开和阀位

168. (　　)自动控制系统在其切手动的情况下协调控制系统仍然可以投自动。

(A)送风量控制系统　　(B)磨煤机风量控制系统

(C)燃料量控制系统　　(D)过热汽温度控制系统

169. 下列几种调节方法不用于再热汽温调节的是(　　)。

(A)喷燃器摆角的调整　　(B)尾部烟道挡板的调整

(C)再热减温喷水阀的调整　　(D)中压调门的调节

170. 磨煤机进口风道上的调节挡板一般是调节磨煤机的(　　)。

(A)进口风温与进口风量　　(B)出口风温与进口风量

(C)出口风温与磨碗差压　　(D)进口风量与磨碗差压

171. 因为(　　)对于干扰的反应是很灵敏的。因此，它常用于温度的调节，一般不能用于压力、流量、液位的调节。

(A)比例动作　　(B)积分动作　　(C)微分动作　　(D)比例积分

172. 调节系统中用临界比例带法整定参数的具体方法是(　　)。

(A)先将 T_i 置最大，T_D 置最小，δ_P 置较大

(B)先将 T_i 置最小，T_D 置最大，δ_P 置较大

(C)先将 T_i 置最小,T_D 置最小,δ_P 置较小

(D)先将 T_i 置最小,T_D 置最小,δ_P 置较大

173. 以衰减率 ϕ=(　　)作为整定调节系统时稳定裕量指标,可使被调量动态偏差,过调量和调节过程时间等指标大致满足一般热工调节系统的要求。

(A)0～1　(B)0.9　(C)0.9～0.95　(D)0.75～0.95

174. 锅炉正常运行时,云母水位计所示汽包水位比实际水位(　　)。

(A)偏高　(B)偏低

(C)相等　(D)有时偏高,有时偏低

175. 要使PID调节器为比例规律,其积分时间 T_i 和微分时间 T_D 应设置为(　　)。

(A)∞、∞　(B)∞、0　(C)0、0　(D)0、∞

三、多项选择题

1. 串行数据通信的通信接口有(　　)三种。

(A)RS-232CB　(B)RS-422C　(C)RS-485　(D)RS-385

2. 网络的拓扑结构包括:(　　)。

(A)总线型　(B)星型　(C)环型　(D)混合型

3. 常用的网络通信介质包括:(　　)。

(A)光纤　(B)同轴电缆　(C)双绞线　(D)平行线

4. 在不同网段内要访问对方的计算机必须知道对方的(　　)。

(A)域名　(B)IP地址　(C)物理地址　(D)DNS

5. 数字信号传输"一帧"中主要包括(　　)。

(A)起始位　(B)数据位　(C)状态字　(D)校验位

6. 串行通信有(　　)等几种方式。

(A)全工　(B)半双工　(C)单工　(D)双工

7. 孔板常用的取压方式有(　　)。

(A)法兰取压　(B)径距取压　(C)角接取压　D. 支管取压

8. 调节阀常用的流量特性有(　　)。

(A)快开特性　(B)直线特性　(C)等百分比特性　(D)对数特性

9. 普通工业热电阻常用固定装置的形式(　　)。

(A)无固定装置　(B)活动法兰　(C)固定法兰　(D)固定螺纹

10. 列出工业检测常用的放射性同位素(　　)。

(A)钴60　(B)铯137　(C)碳14　(D)钚238

11. 简述现场总线的主要特点有(　　)。

(A)控制彻底分散　(B)数字传输方式

(C)系统的开放性　(D)可操作性和互用性

12. 对于西门子S7-300PLC,可以用于可编程序控制器之间相连的通信网络有(　　)。

(A)PROFIBUS　(B)MPI　(C)AS-I　(D)INTERNET

13. 处理仪表故障需要:(　　)。

(A)仪表修理工　(B)工艺操作工　(C)有关的工具　(D)有人监护

14. 在测量误差中，按误差数值表示的方法误差可分为：(　　)。
(A)绝对误差　(B)相对误差　(C)随机误差　(D)静态误差
15. 按被测变量随时间的关系来分，误差可分为：(　　)。
(A)静态误差　(B)动态误差　(C)相对误差　(D)疏忽误差
16. 电容式、振弦式、扩散硅式等变送器是新一代变送器，它们的优点是(　　)。
(A)结构简单　(B)精度高
(C)测量范围宽，静压误差小　(D)调整、使用方便
17. 安装电容式差压变送器应注意(　　)。
(A)剧烈振动　(B)腐蚀　(C)现场温度　(D)高度
18. 电容式差压变送器无输出时可能原因是(　　)。
(A)无电压供给　(B)无压力差　(C)线性度不好　(D)零点未调整
19. 浮子钢带液位计出现液位变化，指针不动的故障时其可能的原因为(　　)。
(A)显示部分齿轮磨损　(B)链轮与显示部分轴松动
(C)指针松动　(D)导向保护管弯曲
20. 浮子钢带液位计读数有误差时可能的原因是(　　)。
(A)显示部分齿轮磨损　(B)指针松动　(C)恒力盘簧或磁偶扭力不足
21. 玻璃液体温度计常用的感温液有(　　)。
(A)水银　(B)有机液体　(C)无机液体
22. 下列不需要冷端补偿的是(　　)。
(A)铜电阻　(B)热电偶　(C)铂电阻　(D)双支热电偶
23. DDZ-Ⅲ型仪表与DDZ-Ⅱ型仪表相比，有(　　)主要特点。
(A)采用线性集成电路　(B)采用国际标准信号制
(C)集中统一供电　(D)更换耐用
24. 某容器的压力为1 MPa为了测量它应选用量程为(　　)的压力表。
(A)0～1 MPa　(B)0～1.6 MPa　(C)0～2.5 MPa　(D)0～4 MPa
25. 温度达到满量程时，其原因及处理方法是(　　)。
(A)接线端子松动，紧固端子　(B)温度量程选小，改量程范围
(C)测阻值、阻芯损坏，更换阻芯　(D)热电阻短路，更换新的
26. 压力值不变，其原因是(　　)。
(A)导压管结晶赌　(B)一次阀关闭　(C)变送器故障　(D)排污阀泄漏
27. 压力值偏低，分析原因是(　　)。
(A)导压管有漏点　(B)变送器量程与中控画面量程不一致
(C)导压管赌　(D)排污阀泄漏
28. 压力变送器有(　　)。
(A)力平衡式压力变送器　(B)扩散硅式压力变送器
(C)电容式压力变送器　(D)DFB115压力变送器
29. 标准节流装置有(　　)。
(A)孔板　(B)喷嘴　(C)文丘里管　(D)调节阀
30. 调节器的基本运算规律有(　　)。

(A)P (B)PI (C)PD (D)PID

31. 水质分析和检测中使用的离子选择性电极有(　　)。

(A)pH 玻璃电极 (B)PNa 玻璃电极

(C)氟离子选择电极 (D)氯离子选择电极

32. 浊度的计量单位有(　　)。

(A)NTU (B)FTU (C)mg/L (D)EBC

33. H_2S 分析仪主要用于(　　)场所。

(A)LNG 脱硫工段

(B)LNG 管道输送系统

(C)用于 LNG 为原料的化工装置

(D)用于各种脱硫装置排放气体中 H_2S 含量的检测

34. 过程气象色谱仪主要有(　　)组成。

(A)恒温炉 (B)自动进样阀 (C)色谱柱系统 (D)检测器

35. 过程气相色谱的检测器类型有(　　)。

(A)TCD (B)FID (C)FPD (D)ECD

36. 火焰光度检测器熄火原因是(　　)。

(A)H_2 纯度不达标 (B)AIR 和 H_2 压力不够

(C)EPC 失灵 (D)电子打火装置损坏

37. 红外分析仪中气室有(　　)。

(A)测量气室 (B)参比气室 (C)滤波气室 (D)取样气室

38. 过程气相色谱仪中使用色谱柱的主要类型有(　　)。

(A)填充柱 (B)微填充柱 (C)粗管柱 (D)毛细管柱

39. 控制网络中常见通信协议有(　　)。

(A)Profibus (B)Ethernet (C)Modbus (D)Hart

40. 正确选择气动调节阀的气开(气关)式,应从(　　)几方面考虑。

(A)在事故状态下工艺系统和相关设备应处于安全条件

(B)在事故状态下尽量减少原材料或动力的消耗,保证产品质量

(C)在事故状态下考虑介质的特性,如有毒、有害、易燃、易爆等

(D)在事故状态下向上级领导进行汇报后,等待进一步指示方可操作

41. 按误差数值表示的方法,误差可以分为(　　)。

(A)绝对误差 (B)相对误差 (C)引用误差 (D)系统误差

42. 用一只标准压力表来标定 A、B 两块就地压力表,标准压力表的读数为 1 MPa,A、B 两块压力表的读数为 1.01 MPa、0.98 MPa,求这两块就地压力表的修正值分别为(　　)和(　　)。

(A)−0.1 (B)0.1 (C)0.02 (D)−0.02

43. 以下说法正确的有(　　)。

(A)其绝对误差相等,测量范围大的仪表精度高

(B)其绝对误差相等,测量范围大的仪表精度低

(C)测量范围相等其绝对误差大的仪表精度高

(D)测量范围相等其绝对误差小的仪表精度高

44. 下面关于流化床内测压点的反吹系统注意点,正确的是(　　)。

(A)反吹点应尽量靠近测压点

(B)反吹点应尽量远离测压点

(C)差压变送器最好安装在取压点的上方

(D)差压变送器最好安装在取压点的下方

45. 混合控制器具有(　　)功能。

(A)连续控制　　(B)顺序控制　　(C)批量控制　　(D)离散量控制

46. 流程生产过程中的参数类型一般可分(　　)。

(A)干扰量　　(B)开关量　　(C)模拟量　　(D)电流量

47. 集散控制系统具有(　　)控制功能。

(A)连续量　　(B)干扰量　　(C)离散量　　(D)批量

48. 在下述情况下,选用气动调节阀正确的是(　　)。

(A)加热炉的燃料油(气)系统,应选用气开式

(B)加热炉的进料系统,应选用气关式

(C)油水分离器的排水线上,应选用气开式

(D)容器的压力调节,若用排出料调节,应选用气开式;若用进入料来调节,应选用气关式

49. (　　)调节阀特别适用于浆状物料。

(A)球阀　　(B)隔膜阀　　(C)蝶阀　　(D)笼式阀

50. 气动执行机构一般包括(　　)。

(A)气动薄膜执行机构　　(B)气动活塞执行机构

(C)气动长行程执行机构　　(D)气动偏心旋转执行机构

51. 下列属于电气式物位测量仪表的有(　　)。

(A)电阻式　　(B)电容式　　(C)电感式　　(D)热敏式

52. 浮球式液位计属于(　　)液位计。

(A)浮力式　　(B)横浮力式　　(C)变浮力式　　(D)直读式

53. 电容式物位计的测量电容变化可采用(　　)。

(A)平衡阻容电桥　　(B)不平衡阻容电桥

(C)变压器电桥　　(D)二极管电桥

54. 电容式物位计的电容与下列因素有关的是(　　)。

(A)被测介质的相对介电常数　　(B)极板间的距离

(C)两极板互相遮盖部分长度　　(D)电极直径

55. 流量计测的是(　　)。

(A)流量管道中流体的点速度

(B)流量管道中某一直径上几个点的平均速度

(C)流量管道中某一直径方向上的平均速度

(D)流量管道中管道断面上的平均速度

56. 若根据所用弹性元件,弹性式压力计可分为(　　)。

(A)薄膜式　　(B)波纹管式　　(C)弹簧管式　　(D)差压式

57. 压力测量仪表按工作原理分类,可分为(　　)。

(A)液柱式压力计　(B)活塞式压力计

(C)弹性式压力计　(D)电测型压力计

58. 液柱式压力计可分为(　　)。

(A)U型管式压力计　(B)单管液柱压力计

(C)斜管液柱压力计　(D)差压式压力计

59. 弹性式压力计可分为(　　)。

(A)膜式压力计　(B)波纹管式压力计

(C)弹簧管式压力计　(D)应变式压力计

60. 气动压力变送器测量压力时,输出信号始终达到最大值的原因是(　　)。

(A)喷嘴堵塞　(B)节流孔堵塞

(C)喷嘴与挡板间距离太大　(D)所测压力超过变送器量程

61. 弹簧管压力表的齿轮传动机构包括(　　)。

(A)拉杆　(B)机芯　(C)扇形齿轮　(D)中心齿轮

62. 若一台1151压力变送器接线有接地现象,则会导致(　　)。

(A)电压降低　(B)电压升高　(C)电流降低　(D)电流增大

63. 1 Pa与下面压力相同的是(　　)。

(A)1×10^{-5} bar　(B)9.86924×10^{-6} atm

(C)1.01972×10^{-5} kgf/cm^2　(D)1.01972×10^{-1} mmH_2O

64. 对仪表用管路系统进行气压试验时应注意(　　)。

(A)气压试验压力为1.15倍设计压力,当达到试验压力后,停止5 min,压力下降值不大于试验压力的1%为合格

(B)气压试验介质应用空气或惰性气体

(C)试验用压力表应校验合格,其精度不低于1.5级,刻度上限值为试验压力1.5～2倍

(D)以上三项都是

65. 压力表去掉压力后指针不回零,可能的原因为(　　)。

(A)指针打弯　(B)游丝力矩不足

(C)指针松动　(D)传动齿轮有摩擦

66. 按误差数值表示的方法,误差可以分为(　　)。

(A)绝对误差　(B)相对误差　(C)引用误差　(D)系统误差

67. 按仪表的使用条件来分,误差可以分为(　　)。

(A)定值误差　(B)基本误差　(C)动态误差　(D)附加误差

68. 下列情况中(　　)属于疏忽误差。

(A)算错数造成的误差　(B)记录错误造成的误差

(C)安装错误造成的误差　(D)看错刻度造成的误差

69. 以下方法可以防止正态干扰的是(　　)。

(A)在信号输入端加阻溶滤波器　(B)采用屏蔽线或双绞线做信号线

(C)对一次仪表进行电磁屏蔽　(D)输入、输出采用光电隔离

70. 评定仪表品质的几个主要质量指标有(　　)。

(A)精度 (B)非线性误差 (C)差变 (D)灵敏度和灵敏限

71. 仪表精度与( )有关。

(A)相对误差 (B)绝对误差 (C)测量范围 (D)基本误差

72. 以下说法正确的有( )。

(A)其绝对误差相等,测量范围大的仪表精度高

(B)其绝对误差相等,测量范围大的仪表精度低

(C)测量范围相等,其绝对误差大的仪表精度高

(D)测量范围相等,其绝对误差小的仪表精度高

73. 非线性误差是( )与( )之间的最大偏差。

(A)仪表的校验曲线 (B)理论曲线

(C)仪表的校验直线 (D)理论直线

74. 仪表变差引起的原因有( )。

(A)传动机构的间隙 (B)运到部件的摩擦

(C)弹性元件的弹性滞后 (D)读数不准

75. 按误差出现的规律分类,误差可分为( )。

(A)系统误差 (B)附加误差 (C)疏忽误差 (D)偶然误差

76. 相对误差的表示方法有( )。

(A)相对百分误差 (B)实际相对误差

(C)理论相对误差 (D)标称相对误差

77. 手持通信器的两根通信线是( )。

(A)没有极性的 (B)有极性的

(C)正负可以随便接 (D)正负不可以随便接

78. 智能变送器的零点,可以在( )上调整。

(A)万用表 (B)手持通信器 (C)调节器 (D)变送器外调螺钉

79. 3051C 智能变送器的传感器是( )式。

(A)电容 (B)硅电容 (C)电阻 (D)电感

80. DCS 采用的是( )通信方式。

(A)电容 (B)数字 (C)模拟 (D)电感

81. 下列情况可用普通导压管变送器测量的是( )。

(A)汽包水位 (B)黏稠液体 (C)重油 (D)空气

82. 法兰变送器的响应时间比普通变送器要长,为了缩短法兰变送器的传送时间,应( )。

(A)毛细管尽可能选短 (B)毛细管应选长一点

(C)毛细管直径尽可能小 (D)毛细管直径应大一点

83. 活塞式压力计一般可分为( )。

(A)单活塞 (B)双活塞 (C)三活塞 (D)四活塞

84. 流量一般分为( )。

(A)瞬时流量 (B)累积流量 (C)体积流量 (D)质量流量

85. 孔板一般分为( )。

(A)双重孔板 (B)同心孔板 (C)偏心孔板 (D)圆缺孔板

86. 孔板取压法一般有(　　)。

(A)角接 (B)法兰 (C)管接 (D)径距

87. 仪表常用的阀组有(　　)。

(A)两阀组 (B)三阀组 (C)四阀组 (D)五阀组

88. 转子流量计安装下列说法不对的是(　　)。

(A)水平安装 (B)倾斜安装

(C)流体自上而下安装 (D)流体自下而上安装

89. 安装涡街流量计应注意的是(　　)。

(A)有足够的直管段 (B)随便

(C)避免振动 (D)避免电磁场干扰

90. 电磁流量计安装要求是(　　)。

(A)可测介质满管 (B)避免振动 (C)单独接地 (D)避免电磁干扰

91. 超声波流量计按换能器安装方式分有(　　)。

(A)固定式 (B)辐射式 (C)便携式 (D)电磁式

92. 夹装式超声波流量计要求管道内壁不能有(　　)等现象。

(A)腐蚀 (B)结垢 (C)结晶 (D)衬里

93. 常见的恒浮力式液位计有(　　)。

(A)浮球液位计 (B)浮子钢带液位计

(C)磁耦合浮子式液位计 (D)浮筒液位计

94. 外安装浮筒液位计的连接方式有(　　)。

(A)侧-侧 (B)顶-侧 (C)底-侧 (D)顶-底

95. 安装雷达液位计时应注意(　　)。

(A)避开进料口 (B)避开旋涡 (C)避开搅拌器 (D)避免高温

96. 应用最广泛的工业核仪表是(　　)。

(A)料位计 (B)密度计 (C)厚度计 (D)核子秤

97. 温标有(　　)。

(A)摄氏温标 (B)华氏温标 (C)热力学温标 (D)国际实用温标

98. 水的三相点是(　　)。

(A)0℃ (B)0.01℃ (C)273K (D)273.16K

99. 热电偶产生热电势的条件是(　　)。

(A)两热电极材料相异 (B)两接点温度相异

(C)两热电极材料相同 (D)两接点温度相同

100. 热电偶的热电特性由(　　)所决定。

(A)偶丝的粗细 (B)偶丝的长短

(C)偶丝的化学成分 (D)偶丝的物理性质

101. 热电阻温度计金属丝通常采用(　　)。

(A)铜丝 (B)铂丝 (C)镍丝 (D)锰铜丝

102. 铠装热电阻的优点有(　　)。

(A)热惰性小,反应速度快 (B)具有可挠性
(C)能耐振动和冲击 (D)寿命长

103. 100A 的钢管表示(　　)。
(A)管子的公称直径为 100 mm (B)管子的实际外径为 100 mm
(C)管子的实际内径为 100 mm (D)管子的实际内径、外径都不是 100 mm

104. 在现场进行校验配热电偶的动圈式仪表要用(　　)。
(A)手动电位差计 (B)标准电阻箱 (C)标准毫安表 (D)毫伏发生器

105. 按输入信号形式分,数字显示仪表有(　　)两类。
(A)电压型 (B)电流型 (C)频率型 (D)电感型

106. 调节阀由(　　)两部分组成。
(A)执行机构 (B)阀杆 (C)阀芯 (D)阀体部件

107. 按能源分,执行机构有(　　)。
(A)气动执行机构 (B)液动执行机构 (C)电动执行机构 (D)薄膜执行机构

108. 调节阀的流量特性有(　　)。
(A)快开 (B)直线 (C)对数 (D)等百分比

109. 下列属于气动调节阀的辅助装置的有(　　)。
(A)阀门定位器 (B)阀位开关 (C)调节器 (D)电磁阀

110. 根据国家标准 GB—3836—1983,(　　)属于其防爆结构形式。
(A)隔爆型 (B)增安型 (C)本质安全型 (D)正压型

111. 本安型仪表有(　　)两种。
(A)ie (B)ia (C)ex (D)ib

112. 防爆电气设备分为(　　)。
(A)Ⅰ类 (B)Ⅱ类 (C)Ⅲ类 (D)Ⅳ类

113. 防爆级别分为(　　)。
(A)A 级 (B)B 级 (C)C 级 (D)D 级

114. 美国防爆级别为(　　)。
(A)class1 (B)class2 (C)class3 (D)class4

115. 仪表常用螺纹有(　　)。
(A)普通螺纹 (B)圆柱管螺纹 (C)圆锥管螺纹 (D)以上都不用

116. 按与管子的焊接形式,法兰分(　　)。
(A)平焊法兰 (B)螺纹管法兰 (C)对焊法兰 (D)活套法兰

117. 美国仪表学会对安全度等级分为(　　)。
(A)SIL1 (B)SIL2 (C)SIL3 (D)SIL4

118. SOE 变量的类型有(　　)。
(A)离散输入 (B)离散只读存储量
(C)离散读/写存储量 (D)离散输出

119. HIMAPES 系统主要由(　　)组成。
(A)SC300E (B)H41q (C)H51q (D)FSC

120. 从覆盖的地域范围大小来分,计算机网络可分为(　　)。

(A)远程网　(B)局域网　(C)紧耦合网　(D)总线网

121. 局域网常见的拓扑结构有(　　)。

(A)矩形　(B)环形　(C)星形　(D)总线型

122. 局域网常用的通信媒体有(　　)。

(A)双绞线　(B)平行线　(C)同轴电缆　(D)光导纤维

123. 下述说法正确的是(　　)。

(A)微分时间愈长,微分作用愈弱　(B)微分时间愈长,微分作用愈强

(C)积分时间愈长,积分作用愈弱　(D)积分时间愈长,积分作用愈强

124. 信号报警系统的基本工作状态有(　　)及试验状态。

(A)正常状态　(B)报警状态　(C)确认状态　(D)复位状态

125. 时序逻辑线路的要素是(　　)。

(A)自动　(B)启动　(C)保持　(D)停止

126. 锅炉汽包水位三冲量是(　　)。

(A)汽包水位　(B)给水流量　(C)汽包压力　(D)蒸汽流量

127. 数字电路中的基本逻辑关系有(　　)。

(A)与　(B)和　(C)或　(D)非

128. 常用的弹性式压力表有(　　)。

(A)膜片式　(B)波纹管式　(C)弹簧管式　(D)干簧管式

129. 自动调节系统常用的参数整定方法有(　　)。

(A)经验法　(B)衰减曲线法　(C)临界比例度法　(D)反应曲线法

130. 通常,变送器由(　　)组成。

(A)输入转换部分　(B)放大器　(C)反馈部分　(D)调节部分

131. 自动调节系统主要由(　　)部分组成。

(A)调节器　(B)调节阀　(C)调节对象　(D)变送器

132. 压力的表征方法有(　　)。

(A)绝压　(B)大气压　(C)表压　(D)真空度

133. 常用电缆分为(　　)。

(A)电力电缆　(B)控制电缆　(C)屏蔽电缆　(D)计算机电缆

134. 控制系统包括(　　)。

(A)控制器　(B)执行器　(C)测量变送器　(D)受控对象

135. DCS 系统一般能实现(　　)。

(A)连续控制　(B)顺序控制　(C)逻辑控制　(D)人工智能控制

136. 系统或环节方块图基本连接方式有(　　)。

(A)串联　(B)并联　(C)反馈连接　(D)拉动式连接

137. 氧化锆检测器在安装前,要进行(　　)是否正常。

(A)电阻检查　(B)升温检验　(C)标气校准检查　(D)线路检

138. 下列所述建设项目中防治污染的设施必须与主体工程(　　)。

(A)同时设计　(B)同时施工　(C)同时投产使用　(D)同时拆卸

139. 按被测变量随时间的关系来分,误差可分为:(　　)。

(A)静态误差 (B)动态误差 (C)相对误差 (D)疏忽误差

140. 电容式差压变送器无输出时可能原因是( )。

(A)无电压供给 (B)无压力差 (C)线性度不好 (D)电路板坏

141. 国际仪表和控制系统明显趋势是向( )方向发展。

(A)数字化 (B)智能化 (C)不型化 (D)网络化

142. 综合自动化系统(CIMS)将由( )构成。

(A)过程控制层(PCS) (B)计划管理层(REP)

(C)生产执行层(MES) (D)管理层(BPS)

143. 集散控制系统(DCS)是应用微处理器为基础,结合( )和人机接口技术,实现过程控制和工厂管理的控制系统。

(A)计算机技术 (B)信息处理技术

(C)控制技术 (D)通信技术

144. 集散控制系统(DCS)应该包括( )构成的分散控制系统。

(A)常规的DCS (B)可编程序控制器(PLC)

(C)工业PC机IPC (D)现场总线控制系统

145. DCS过程控制层的主要功能有( )。

(A)采集过程数据,处理,转换 (B)输出过程操作命令

(C)进行直接数字控制 (D)直接进行数据处理

146. EPR系统是借助于先进信息技术,以财务为核心,集( )为一体(称三流合一),支撑企业精细化管理和规范化动作的管理信息系统。

(A)物流 (B)资金流 (C)资源流 (D)信息流

147. TPS系统中的网络类型有( )三种型式。

(A)工厂控制网络 (B)TPS过程网络 (C)过程通迅网络 (D)过程控制网络

148. CENTUM-CS系统具有( )和综合性强的特点。

(A)开放性 (B)高可靠性 (C)双重网络 (D)三重网络

149. 串行数据通信的通信方式分为( )三种。

(A)单工通信 (B)半双工通信 (C)多工通信 (D)全双工通信

150. 串行数据通信的通信接口有( )三种。

(A)RS-232CB (B)RS-422C (C)RS-485 (D)RS-385

151. 常见的数据网络拓扑结构有( )。

(A)树形 (B)总路形 (C)星形 (D)环形

152. 可编程序控制主机通过串行通信连接远程输入输出单元,主机是系统的集中控制单元,负责整个系统的数据通信、信息处理和( )。

(A)数据通信 (B)信息传送

(C)信息处理 (D)协调各个远程节点的操作

153. 对于西门子S7-300PLC,可以用于可编程序控制器之间相连的通信网络有( )。

(A)PROFIBUS (B)MPI (C)AS-I (D)Internet

154. 在同位连接系统中,各个可编程序控制器之间的通信一般采用( )三种接口。

(A)RS-422A (B)RS-485 (C)光缆 (D)同轴电缆

155. 模型算法控制的预测控制系统,包含(　　)等四个计算环节。

(A)反馈校正　(B)滚动优化　(C)参考轨迹　(D)内部模型

156. CENTUMCS3000 系统中,要组成一个比值控制需要的功能块有(　　)。

(A)PID　(B)PIO　(C)RATIO　(D)PI

157. 系统或环节方块图的基本连接方式有(　　)三种。

(A)串联　(B)并联　(C)反馈连接　(D)一字形连接

158. PROFIBUS 总路标准由(　　)三部份组成。

(A)PROFIBUS-DP　(B)PROFIBUS-PA

(C)PROFIBUS-PC　(D)PROFIBUS-FMS

159. CAN 技术规范 2. 0B 遵循 ISO/OSI 标准模型,分为(　　)。

(A)物理层　(B)应用层　(C)访问层　(D)数据链路层

160. 与 DCS 相比 FCS 具有(　　)的特点。

(A)全数字化　(B)全分散式

(C)开放式互联网络　(D)双冗余

161. DCS 系统是一个由(　　)所组成的一个以通信网络为纽带的集中操作管理系统。

(A)过程管理级　(B)企业管理级　(C)控制管理级　(D)生产管理级

162. 可编程序控制器基本组成包括(　　)及其他可选部件四大部份。

(A)中央处理器　(B)存储器　(C)输入/输出组件　(D)编程器

163. 可编程序控制器的特点有(　　)。

(A)高可靠性　(B)丰富的 I/O 接口模块

(C)采用模块化结构　(D)安装简单维修方便(E)结构简单

164. 简述现场总线的主要特点有(　　)。

(A)控制彻底分散　(B)数字传输方式

(C)系统的开往性　(D)可操作性和互用性

165. PLC 采用的编程语言主要有(　　)三种。

(A)梯形图(LAD)　(B)语句表(STL)

(C)功能图　(D)逻辑功能图(FD)

四、判 断 题

1. 功率是国际单位制基本单位之一。(　　)

2. 目前我国采用的温标是 ITS-90 国际温标。(　　)

3. 在标准重力加速度下,在水温为 4℃时,水的密度最大。(　　)

4. 对计量违法行为具有现场处罚权的是计量监督员。(　　)

5. 用同名极比较法检定热电偶时,标准热电偶和被检热电偶的型号可以不同。(　　)

6. 一个阻抗与另一个阻抗串联后的等效阻抗必然大于其中任一阻抗。(　　)

7. 当电压的有效值恒定时,交流电的频率越高,流过电感线圈的电流就越小。(　　)

8. 用节点法计算各支路电流时,会因参考电位选择的不同而使结果有所变化。(　　)

9. 根据换路定律,换路前后的电容电压和电阻电流基本相等。(　　)

10. 直流电动机电枢绕组中正常工作时的电流为交流电。(　　)

11. 热力学温标是指以热力学第三定律为基础制定的温标。( )

12. 工业用热电偶的检定,200℃以下点的检定用油恒温槽检定,200℃以上用管式炉。( )

13. 电压互感器的原理与变压器不尽相同,电压互感器的二次侧电压恒为 100 V。( )

14. 三极管的任意两个管脚在应急时可作为二极管使用。( )

15. 三极管工作在饱和区时,两个 PN 结的偏量是:发射结加正向电压,集电极加正向电压。( )

16. 在共射极放大电路中,三极管集电极的静态电流一定时,其集电极电阻的阻值越大,输出电压 U_{ce} 就越大。( )

17. 只要满足振幅平衡和相位平衡两个条件,正弦波振荡器就能产生持续振荡。( )

18. 在整流电路中,滤波电路的作用是滤去整流输出电压中的直流成分。( )

19. 集成运放电路具有输入阻抗大,放大倍数高的特点。( )

20. D 触发器常用作数字信号的数据锁存器。( )

21. 液位静压力 P、液体密度 ρ、液柱高度 H 三者之间存在着如下关系:$P=\rho gH$。( )

22. 可编程序控制器的简称为 PLC。( )

23. 热电厂中,空气流量的测量多采用孔板。( )

24. 电子电位差计常用的感温元件是热电偶。( )

25. 孔板,喷嘴是根据节流原理工作的。( )

26. 热电偶测温时的热电势与热电极长度无关,但跟热电极粗细有关。( )

27. 热电偶的热电特性是由组成热电偶的热电极材料决定的与热电偶的两端温度无关。( )

28. 热电偶的热电势与热电偶两端温度间的函数关系是线性的。( )

29. 云母水位计是根据连通器原理制成的。( )

30. 使用 U 型管压力计测得的表压值,与玻璃管断面面积的大小有关。( )

31. 压力变送器是根据力平衡原理来测量的。( )

32. 在电感式压力(差压)传感器的结构中,两次级线圈是反相串联的。( )

33. 电子平衡电桥常用的感温元件是热电阻。( )

34. 数据采集系统都采用总线形拓扑结构。( )

35. 对于定值调节系统,其稳定过程的质量指标一般是以静态偏差来衡量。( )

36. 集散控制系统的一个显著特点就是管理集中,控制分散。( )

37. 超声波法是根据发射脉冲到接受脉冲之间的时间间隔 ΔT 来确定探头到测量点之间的距离的。( )

38. 热磁式氧量计是利用氧的磁导率特别高这一原理制成的。( )

39. 氧化锆氧电势的计算公式称为能斯脱公式。( )

40. 集散控制系统中过程控制级是整个工艺系统的协调者和控制者。( )

41. 标准孔板的特点是:加工简单、成本低。其缺点是流体的流动压力损失大。( )

42. 现阶段的质量管理体系称为全过程质量管理。( )

43. 全面质量管理的一个特点就是要求运用数理统计方法进行质量分析和控制,使质量管理数据化。( )

44. 电容式压力变送器是通过将压力转换成位移再进而转换成电容来达到压力测量目的的,因此只要保证膜片中心位移与压力具有线性关系就能实现压力的正确测量。( )

45. 若差压水位计的输出信号增大,则表示水位上升。( )

46. 差压流量计导压管路,阀门组成系统中,当平衡阀门泄漏时,仪表指示值将偏低。( )

47. 标准活塞式压力计常用的工作介质有变压器油和蓖麻油。( )

48. 相同条件下,椭圆形弹簧管越扁宽,则它的管端位移越大,仪表的灵敏度也越高。( )

49. 制作热电阻的材料要求有小的电阻温度系数。( )

50. 分布式数据采集系统的前级(前端)只有信号采集和传输功能,而无预处理功能。( )

51. 热电偶的时间常数是指被测介质从某一温度跃变到另一温度时,热电偶测量端温度上升到这一温度所需的时间。( )

52. 汽轮机跟随方式的特点是主汽压 P_t 波动小,而机组输出电功率响应慢。( )

53. FSSS系统的安全联锁功能在机组运行过程中可超越运行人员和过程控制系统的作用。( )

54. 给煤机因故跳闸后,相应的磨煤机应联锁跳闸。( )

55. 炉膛安全监控系统(FSSS)是一个完全独立的炉膛保护系统,不与CCS等其他系统发生任何联系。( )

56. PLC梯形图程序中的继电器触点可在编制用户程序时无限引用,即可常开又可常闭。( )

57. 对工业用热电偶的检定,应按照使用温度点选定检定点温度。( )

58. 用万用表判别三极管性能时,若集电极-基极的正反向电阻均很大,则该二极管已被击穿。( )

59. 若流量孔板接反,将导致流量的测量值增加。( )

60. 测量上限大于0.25 MPa的变送器,传压介质一般为液体。( )

61. 对压力测量上限为0.3~2.4 MPa压力真空表的真空部分进行检定时,只要求疏空时指针能指向真空方向即可。( )

62. 为了防止干扰,通信电缆和电源电缆不得交叉敷设。( )

63. 仪表盘安装时,应尽量减小盘正面及正面边线的不垂直度。( )

64. 热电偶在使用过程中,由于过热或与被测介质发生化学作用等造成的损坏,其损坏程度可从热电偶的颜色上加以辨别。( )

65. 差压变送器的启动顺序是先打开平衡门,再开正压侧门,最后打开负压侧门。( )

66. 当被测介质具有腐蚀性时,必须在压力表前加装缓冲装置。( )

67. 标准喷嘴可用法兰取压。( )

68. 电缆与测量管路成排作上下层敷设时,其间距不宜过小。( )

69. 判断K型热电偶正负极时,可根据亲磁情况判别,不亲磁为正极,亲磁为负极。( )

70. 普通金属热电偶有轻度损坏时,如电极长度允许,可将热端与冷端对调,将原来的冷

端焊接检验合格后,仍可使用。( )

71. 测量流体压力时,要求取压管口应与工质流速方向垂直,并与设备平齐。( )

72. 用标准节流装置测管道流量时,要求流体在前一倍管道直径长处形成典型湍流,同时流束充满管道。( )

73. 1151 系列电容式压力变送器进行量程调整时,对变送器的零点有影响。( )

74. 使用氧化锆一次元件测量含氧量,要求二次仪表的输入阻抗不应过大。( )

75. 补偿导线只能与分度号相同的热电偶配合使用,通常其接点温度 100℃以下。( )

76. 现场用压力表的精度等级是按照被测压力最大值所要求的相对误差来选择的。( )

77. 标准铂电阻温度计的电阻与温度的关系表达式用 $W(t)$ 与 t 的关系代替 Rt 与 t 的关系式,其优点是可减少某些系统误差。( )

78. PLC 程序运行时读取的开关状态不是现场开关的即时状态,而是程序在执行 I/O 扫描时被送入映像存储器的状态。( )

79. 热电偶变送器的允许误差中包含热电偶参考端引起的误差。( )

80. 热电阻采用双线并排绕制法制作是为了在使用时无电感存在。( )

81. 各种热工参数,通过感受元件或变送器转换成相应的电量后,都可采用电子自动平衡式仪表来测量。( )

82. 因为弹性压力计不象液柱式压力计那样有专门承受大气压力作用的部分,所以其示值就是表示被测介质的绝对压力。( )

83. 测振仪器中的某放大器的放大倍数 K 随频率上升而增加的称微分放大器。( )

84. 检定变送器时,要求的环境条件温度为(20±5)℃,相对湿度为 45%~75%。( )

85. 经外观检查合格的新制热电偶,在检定示值前,应先在最高检定点温度下,退火 2 h 后,并随炉冷却至 250℃以下,再逐点上升进行检定。( )

86. 检定工业用Ⅰ级热电偶时,采用的标准热电偶必须是一等铂铑 10-铂热电偶。( )

87. 用配热电偶的 XCZ 型动圈表测量某点温度时,补偿导线的长度对测量结果是没有影响的。( )

88. 由于差压式水位计是在一定的压力条件下刻度的,当压力偏离条件值时,必须根据压力值对差压信号进行校正。( )

89. 用节流式流量计测流量时,流量越小,测量误差越小。( )

90. 热电偶补偿导线及热电偶冷端补偿器,在测温中所起的作用是一样的,都是对热电偶冷端温度进行补偿。( )

91. 与铜热电阻比较,铂热电阻的特点是稳定性好,电阻温度关系线性度好。( )

92. 当 DBY 型压力变送器的安装位置低于取压点的位置时,压力变送器的零点应进行正迁移。( )

93. 检定三线制热电阻,用直流电位差计测定电阻值时须采用两次换线测量方法,其目的是减少电位差计本身的误差。( )

94. 电容式压力(差压)变送器的测量电路采用了深度负反馈技术来提高测量的灵敏度。( )

95. 在相同的温度变化范围内,分度号 Pt100 的热电阻比 Pt10 的热电阻变化范围大,因

而灵敏度高。(　　)

96. 压电加速度计在−100～250℃范围内的典型特性是:在正温度时电压灵敏度随温度上升而呈增加趋势。(　　)

97. 与热电偶相匹配的补偿导线,在连接时,如果极性接反将使二次仪表指示偏小。(　　)

98. 热电阻的三线制接法是三根铜导线均接在同一个桥臂内,这样环境温度变化时,必然会使仪表测量误差减小。(　　)

99. 扩散硅压力(差压)变送器测量电路采用1 mA恒流是为了进一步减小零位偏差。(　　)

100. 平衡容器测量汽包水位时,其输出差压误差的变化趋势是:水位低时误差小,水位高时误差大。(　　)

101. 对于双室平衡容器,当汽包压力低于额定值时,将使平衡容器输出差压偏大,造成差压计指示水位偏低。(　　)

102. 单、双室平衡容器中汽包工作压力变化对水位的误差特性完全相反。(　　)

103. 临时进入绝对安全的现场可以不戴安全帽。(　　)

104. 对检定不合格的压力表,发给《检定不合格证书》。(　　)

105. 工作票不准任意涂改,若要涂改,应由签发人(或工作许可人)在涂改处签名或盖章,则此工作票仍有效。(　　)

106. 在停电后EPROM能自动清除存储的信息。(　　)

107. D触发器常用作数字信号的数据锁存器。(　　)

108. 在放大电路中,若采用电压串联负反馈将会使输入电阻增加。(　　)

109. 集成运放电路具有输入阻抗大,放大倍数高的特点。(　　)

110. 交流放大电路中输入输出环节的电容主要起储能作用。(　　)

111. 直流电动机不允许直接启动的原因是其启动力矩非常小,并且启动电流又很大。(　　)

112. 一般情况下,三相变压器的变比大小与外加电压的大小有关。(　　)

113. 在RC电路中,C上的电压相同,将C上的电荷通过R予以释放,则电压下降速度越慢,则其对应的时间常数就越大。(　　)

114. 叠加原理可用于任一线性网络的功率计算。(　　)

115. 用节点法计算各支路电流时,会因参考电位选择的不同而使结果有所变化。(　　)

116. 电功率是表示电能对时间的变化速率,所以电功率不可能为负值。(　　)

117. 因为储能元件的存在,就某一瞬间来说,回路中一些元件吸收的总电能可能不等于其他元件发出的总电能。(　　)

118. 线性电阻的大小与电压、电流的大小无关。(　　)

119. 两个电阻并联后的等效电阻一定小于其中任何一个电阻。(　　)

120. 将二进制码按一定的规律编排,使每组代码具有一特定的含义,这种过程称为译码。(　　)

121. MTBF是指平均故障间隔时间。(　　)

122. DAS是指数据采集系统。(　　)

123. 扰动是指引起调节量变化的各种因素。(   )

124. 在静态过程中,被测量值偏离给定值的最大值叫做超调量。(   )

125. 汽轮机轴承润滑油压力低联锁保护压力开关的取样,一般在润滑油泵的出口处。(   )

126. D触发器常用作数字信号的数据锁存器。(   )

127. INFI90集散控制系统的网络,拓扑结构是总线形网络。(   )

128. 在弹性式压力计中,弹性测压元件把压力(或差压)转化为弹性元件变形位移进行测量。(   )

129. 热电偶是利用温室效应测量温度的。(   )

130. 当汽轮机突然甩负荷时,调速系统应将主汽门关闭以防止汽机超速。(   )

131. 在锅炉过热汽温调节中,主要调节手段是改变尾部烟道挡板开度或调节喷燃器喷嘴角度。(   )

132. 直接根据扰动进行调节的控制方式,称为前馈控制。(   )

133. 调节过程结束后,被控量的实际值与给定值之间的偏差称为动态偏差。(   )

134. 发生在控制系统内部的扰动叫内扰。(   )

135. 低压旁路控制系统包括凝汽器压力调节回路和温度调节回路。(   )

136. INFI-90系统采用总线网络结构。(   )

137. 燃油用的流量测量可采用靶式流量计和差压流量计。(   )

138. 评定调节系统的性能指标有稳定性、准确性和快速性,其中,稳定性是首先要保证的。(   )

139. 目前单元机组一般倾向采用低负荷时定压运行,中等负荷时采用滑压运行。(   )

140. 分布式数据采集系统的前级只有信号采集和传输功能,而无预处理功能。(   )

141. DCS中基本控制器的控制回路数量受其内部输入,输出点数限制。(   )

142. 分散控制系统的主要功能包括4个部分:控制功能、监视功能、管理功能和通信功能。(   )

143. 在安全门保护回路中,为保证动作可靠,一般采用两个压力开关的常开接点串联接法。(   )

144. 热工保护装置应按系统进行分项和整套联动试验,且动作应正确、可靠。(   )

145. 热工保护联锁信号投入前,应先进行信号状态检查,确定对机组无影响时方可投入。(   )

146. 分散系统中的通信都是按一定控制方式在高速数据通道上传递的。(   )

147. 主燃料跳闸后立即可进行炉膛吹扫。(   )

148. 对压敏电阻而言,所加的电压越高,电阻值就越大。(   )

149. 非线性调节系统不能用线性微分方程来描述。(   )

150. DCS控制站通过接口获得操作站发出的实现优化控制所需的指令和信号。(   )

151. 当汽机超速保护动作时。OPC输出信号使高压调节汽门和高压旁路门关闭,防止汽机严重损坏。(   )

152. 锅炉主蒸汽压力调节系统的作用是通过调节燃料量,使锅炉蒸汽量与汽轮机耗汽量相适应,以维持汽压的恒定。(   )

153. DCS的软件系统包括管理操作系统、数据库系统和一系列模块化功能软件。(　　)

154. 比例调节器调节过程结束后被调量必然有稳态误差,故比例调节器也叫有差调节器。(　　)

155. 积分调节过程容易发生振荡的根本原因是积分调节作用产生过调。积分Ti愈小,积分作用愈强,愈容易产生振荡。(　　)

156. 在螺杆上套丝用的工具是螺母。(　　)

157. 在台虎钳上锉、削、锤、凿工件时,用力应指向台钳座。(　　)

158. 对随机组运行的主要热工仪表及控制装置应进行现场运行质量检查,其周期一般为三个月。(　　)

159. 錾子在刃磨时,其楔角的大小应根据工件材料的硬度来选择,一般錾削硬材料时,錾子楔角选30°～50°。(　　)

160. 大中型火力发电厂中,高压厂用电的电压等级一般为10 kV。(　　)

161. 所谓明备用,是指专门设置一台平时不工作的电源作为备用电源,当任一台工作电源发生故障或检修时,由它代替工作电源的工作。(　　)

162. 使用型钢切割机时,砂轮片的规格可根据工件尺寸任选。(　　)

163. 调节器的微分作用,可以有效减少调节过程中被调量的偏差。(　　)

164. 全面质量管理要求运用数理统计方法进行质量分析和控制,是质量管理数据化。(　　)

165. 在单回路调节系统中,调节器的作用方向根据主信号的极性选择。(　　)

166. 1150系列变送器调校时,应先调整量程上限,再调零点。(　　)

167. 在锅炉跟随的负荷调节方式中,由汽轮机调节汽压,锅炉调节负荷。(　　)

168. 在三冲量给水自动调节系统中,三冲量是指汽包水位、蒸汽流量和凝结水流量。(　　)

169. 热工参数的调节和控制主要有单冲量调节和多冲量调节两种方式。(　　)

170. 随动调节系统的给定值是一个随时间变化的已知函数。(　　)

171. 锅炉稳定运行时,执行器不应频繁动作。(　　)

172. 随着机组的负荷上升,蒸汽流量不断增大,则过热器减温喷水的流量也会不断地被调大。(　　)

173. 在集散系统中采用隔离和屏蔽技术是为了克服电磁干扰。(　　)

174. 集散控制系统的网络拓扑结构主要有总线形、环形、树形、星形和点到点互连等5种结构。(　　)

175. 用平衡容器测量汽包水位时,水位最高时,输出差压为最大。(　　)

176. 给水自动调节系统的任务是维持锅炉的给水压力。(　　)

177. 微分时间应根据调节对象的迟延时间来整定。(　　)

178. 严格地讲,现场实际应用的PI调节器系统,其实调节结果是有误差的。(　　)

179. 单纯按微分规律动作的调节器是不能独立工作的。(　　)

180. 使用比例积分调节器时,积分时间要根据对象的特性来选择。(　　)

五、简 答 题

1. 温度测量有哪几种常用元件?

2. 什么是测量设备的溯源性？

3. 为什么水银温度计一定要升温检定？为什么同一支标准水银温度计从上限温度"急冷"和"缓冷"至室温后，测得的零位有较大的差别？

4. 什么是RC电路的时间常数？它的大小对电路的响应有什么影响？

5. 什么是一阶电路过渡过程计算的三要素？

6. 什么是运算放大器？

7. 双稳态电路有什么特点？

8. 试说明三相电力变压器并联运行的条件是什么？若不满足会产生什么危害？

9. 什么是互感现象？互感电势的大小和方向应遵守什么定律？

10. 机械位移量测量仪表根据其工作原理的不同有哪几种方式？

11. 什么是协调控制？

12. 汽轮机保护项目主要有哪些？

13. 程序控制系统有哪些组成部分？

14. 程序控制装置根据工作原理和功能分别可分为哪几种？

15. 热电偶的中间温度定律的内容是什么？并写出表达式。

16. 扩散硅压力变送器是基于什么原理工作的，并简述它的特点。

17. 热电偶的参考电极定律的内容是什么？并写出表达式。

18. 简述电接点水位计的工作原理。

19. 简述超声波流量计的组成和测量原理。

20. 汽包锅炉燃烧自动调节的任务是什么？

21. 为什么热电偶输入回路要具有冷端温度补偿的作用？

22. 解释QC小组的定义。

23. 电动压力变送器检定项目有哪些？

24. 对热电偶热端焊点的要求有哪些？

25. 压力表在投入使用前应做好哪些工作？

26. 对于作为热电偶电极的材料有什么要求？

27. 为什么能采用氧化锆氧量计测量氧量？

28. 如何确定压力(差压)变送器的检定点？

29. 简述热电偶检定的双极比较法。

30. 影响热电偶稳定性的主要因素有哪些？

31. 流体流过节流件后，其状态参数将如何变化？热工测量中如何利用此特性来测量流量？

32. 氧化锆探头的本底电压应如何测量？

33. 电力安全规程中"两票三制"指的是什么？

34. 请简要地写出QC小组活动的主要步骤。

35. 在工作中遇到哪些情况应重新签发工作票，并重新进行许可工作的审查程序。

36. 什么叫气动仪表的耗气量？

37. 流体通过调节阀时，其对阀芯的作用有几种类型？

38. 什么叫旁路？什么叫30%旁路？

39. 什么叫积分分离?它在过程控制中有什么作用?

40. TF-900 型组装仪表按其功能可分成哪些组件?

41. 什么叫冗余?什么叫冗余校验?

42. FSSS(锅炉安全监控系统)的主要功能是什么?

43. 班组的质量管理工作主要应搞好哪些方面?

44. 分散控制系统中"4C"技术是指什么?

45. DCS 最常用的网络拓扑结构有哪几种,为了提高其系统的可靠性又采用哪几种结

46. 常用调节阀的静态特性有哪些?

47. 在什么情况下,低压旁路隔离阀快速关闭,以保护凝汽器?

48. 对象的飞升速度 ε 指的是什么?

49. 对象的时间常数 T 指的是什么?

50. 比例控制作用有和特点?

51. KMM 调节器有哪几种调节类型?

52. DBW 温度变送器输入回路中,桥路的主要作用是什么?

53. 低压旁路喷水阀与低压旁路蒸汽阀之间采用何种跟踪调节方式?

54. 调节器的精确度调校项目有哪些?

55. 当减温水量已增至最大,过热蒸汽温度仍然高时,可采取哪些措施降低汽温?

56. 如何实现串级调节系统的自动跟踪?

57. 过热蒸汽温度调节的任务是什么?

58. 汽包锅炉燃烧自动调节的任务是什么?

59. 为什么工业生产中很少采用纯积分作用调节器?

60. 何谓水位全程调节?

61. 在温度自动调节系统投入前应做哪些试验?

62. 单元机组主控系统目前有哪两种不同的结构形式?

63. 可编程调节器常用于哪些场合?

64. KMM 可编程调节器 PID 运算数据表中什么是报警滞后?应如何设定?

65. 使用备用手动单元时应注意些什么?

66. 运行中要拆下 DFQ-2200 型手动操作器,换上 V187MA-E 型可编程调节器时,应如何处理?

67. 为什么压力、流量的调节一般不采用微分规律?而温度、成分的调节却多采用微分规律?

68. 具备哪些条件才能进行汽包锅炉水位调节系统的投入工作?

69. 在现场发现调节器积分饱和时,有什么办法将其尽快消除?

70. 在校验差压(压力)变送器时,有时当输入信号发生一个较大突变,指示正常的

71. MZ-Ⅲ调节组件具有哪几种功能?

72. 温度信号宜采用哪一种数字滤波方法?

73. 对屏蔽导线(或屏蔽电缆)的屏蔽层接地有哪些要求?为什么?

74. 在什么情况下应切除直流锅炉汽轮机前主蒸汽压力调节系统?

75. DKJ 电动执行器只能向一个方向运转,而当输入信号极性改变后执行器不动,试分析其原因。

六、综 合 题

1.1. 试计算 1 mmH_2O 等于多少帕斯卡，1 mmHg 等于多少帕斯卡？标准状况下水的密度 $\rho_{H_2O}=1.0\times10^3$ kg/cm³，汞的密度 $\rho_{Hg}=13\ 595.1$ kg/cm³，g＝9.806 65（保留有效数字4位）。

2. 试导出 1Pa 与工程大气压的换算关系。

3. 同一条件下，12 次测量转速值分别为 2 997 r/min. 2 996 r/min. 2 995 r/min. 2 996 r/min. 2 997 r/min. 2 996 r/min. 2 997 r/min. 3 012 r/min. 2 994 r/min. 2 995 r/min. 2 996 r/min. 2 997 r/min，求测量值和标准差（如有坏值，应予以剔除）。

4. 满量程为 6 kgf/cm² 的 2.5 级压力表，如只将表盘刻度单位由 kgf/cm² 改为×0.1 MPa，而不作误差调整，问这样改值后，该表的误差范围有多大？

5. 一只准确度为 1 级的弹簧管式一般压力真空表，其测量范围是：真空部分为 0～－0.1 MPa 压力部分为 0～0.25 MPa，试求该表的允许基本误差的绝对值。

6. 有一支镍铬-镍硅（镍铝）热电偶，在冷端温度为 35℃时，测得的热电动势为 17.537 mV。试求热电偶所测的热端温度。

7. 一测量仪表的准确度等级为 1.0 级，最大绝对误差为±1℃，该表的测量上限为＋90℃，试求该表的测量下限和量程。

8. 试写出图 1 热电偶构成的回路产生的热电动势表达式。

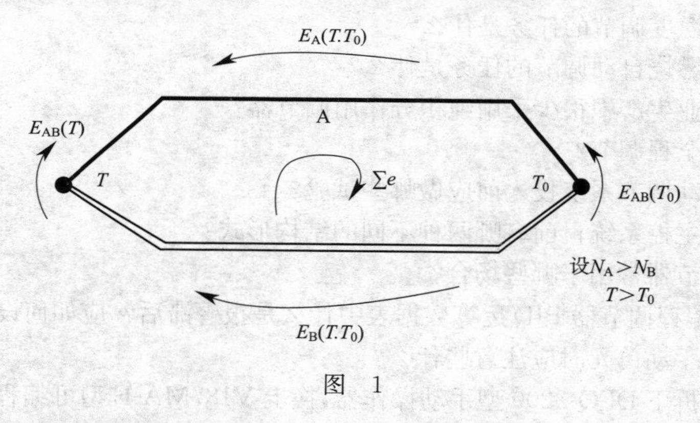

图 1

9. 简述热电偶参考电极定律，并根据图 2 的参考电极回路进行证明。

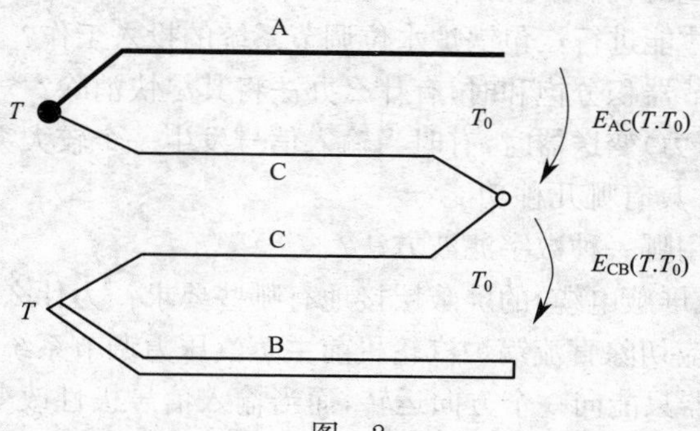

图 2

10. 现有S分度热电偶和动圈仪表组成的测温系统如图3所示。被测温度已知为1 000℃，仪表所处环境温度为30℃。试求测温回路产生的热电动势是多少？为使仪表直接指示出被测温度应如何处理？

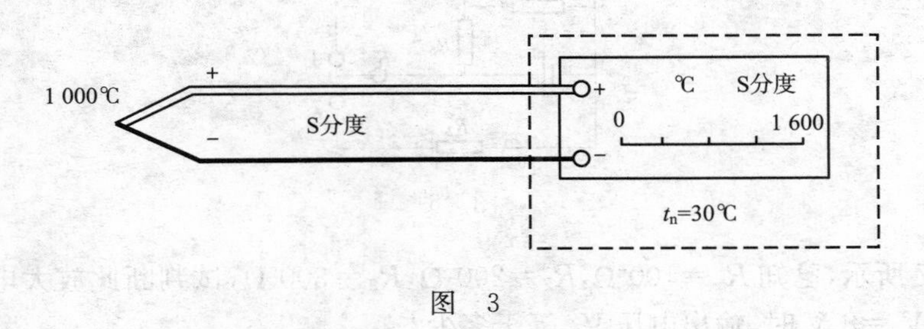

图 3

11. 现有E分度的热电偶、动圈仪表，它们之间由相应的EX型补偿导线相连接，如图4所示。已知热点温度 $t=800$℃，$t_1=50$℃，仪表环境温度 $t_n=30$℃，仪表的机械零位为30℃，请问仪表的指示为多少？若将EPX，ENX补偿导线都换成铜导线，则仪表的指示又为多少？

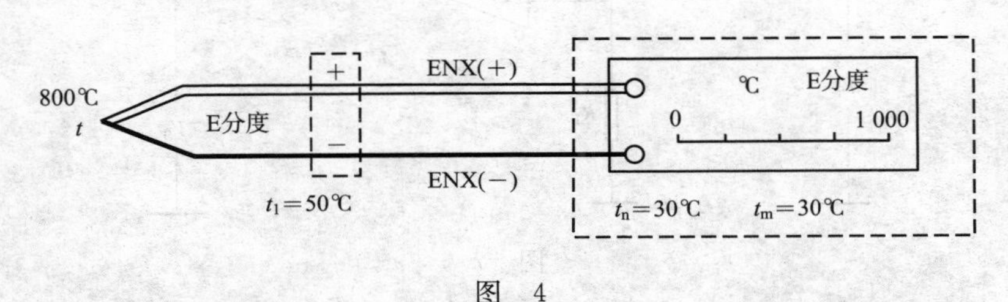

图 4

12. 热敏电阻在温度50℃、200℃时其阻值分别为21.20Ω、0.578 5Ω。试求：测得电阻2.769Ω时的相应温度。

13. 被测压力值最大为16 MPa，且较稳定，当被测压力为14 MPa，要求其相对误差不超过±2%，试选用一只量程和准确度合适的弹簧管式一般压力表。

14. 根据图5示可编程控制器的梯形图，画出其对应的逻辑图。

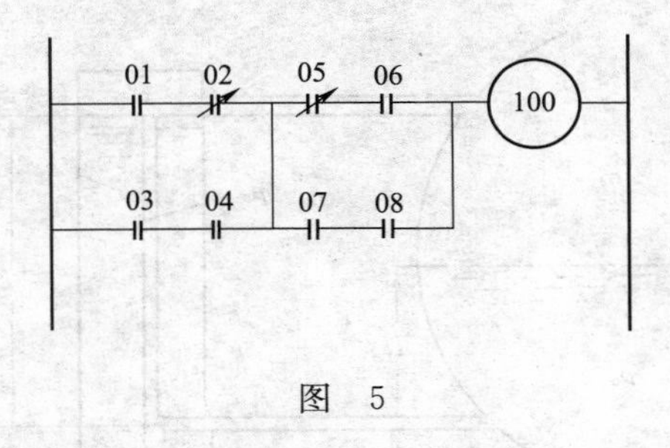

图 5

15. 如图6所示，电源的电动势 $E=6$ V，内阻 $r=1.8$ Ω，外电阻 $R_3=R_4=R_6=6$ Ω，$R_5=12$ Ω，当开关 S 与1接通时，电流表A示值为零，当 S 与2接通时电流表A示值为0.1 A，求 R_1、R_2 的值。

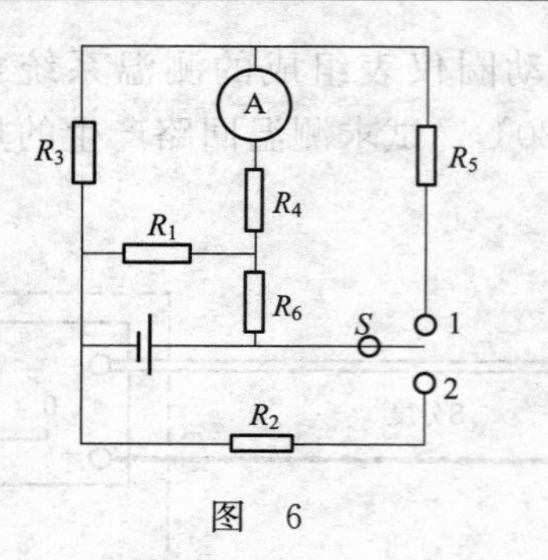

图 6

16. 如图 7 所示，已知 $R_1=100\ \Omega$，$R_2=200\ \Omega$，$R_3=300\ \Omega$，试判断此放大电路的性质，并求当输入电压 $V_i=8$ V 时，输出电压 V_0 等于多少？

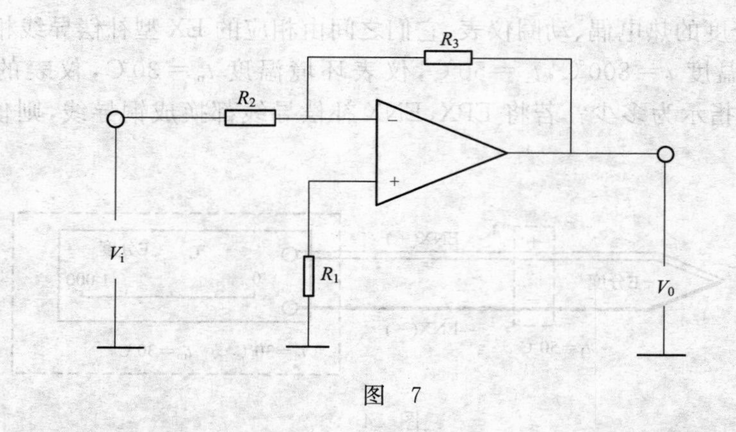

图 7

17. 某流量计的刻度上限为 320 t/h 时，差压上限为 21 kPa，当仪表指针在 80 t/h 时，相应的差压是多少？

18. 已知氧化锆测得烟温为 800℃时的氧电动势为 16.04 mV，试求：该时的烟气含氧量为多少？设参比气体含氧量 $\Psi_2=20.8$。

19. 图 8 为双室平衡容器差压式水位计测量原理图，试求出偏差水位与输出差压之间的关系式。

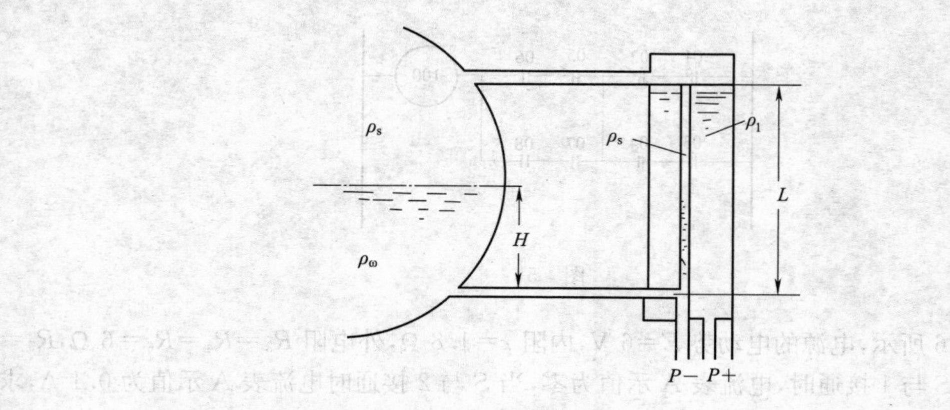

图 8

20. 如图 9 所示,已知电源电动势 $E_1=6$ V,$E_2=1$ V,电源内阻不计,电阻 $R_1=1$ Ω,$R_2=2$ Ω,$R_3=3$ Ω,试用支路电流法求各支路的电流。

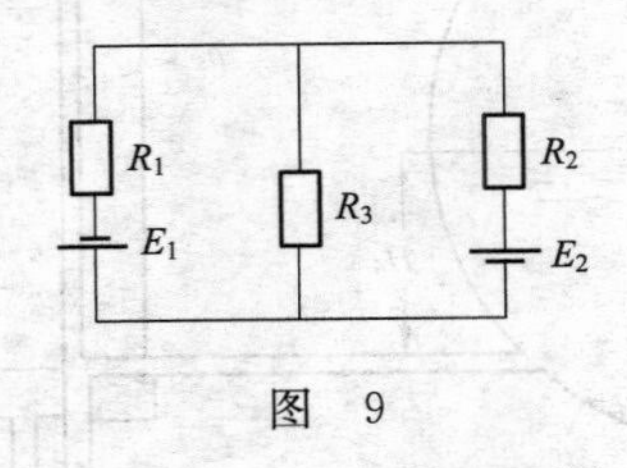

图 9

21. 如图 10 所示单电源供电的基本放大电路,各元件参数如图所示,试估算该放大器的静态工作点。

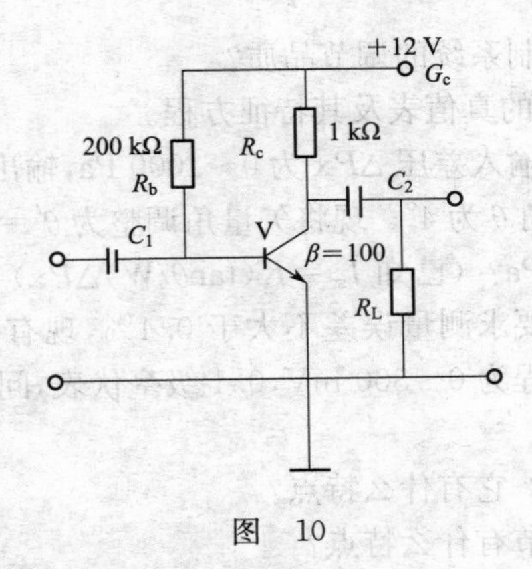

图 10

22. 如图 11 所示,一个 220 V 的回路中要临时装一个接触器,该接触器的额定电压和电流分别为 380 V 和 100 mA,若在回路中串入一个电容器就能使接触器启动。请计算该电容器的 X_C 是多大?(线圈电阻可忽略不计)

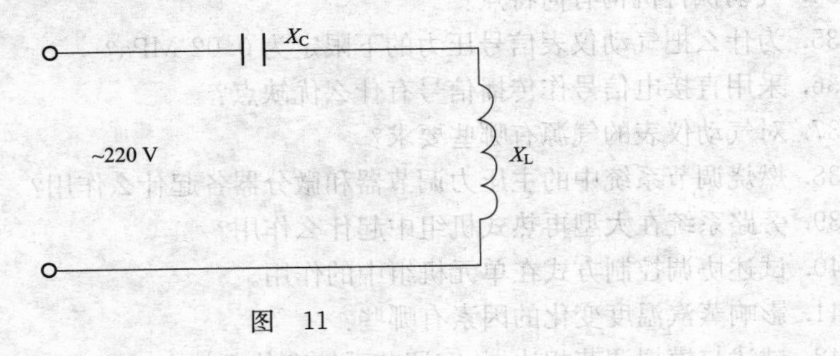

图 11

23. 已知某节流装置最大流量 100 t/h 时,产生的差压为 40 kPa。试求差压计在 10 kPa、20 kPa、30 kPa 时,分别流经节流装置的流量为多少 t/h?并分析表计的灵敏度。

24. 已知图 12 中,双室平衡容器的汽水连通管之间的跨距 $L=300$ mm,汽包水位 $H=150$ mm,饱和水密度 $\rho_\omega=680.075$ kg/m³,饱和蒸汽密度 $\rho_s=59.086$ kg/m³,正压管中冷凝水密度 $\rho_1=962.83$ kg/m³。试求此时平衡容器的输出差压为多少?

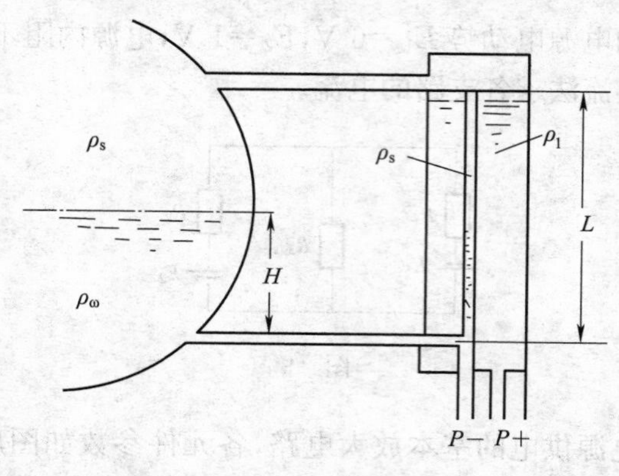

图 12

25. 怎样衡量一个自动控制系统的调节品质?

26. 试画出 D 边沿触发器的真值表及其特征方程。

27. 已知力平衡式变送器输入差压 $\Delta P\text{x}$ 为 0～2000 Pa,输出电流 I_{sc} 为 0～10 mA,其反馈动圈匝数 W 为 3600 匝,矢量角 θ 为 4°。现将矢量角调整为 $\theta'=15°$,动圈匝数改为 $W'=1200$ 匝,试求相应测量量程为多少 Pa?(已知 $I_{sc}=K(\tan\theta/W)\Delta P\text{x}$)

28. 欲测量 60 mV 电压,要求测量误差不大于 0.4%,现有两块电压表,一块量程为 0～75 mV,0.2 级毫伏表,一块量程为 0～300 mV,0.1 级毫伏表,问应选用哪一块毫伏表,并说明理由。

29. 什么叫分散控制系统? 它有什么特点?

30. 试述单元机组自动调节有什么特点?

31. 什么是可编程调节器? 它有什么特点?

32. 试简述单相异步电动机的工作原理。

33. 为什么工业自动化仪表多采用直流信号制?

34. 气动执行机构有何特点?

35. 为什么把气动仪表信号压力的下限定为 0.02 MPa?

36. 采用直接电信号作传播信号有什么优缺点?

37. 对气动仪表的气源有哪些要求?

38. 燃烧调节系统中的主压力调节器和微分器各起什么作用?

39. 旁路系统在大型再热式机组中起什么作用?

40. 试述协调控制方式在单元机组中的作用。

41. 影响蒸汽温度变化的因素有哪些?

42. 试述与模拟调节相比,数字调节系统有什么特点?

43. 采用计算机的控制系统为什么要有阀位反馈信号?

44. 比例积分调节器和比例微分调节器各有何特点?

45. 检修自动化仪表时,一般应注意哪些问题?

46. 怎样调整电信号气动长行程执行机构的零点和量程?

47. 在现场整定调节器参数时应注意哪些问题?

48. 差压变送器在测量不同介质的差压时,应注意哪些问题?

49. TFT-060/B型调节组件是如何实现双向无扰切换的?

50. 在构成调节系统时,如何让调节器参数随调节对象动态特性变化而变化?

51. 锅炉燃烧自动调节的任务有哪些?

52. MZ-Ⅲ型组装仪表的监控组件有什么作用?

53. 直流锅炉自动调节的任务有哪些?

54. 气动仪表经常出现压力脉冲干扰,应采取什么措施?

55. 如何从调节仪表角度提高调节系统的调节质量?

56. 滑差电机的电磁转差离合器发生卡涩后,会出现什么现象?应怎样处理?

工业自动化仪器仪表与装置修理工(中级工)答案

一、填 空 题

1. 气动单元标准的气压信号　2. 8　3. 最低
4. 反馈波纹管　5. 测量范围　6. 45°　7. 上半部
8. 反馈波纹管　9. 测量范围　10. 温差电势　11. 热电势
12. 用毫伏计　13. 热电效应　14. 可调比　15. 电离照射量
16. 热能　17. 能量　18. 吸收　19. X光
20. 直流氩弧焊　21. 同名极法　22. 质量　23. 两端温度
24. 误差　25. 热电势　26. 30Ω　27. 热惯性
28. 100Ω　29. 630.74～1064.43℃　30. 电势　31. 直接
32. 温差　33. 50℃　34. 恒定　35. 温度误差
36. 63.2%　37. 0.4℃　38. 正值　39. 统一
40. 4～20　41. 量程　42. 反馈回路　43. 非线性
44. 桥路　45. 1Ω　46. 直接　47. 串
48. 实际值　49. 实际值　50. 量程范围　51. 进行测量
52. 确定基本误差　53. 绝对值　54. 符号　55. 稳定程度
56. 质量　57. 固定电阻　58. 可逆电机　59. 热电势
60. 温度补偿电阻　61. 电压平衡法　62. 不平衡电桥法　63. 放大倍数
64. 放大器　65. 差值信号　66. 指示值　67. 动态特性
68. 阻尼特性　69. 系统误差　70. 测量误差　71. 实验
72. 测量结果　73. 测量值　74. 电压叠加式　75. 自由端温度
76. 自动平衡显示仪表　77. 直流　78. 2 mA　79. 资源管理器
80. 系统软件　81. 压差　82. 压差　83. 标准孔板
84. 保温防冻　85. 压力损失　86. 高度　87. 1 m^2
88. 介质常数　89. 电阻体　90. 实验室　91. 黏性力
92. 长度　93. 热力学温标　94. 低电势　95. 50 m
96. 0～6890 kPa　97. 文丘利管　98. 引用误差　99. 排污阀
100. 反应曲线法　101. 30～40℃　102. 零点调整桥路　103. −270～2800℃
104. 零　105. 积分时间　106. 体积　107. 符号
108. 液晶显示器　109. 绝缘电阻　110. 电动势　111. 20～45 W
112. 纯铜　113. 给定　114. 控制量　115. 运算

116. 11 d　117. 接触电势　118. 热电势　119. 加热
120. 足够的火花能量　121. 热电效应　122. 软件　123. 1.3925
124. 对焊　125. 双极法　126. 均匀性　127. 10Ω
128. 温度　129. 3/4　130. 紊　131. 事故处理
132. 中间导体　133. 滞后时间　134. 随机　135. 压力
136. 节流件　137. 负压侧阀门或导压管泄露　138. 随机误差
139. 24 mm　140. 截面比 β　141. 直管段　142. 量值
143. 连续地　144. 蒸汽　145. 大流量　146. 20℃
147. 量程范围　148. 安装高度　149. 压力　150. 时间常数
151. 横截面　152. 惯性力　153. 反应曲线法　154. 流速
155. 集电　156. 最低　157. 8　158. 设计压差
159. 超前调节　160. 气体　161. 空气　162. 零点
163. 存水　164. 水位　165. 坡度　166. 安全经济
167. 三冲量　168. 计算机　169. 电钻　170. 静压
171. 偏低　172. 20%　173. 执行机构　174. 理想可调比
175. 泄露量

二、单项选择题

1. A　2. D　3. C　4. B　5. A　6. B　7. C　8. D　9. D
10. C　11. A　12. B　13. B　14. B　15. D　16. B　17. B　18. A
19. A　20. A　21. B　22. A　23. D　24. A　25. A　26. C　27. C
28. A　29. C　30. C　31. D　32. B　33. B　34. C　35. D　36. B
37. C　38. B　39. D　40. C　41. A　42. C　43. C　44. B　45. B
46. A　47. A　48. B　49. B　50. B　51. B　52. C　53. C　54. A
55. D　56. B　57. A　58. D　59. C　60. A　61. B　62. D　63. D
64. D　65. C　66. B　67. D　68. C　69. A　70. C　71. D　72. C
73. B　74. C　75. D　76. C　77. A　78. D　79. A　80. B　81. D
82. B　83. C　84. C　85. C　86. A　87. B　88. C　89. C　90. A
91. A　92. A　93. D　94. B　95. B　96. B　97. D　98. A　99. B
100. A　101. C　102. C　103. C　104. B　105. A　106. D　107. C　108. A
109. A　110. A　111. D　112. B　113. A　114. C　115. C　116. B　117. C
118. A　119. B　120. D　121. A　122. C　123. C　124. B　125. D　126. C
127. B　128. C　129. C　130. D　131. D　132. D　133. B　134. A　135. A
136. B　137. D　138. A　139. C　140. A　141. B　142. B　143. A　144. C
145. D　146. D　147. B　148. C　149. B　150. D　151. B　152. A　153. B
154. C　155. B　156. D　157. C　158. C　159. C　160. B　161. A　162. A
163. D　164. C　165. A　166. A　167. B　168. D　169. D　170. D　171. C
172. A　173. D　174. B　175. B

三、多项选择题

1. ABC 2. ABCD 3. ABC 4. AB 5. ABCD 6. BCD 7. AC
8. ABCD 9. ABCD 10. ABCD 11. ABCD 12. ABC 13. AC 14. AB
15. AB 16. ABCD 17. AB 18. AB 19. AB 20. BC 21. AB
22. AC 23. ABC 24. BC 25. ABC 26. ABC 27. ABCD 28. ABC
29. ABC 30. ABCD 31. ABCD 32. ABCD 33. ABCD 34. ABCD 35. ABCD
36. ABCD 37. ABC 38. ABD 39. ABC 40. ABC 41. ABC 42. BD
43. BD 44. AD 45. ABC 46. BC 47. ACD 48. AB 49. ABC
50. ABC 51. ABCD 52. AB 53. ABCD 54. ABCD 55. AD 56. ABC
57. ABCD 58. ABC 59. ABC 60. AD 61. ACD 62. AD 63. ABCD
64. AB 65. ABCD 66. ABC 67. BD 68. ABD 69. ABCD 70. ABCD
71. BC 72. AD 73. AD 74. ABC 75. ACD 76. ABD 77. AC
78. BD 79. AB 80. BC 81. AD 82. AC 83. AB 84. ABCD
85. ABCD 86. ABCD 87. ABD 88. ABC 89. ACD 90. ABCD 91. AC
92. ABC 93. ABC 94. ABCD 95. ABCD 96. ABCD 97. ABCD 98. BD
99. AB 100. CD 101. ABC 102. ABCD 103. AD 104. AD 105. AC
106. AD 107. ABC 108. ABCD 109. ABD 110. ABCD 111. BD 112. AB
113. ABC 114. ABC 115. ABC 116. AC 117. ABC 118. ABC 119. BC
120. ABC 121. BCD 122. ACD 123. BC 124. ABCD 125. BCD 126. ABD
127. ACD 128. ABC 129. ABCD 130. ABC 131. ABCD 132. ABCD 133. AB
134. ABCD 135. ABC 136. ABC 137. ABC 138. ABC 139. AB 140. ABD
141. ABC 142. ACD 143. ABCD 144. ABC 145. ABCD 146. ABD 147. ABD
148. ABD 149. ABD 150. ABC 151. ABCD 152. ABC 153. BCA 154. ABC
155. ABCD 156. ABC 157. ABC 158. ABD 159. ABD 160. ABC 161. ACD
162. ABC 163. ABCD 164. ABCD 165. ABD

四、判 断 题

1. × 2. √ 3. √ 4. √ 5. √ 6. × 7. √ 8. × 9. ×
10. √ 11. × 12. × 13. × 14. × 15. √ 16. × 17. √ 18. ×
19. √ 20. √ 21. √ 22. √ 23. × 24. √ 25. √ 26. √ 27. √
28. × 29. √ 30. × 31. × 32. × 33. √ 34. × 35. √ 36. √
37. √ 38. √ 39. √ 40. × 41. √ 42. × 43. √ 44. √ 45. ×
46. √ 47. √ 48. √ 49. × 50. × 51. × 52. √ 53. √ 54. ×
55. × 56. √ 57. × 58. × 59. × 60. √ 61. √ 62. × 63. √
64. √ 65. × 66. × 67. × 68. √ 69. √ 70. √ 71. √ 72. √
73. √ 74. × 75. √ 76. × 77. √ 78. √ 79. × 80. √ 81. √
82. × 83. √ 84. √ 85. √ 86. √ 87. × 88. √ 89. × 90. ×
91. × 92. × 93. × 94. × 95. √ 96. × 97. √ 98. × 99. ×

100. × 101. √ 102. √ 103. × 104. × 105. √ 106. × 107. √ 108. √
109. √ 110. × 111. × 112. × 113. √ 114. × 115. × 116. × 117. ×
118. √ 119. √ 120. × 121. × 122. × 123. × 124. × 125. × 126. √
127. × 128. √ 129. × 130. × 131. × 132. × 133. × 134. √ 135. ×
136. × 137. × 138. √ 139. √ 140. × 141. √ 142. √ 143. √ 144. √
145. √ 146. √ 147. × 148. × 149. √ 150. × 151. × 152. √ 153. √
154. √ 155. √ 156. × 157. √ 158. √ 159. × 160. × 161. √ 162. ×
163. √ 164. √ 165. √ 166. × 167. × 168. × 169. × 170. × 171. √
172. × 173. √ 174. √ 175. × 176. × 177. √ 178. √ 179. √ 180. √

五、简 答 题

1. 答:温度测量的常用元件有 4 种,它们是:热电阻、热电偶、双金属温度计、膨胀式温度计(5 分)。

2. 答:通过连续的比较链,使测量结果能够与有关的测量标准,通常是国际或国家测量标准联系起来的特性(5 分)。

3. 答:由于温度计的惰性在温度变化时产生机械惯性而带来测量误差,因此温度计的检定应慢慢升温且待温度稳定后读数(2 分)。

当温度计受热后,膨胀了的温泡不能及时恢复到原来的容积,因而造成零点降低的现象,降低的现象需经过几小时甚至更长一些时间方能消除,这就是"急冷"和"缓冷"零位有较大差别的原因(3 分)。

4. 答:RC 电路的时间常数为 R 与 C 的乘积(2 分)。时间常数越大,响应就越慢,反之则越快(3 分)。

5. 答:三要素为:强制分量、初始值和时间常数(5 分)。

6. 答:运算放大器是一种具有高放大倍数,并带有深度负反馈的直接耦合放大器,通过由线性或非线性元件组成的输入网络或反馈网络,可以对输入信号进行多种数字处理(5 分)。

7. 答:双稳态电路有两个特点:①该电路有两个稳定状态(2 分);②只有在外加触发信号作用时,电路才能从一个稳态状态转到另一个稳态状态(3 分)。

8. 答:①并联条件:相序相同、变比相同、接线组别相同、短路阻抗相等(2 分)。②若前 3 者不满足会在并联运行的变压器间产生巨大的环流烧毁变压器;若第 4 点不相同会造成运行时变压器间负荷分配不均,影响变压器并联(3 分)。

9. 答:一个线圈中的电流变化,致使另一个线圈产生感应电势的现象称作互感现象(2 分)。互感电势的大小和方向分别遵守法拉第电磁感应定律和楞次定律(3 分)。

10. 答:机械位移量测量仪表根据其工作原理的不同可分为以下 4 种方式:机械式、液压式、电感式和电涡流式(5 分)。

11. 答:协调控制是单元机组负荷控制的一种比较好的方案,它利用汽轮机和锅炉协调动作来完成机组功率控制任务,是一种以前馈-反馈控制为基础的控制方式(5 分)。

12. 答:汽轮机保护项目主要有凝汽器真空低保护、润滑油压低保护、超速保护、转子轴向位移保护、高压加热器水位保护(5 分)。

13. 答:程序控制系统由开关信号、输入回路、程序控制器、输出回路和执行机构等部分组成(5 分)。

14. 答:程序控制装置根据工作原理可分为基本逻辑型、时间程序型、步进型、计算型。按功能可分为固定接线型、通用型和可编程序型(5 分)。

15. 答:热电偶在接点温度为 t,t_0 时的热电势等于该热电偶在接点温度分别为 t,t_n 和 t_n,t_0 时相应的热电势的代数和(2 分),即:

$$EAB(t,t_0)=EAB(t,t_n)+EAB(t_n,t_0)\text{(3 分)}$$

16. 答:扩散硅压力变送器是基于扩散硅半导体压阻片的电阻变化率与被测压力成正比的原理工作的(3 分)。扩散硅压力变送器的特点是测压精度高、变送器体积小、变送器动态性能好(2 分)。

17. 答:如要求任意热电极 A、B 的热电动势,可在 A、B 两热电极之间接入 C 热电极,利用 A、C 热电极的热电动势和 B、C 热电极的热电动势相减即可得到热电极 A、B 的热电动势(2 分),即

$$EAB(t,t_0)=EAC(t,t_0)-EBC(t,t_0)\text{(3 分)}$$

18. 答:锅炉汽包中,由于炉水含盐量大,其电阻率很大,相当于导电状态;而饱和蒸汽的电阻率很小,相当于开路状态(2 分);于是相应于水侧的电触点导通而显示器“亮”,相应于汽侧的电能点,因“开路”而显示器“灭”,利用显示器点“亮”的灯数就可模拟汽包中水位的高度,这就是电能点水位计的工作原理(3 分)。

19. 答:超声波流量计主要由换能器和转换器组成,换能器和转换器之间由信号电缆和接线盒连接,夹装式换能器需配用安装夹具和藕合剂(3 分)。超声波流量计利用超声波测量流体的流速来测量流量(2 分)。

20. 答:汽包锅炉燃烧自动调节的任务是:①维持汽压恒定(1 分);②保证燃烧过程的经济性(2 分);③调节引风量,使之与送风量相适应,以维持炉膛负压在允许范围内变化(2 分)。

21. 答:因为当用热电偶测量温度时,总希望冷端温度恒定不变,但这在工业生产中是难以做到的(2 分)。因此,就要求变送器的输入回路具有“冷端温度补偿器”的功能。这就是说,当热电偶的输出随冷端温度的变化而变化时,桥路的输出也应随着变化,并且应使两者的变化量大小相等,方向相反(2 分)。这样,就可以自动补偿因冷端温度变化所引起的测量误差(1 分)。

22. 答:在生产或工作岗位从事各种劳动的职工围绕企业方针目标和现场存在的问题,以改进质量、降低消耗、提高经济效益和人的素质为目的而组织起来,并运用质量管理的理论和方法开展活动的小组,叫质量管理小组,简称为 QC 小组(5 分)。

23. 答:电动压力变送器检定项目有:外观;密封性;基本误差;回程误差;静压影响;输出开路影响;输出交流分量;绝缘电阻;绝缘强度(5 分)。

24. 答:要求焊点光滑、无夹渣、无裂纹,焊点直径不大于热电极直径的 2 倍(5 分)。

25. 答:①检查一、二次门,管路及接头处应连接正确牢固;二次门、排污门应关闭,接头锁母不渗漏,盘根填加适量,操作手轮和紧固螺丝与垫圈齐全完好(3 分);②压力表及固定卡子应牢固(1 分);③电触点压力表应检查和调整信号装置部分(1 分)。

26. 答:①物理性质稳定,在测温范围内,热电特性不随时间变化(1 分);②化学性质稳定,不易被氧化或腐蚀(1 分);③组成的热电偶产生的热电势率大,热电势与被测温度成线性或近似线性关系(1 分);④电阻温度系数小(1 分);⑤复制性好(1 分)。

27. 答:氧化锆氧量计是利用氧化锆固体电解质作传感器,在氧化锆固体电解质两侧附上多孔的金属铂电极,在高温下当其两侧气体中的氧浓度不同时即产生氧浓差电势,当温度一定时,仅跟两侧气体中的氧气含量有关,通过测量氧浓差电势,即可测得氧气含量比,只要一侧氧气含量固定,就可求得另一侧氧气含量(5分)。

28. 答:压力(差压)变送器的检定点应包括上、下限值(或其附近10%输入量程以内)在内不少于5个点,检定点应基本均匀地分布在整个测量范围上(2分)。对于输入量程可调的变送器,使用中和修理后的,可只进行常用量程或送检者指定量程的检定,而新制造的则必须将输入量程调到规定的最小、最大分别进行检定,检定前允许进行必要的调整(3分)。

29. 答:双极比较法是将标准热电偶和被检热电偶捆扎在一起,将测量端置于检定炉内均匀的高温区域中,用电测装置分别测出标准热电偶和被检热电偶的热电势,以确定被检热电偶的误差(5分)。

30. 答:影响热电偶稳定性的主要因素有:①热电极在使用中氧化,特别是某些元素在使用中选择性的氧化和挥发(2分);②热电极受外力作用引起形变所产生的形变应力(1分);③热电极在高温下晶粒长大(1分);④热电极的沾污和腐蚀(1分)。

31. 答:流体流过节流件时,流速增大,压力减小,温度降低,比容增加(2分),所以当流体流过节流件时,在节流件前后产生压力差,且此压力差与流量有一定的函数关系,测出节流件前后的压力差即能测得流量值,差压式流量计就是采用这原理测量流量的(3分)。

32. 答:将探头升温到700℃,稳定2.5 h,从探头试验气口和参比气口分别通入流量为15 L/h的新鲜空气,用数字电压表测量探头的输出电势,待稳定后读数,即为探头的本底电动势,不应大于±5 mV(5分)。

33. 答:"两票"是指:①操作票(1分);②工作票(1分)。"三制"是指:①设备定期巡回检测制(1分);②交接班制(1分);③冗余设备定期切换制(1分)。

34. 答:QC小组活动的主要步骤包括选择课题、调查现状、设定目标值、分析原因、制定对策、实施对策、检查效果、巩固措施和下步计划等(5分)。

35. 答:在工作中遇到哪些情况应重新签发工作票,并重新进行许可工作的审查程序:①部分检修的设备将加入运行时(2分)。②值班人员发现检修人员严重违反安全工作规程或工作票内所填写的安全措施,制止检修人员工作并将工作票收回时(2分)。③必须改变检修与运行设备的隔断方式或改变工作条件时(1分)。

36. 答:每个气动仪表单位时间内所消耗的工作气体的量,叫做该气动仪表的耗气量,常用的单位为L/h(5分)。

37. 答:流体通过调节阀时,其流向对阀芯的作用有两种:一种是使阀门有开启的趋势,该类结构的阀芯叫流开式阀芯;另一种是使阀门有关闭的趋势,该类结构的阀芯叫流闭式阀芯(5分)。

38. 答:锅炉产生的新蒸汽和再热蒸汽因故不需要通过汽轮朵便可直接进入凝汽器的一种特殊管道,称为旁路(3分)。旁路可通过的蒸汽流量为额定流量的30%,称为30%旁路(2分)。

39. 答:积分分离是可编程调节器的一种特殊算法,即系统出现大偏差时(用逻辑判断),积分不起作用,只有比例及微分作用,而系统偏差较小时(被调量接近给定值),积分起作用(3分)。采用积分分离,可以在大偏离情况下迅速消除偏差,避免系统超调,同时可以缩短过渡过程时间，改善调节质量(2分)。

40. 答:TF-900型组装仪表按其功能可分为转换、调节、计算、控制、给定、显示、操作、电源、辅助9大类组件，共108个品种(5分)。

41. 答:冗余就是重复的意思。在计算机术语中，冗余是为减少计算机系统或通信系统的故障概率，而对电路或信息的有意重复或部分重复(1分)。

冗余校验是通过数位组合是否非法来实现校验的，用称作校验位的冗余位检测计算机所造成的错误。具体做法是，由输入数据的冗余码计算出输出数据的冗余码，然后与结果的冗余码进行比较，判断是否一致。这种冗余码在加法器电路采用偶数时选择奇数。冗余校验一般用于运算电路中(4分)。

42. 答:在锅炉燃烧的启动、停止和运行的任何阶段防止锅炉的任何部位积聚爆炸性的燃料和空气的混合物，防止损坏蒸汽发生器或燃烧系统设备，同时连续监视一系列参数，并能对异常工况作出快速反应(4分)。这是发电厂设备启动、运行和停机操作的基础(1分)。

43. 答:①对全班施工人员经常进行“质量第一”的思想教育(1分)；②组织全班学习施工图纸、设备说明、质量标准、工艺规程、质量检评办法等(0.5分)；③组织工人练习基本功(0.5分)；④核对图纸、检查材料和设备的质量情况及合格证(0.5分)；⑤坚持正确的施工程序，保持文明清洁的施工环境(0.5分)；⑥组织自检、互检、发挥班组质量管理员的作用，及时、认真地填写施工及验收技术记录(1分)；⑦针对施工中的薄弱环节，制定质量升级计划，明确提高质量的奋斗目标(0.5分)；⑧建立健全QC小组，实现“全员参加质量管理”(0.5分)。

44. 答:控制技术(CONTROL)(1分)、计算技术(COMPUTER)(1分)、通信技术(COMMUNICATION)(1分)、图像显示技术(CRT)(2分)。

45. 答:DCS最常用的网络结构有星形、总线形、环形(2分)。为了提高其工作可靠性常采用冗余比结构，其结构方式主要包括多重化组成的自动备用方式和后备手操方式(3分)。

46. 答:常用调节阀门静态特性有4种:①直线特性(1分)；②等百分比特性(1分)；③抛物线特性(1分)；④快开特性(2分)。

47. 答:在下列情况下:①凝汽器压力高(1分)；②凝汽器温度高(1分)；③喷水压力低(1分)；④主燃料跳闸。低压旁路隔离阀快速关闭，以保护凝汽器(2分)。

48. 答:ε是指在单位阶跃扰动作用下，被测量的最大变化速度(5分)。

49. 答:对象的时间常数T，是表示扰动后被测量完成其变化过程所需时间的一个重要参数，即表示对象惯性的一个参数(3分)。T越大，表明对象的惯性越大(2分)。

50. 答:比例作用的优点是动作快(1分)。它的输出无迟延地反映输入的变化，是最基本的控制作用(2分)。缺点是调节结束后被控量有静态偏差(2分)。

51. 答:有4种:0型调节、1型调节、2型调节及3型调节(5分)。

52. 答:桥路的主要作用有:①实现热电偶冷端温度自动补偿(2分)；②零点迁移(1分)；③热电偶断线报警(1分)；④实现仪表自检(1分)。

53. 答:采取比例跟踪调节方式(1分)。当低压旁路阀开启后，喷水阀将按设定的比例系数进行跟踪，在线路设计上考虑了比例系数的压力和温度校正(2分)。当低压旁路阀出口蒸汽压力与温度上升时，比例系数将按一定规律增大，增加喷水阀的喷水量，保持低压旁路蒸汽阀出口蒸汽温度为较低值(2分)。

54. 答:①手动操作误差试验(1分)。②电动调节器的闭环跟踪误差调校；气动调节器的控制点偏差调校(2分)。③比例带、积分时间、微分时间刻度误差试验(1分)。④当有附加机构时,应进行附加机构的动作误差调校(1分)。

55. 答:①调整锅炉燃烧,降低火焰中心位置(2分)。②在允许范围内减少过剩空气量(2分)。③适当降低锅炉蒸发量(1分)。

56. 答:串级调节系统有两个调节器,必须解决两个调节器的自动跟踪问题。一般讲,副调节器与执行机构是直接相关的,副调节器必须跟踪执行机构的位置(或称阀位信号),在先投入副调节回路时才不会产生扰动(3分)。

副调节器的给定值为主调节器的输出,它与中间被调参数平衡时就不会使副调节器动作,因此主调节器的输出应跟踪使副调节器入口随时处于平衡状态的信号(1分)。例如串级汽温调节系统,主调节器可跟踪减温器后的蒸汽温度,副调节器可跟踪减温调节门开度(1分)。

57. 答:过热蒸汽温度调节的任务是维持过热器出口汽温在允许范围内,使过热器管壁温度不超过允许的工作温度,并给汽轮机提供合格的过热蒸汽,保证主设备安全经济运行(5分)。

58. 答:汽包锅炉燃烧自动调节的任务是:①维持汽压恒定(1分);②保证燃烧过程的经济性(1分);③调节引风量,使之与送风量相适应,以维持炉膛负压在允许范围内变化(3分)。

59. 答:积分作用的特点是,只要有偏差,输出就会随时间不断增加,执行器就会不停地动作,直到消除偏差,因而积分作用能消除静差(2分)。

单纯的积分作用容易造成调节动作过头而使调节过程反复振荡,甚至发散,因此工业生产中很少采用纯积分作用调节器,只有在调节对象动态特性较好的情况下,才有可能采用纯积分调节器(3分)。

60. 答:锅炉水位全程调节,就是指锅炉从上水、再循环、升压、带负荷、正常运行及停止的全过程都采用自动调节(5分)。

61. 答:温度自动调节系统在投入前应做过热蒸汽温度动态特性试验、再热蒸汽温度动态特性试验和减温水调节门的特性试验(5分)。

62. 答:一种结构形式是,将主控系统的各功能元件组成一个独立的控制系统,而机组的其他控制系统和一般常规系统类似,它们可接受来自主控系统的指令(2分);另一种结构形式是,将主控系统的各功能元件分别设置在汽机和锅炉的控制系统之中,在形式上没有独立的主控系统(3分)。

63. 答:根据可编程调节器的特点,它常用于以下场合和对象:①控制和运算较多的复杂控制系统(1分);②电动单元组合仪表和组装式仪表不能胜任的系统(2分);③采用老设备的控制系统的改造(1分);④准备向分散控制系统过渡的工程(1分)。

64. 答:报警滞后是指消除报警所需的滞后(1分)。滞后量是用全量程的百分数来设定的(数据范围为0.0%~100.0%)(2分)。如温度测量系统全量程为0℃~100℃,报警设定值为70℃,报警滞后取10%,则温度由70℃降至60℃时应消除报警(2分)。

65. 答:使用备用手动单元一般应注意下面两点:①备用手动单元与调节器的电源最好分开,并装设专用的熔断器(2分);②调节器在带电的情况下插拔备用手动单元时,必须切断备用手动单元的电源(3分)。

66. 答:①首先将调节器的手动/自动切换开关置于手动位置,再将调节器插入输入插座,此时手操器的输出应保持不变(1分)。②转动调节器本身的手动旋钮,使调节器输出与手操器输出一致,即进行对位操作(2分)。③将手操器手动/自动开关置于自动,此时手操器的输出由调节器上的手操代替,DFC-2200操作器便可以拆下(2分)。

67. 答:压力、流量等被调参数,其对象调节通道的时间常数T0较小,稍有干扰,参数变化就较快,如果采用微分规律,容易引起仪表和系统的振荡,对调节质量影响较大(2分)。如果T很小,采用负微分可以收到较好的效果(1分)。

温度、成分等被调参数,其测量通道和调节通道的时间常数都较大,即使有一点干扰,参数变化也缓慢,因此可以采用微分规律(1分)。采用微分和超前作用,可以克服被调参数的惯性,改善调节质量(1分)。

68. 答:一般应具备以下条件方可投入工作:①锅炉运行正常,达到向汽轮机送汽条件,汽轮机负荷最好在50%以上(1分)。②主给水管路为正常运行状态(1分)。③汽包水位表、蒸汽流量表及给水流量表运行正常,指示准确,记录清晰(1分)。④汽包水位信号及保护装置投入运行(1分)。⑤汽包水位调节系统的设备正常、参数设置正确(1分)。

69. 答:消除积分饱和最好的办法,是将调节器由自动切换到手动(1分)。此时,手操电流加到积分电容上,使调节器的输出跟踪手操电流,很快消除积分饱和(1分)。经常把调节器由自动切换到手动也是不好的,对调节系统会造成干扰(1分)。此时,可采取一些抗积分饱和的措施,或采用带有抗积分饱和功能的调节器(2分)。

70. 答:这是因为,检测铝片与检测线圈的距离调得太小,以致高频振荡器已工作在特性曲线上工作区的边缘(2分)。当输入信号突然增大时,检测铝片骤然贴在检测线圈上,因此高频振荡器停振,变送器输出为零,通过反馈线圈的电流为零,反馈力消失,检测铝片一直贴在检测线圈上(2分)。所以,在调整时一定要注意检测铝片与检测线圈的初始距离(1分)。

71. 答:调节组件是构成调节系统的核心部件(1分),它除具有常规的P、PI、PID连续调节功能外(2分),还具有抗积分饱和、引入前馈信号和参数控制信号等附加功能(2分)。

72. 答:一般情况下温度信号变化都比较缓慢,在现场的主要干扰是开关、电机启动等脉冲干扰,这种干扰不是很频繁,所以可采用中值滤波方法(5分)。

73. 答:屏蔽层应一端接地,另一端浮空,接地处可设在电子装置处或检测元件处,视具体抗干扰效果而定(1分)。若两侧均接地,屏蔽层与大地形成回路,共模干扰信号将经导线与屏蔽层间的分布电容进入电子设备,引进干扰(2分);而一端接地,仅与一侧保持同电位,而屏蔽层与大地间构成回路,就无干扰信号进入电子设备,从而避免大地共模干扰电压的侵入(2分)。

74. 答:①调节系统工作不稳定,主汽压力偏离给定值,其偏差大于±0.3 MPa(2分)。②汽机调速系统调节机构发生故障(1分)。③锅炉或汽机运行不正常(1分)。④保护和连锁装置退出运行(1分)。

75. 答:①检查放大器至电机内的连线,若其中一条断路即造成此现象出现(2分)。②输入信号极性改变时,两触发极应有交替的脉冲出现(1分)。如果一边无脉冲,原因有:a. 晶体三极管击穿(1分);b. 单位结晶体管BT31F断路或击穿,此时无脉冲,一边晶闸管不会导通(1分)。

六、论 述 题

1. 答:解:1 $mmH_2O=\rho_{H_2O}gH=1.0\times10^3\times9.806\ 65\times10^{-3}$ Pa=9.807 Pa(5 分)

1 mm Hg=13.595 1 mmH_2O=13.595 1×9.806 65 Pa=133.3 Pa(5 分)

2. 答:解:因为 1 Pa 定义为 1 kgf 垂直且均匀地作用在 1 m^2 的面积上所产生的压力(3 分)。

因为 1 kgf=9.806 65 N(2 分)

$$1\ kgf/cm^2=9.806\ 65\times104\ N/m^2=0.980\ 665\times105\ Pa(2\ 分)$$

得 1 Pa=$1.019\ 716\times10^{-5}\ kgf/cm^2$(3 分)

3. 答:解:平均值 X=(2 997+2 996+2 995+2 996+2 997+2 996+2 997+3 012+2 994+2 995+2 996+2 997)/12=2 997.3(2 分)

标准差 $S=\sqrt{(0.3^2+1.3^2+2.3^2+1.3^2+0.3^2+1.3^2+0.3^2+14.7^2+3.3^2+2.3^2+0.3^2)/11}$ =4.716(2 分)

按三被标准差计算 3×4.716=14.15,12 个数据中残差最大值为:

$$3\ 012-2\ 997.3=14.7>14.15(2\ 分)$$

故 3 012 作为坏值应予以剔除,剔除后的平均值

X=(2 997+2 996+2 995+2 996+2 997+2 996+2 997+2 994+2 995+2 996+2 997)/11=2 996(2 分)

$S=\sqrt{(0.3^2+1.3^2+2.3^2+1.3^2+0.3^2+1.3^2+0.3^2+14.7^2+3.3^2+2.3^2+0.3^2)/11}$ =1.0(2 分)

答:略。

4. 答:解:改量程前的误差范围为±6×0.025×0.098 066=±0.014 MPa(2 分)

刻度单位由 kfg/cm^2 改为×0.1 MPa 后,因为 1 kgf/cm^2=0.098 066 MPa(2 分)。

其压力值为 0.098 066×6×(1±0.025)=0.588 4±0.014 7 MPa(2 分)。

即 0.573 7~0.603 1 MPa(1 分)。

则该表示值误差为−0.003 1~0.026 3 MPa(1 分)。

相对引用误差为−0.003 10.6~0.026 30.6(1 分)。

即−0.5%~4.4%(1 分)。

答:误差范围为−0.5%~4.4%。

5. 答:解:该表的允许基本误差的绝对值应为:

$$[0.25-(-0.1)]\times\frac{1}{100}=0.003\ 5(MPa)(5\ 分)$$

答:绝对值为 0.003 5 MPa(5 分)。

6. 答:解:查分度表有:$E_k(35,0)$=1.407 mV(3 分),

由中间温度定律得

$$E(t,0)=E(t,35)+E(35,0)=17.537+1.407=18.944\ mV(3\ 分)$$

反查 K 分度表得 t=460.0℃,即为所求温度(4 分)。

答:略。

7. 答：解：设测量上限 TX＝90℃，测量下限为 TS，量程为(L)，最大绝对误差 ΔT＝±1℃
则(TX－TS)×1.0%＝ΔT(4 分)
得(90－TS)×0.01＝1，TS＝－10(℃)(2 分)
量程 L＝Tx－Ts＝90－(－10)＝100(℃)(2 分)
答：该表的测量下限为－10℃，量程为 100℃(2 分)。

8. 答：解：$E_{AB}(T,T_0)=\sum e=E_{AB}(T)-E_{AB}(T_0)-[E_A(T,T0)-E_B(T,T_0)]$(6 分)
$=f_{AB}(T)-f_{AB}(T_0)$(4 分)
答：略(5 分)。

9. 答：证明：热电偶参考电极定律：任意热电极 A、B 的热电动势，等于 A、C 热电极的热电动势减去 B、C 热电极的热电动势(3 分)。即：

$$E_{AB}(T,T_0)=E_{AC}(T,T_0)-E_{BC}(T,T_0)\text{(3 分)}$$

由图示可得：

$$E_{AB}(T,T_0)=E_{AC}(T,T_0)+E_{CB}(T,T_0)=E_{AC}(T,T_0)-E_{BC}(T,T_0)\text{(4 分)}$$

由此得证

10. 答：解：测量回路产生的热电动势＝$E_S(1000,30)$＝9.587－0.173＝9.414 mV(4 分)
为使仪表直接指示出被测温度应预先将仪表的机械零位调至 30℃(4 分)。
答：热电动势为 9.414 mV(2 分)。

11. 答：解：①仪表的指示值为 800℃(3 分)；②若将 EPX，ENX 补偿导线都换成铜导线，热电偶的冷端便移到了 t_1＝50℃处，故指示出温度 t 的热电动势为(3 分)：
$E_E(t,0)=E_E(800,50)+E_E(30,0)=61.022-3.047+1.801=59.776$(mV)(3 分)
得此时仪表指示为 t＝784.1℃(1 分)
答：略(5 分)。

12. 答：解：由公式 $R_T=A\cdot e^{\frac{B}{T}}$，得方程式(1 分)

$$\begin{cases}21.20=A\cdot e^{\frac{B}{50+273.15}}\text{(1 分)}\\0.578\,5=A\cdot e^{\frac{B}{200+273.15}}\text{(1 分)}\end{cases}$$

解得 A＝0.001 53，B＝3 081.9(2 分)
设 R_T＝2.769Ω 时的相应温度为 T，则：

$$2.769=0.001\,53\cdot e^{\frac{3\,081.9}{T+273.15}}\text{(3 分)}$$

解得 T＝137.7℃(1 分)
答：相应温度为 137.7℃(1 分)。

13. 答：解：当被测压力较稳定时，一般被测压力值处于压力表测量上限值的 2/3 处即可(2 分)，所以压力表的测量上限应为：

$$16\times2/3=24\text{ MPa(2 分)}$$

根据压力表的产品系列，可选用 0～25 MPa 的弹簧管式一般压力表(1 分)。被测压力 14 MPa 的绝对误差为±(14×0.02)＝±0.28 MPa(1 分)。而压力表的允许绝对误差＝±25×a% MPa(1 分)，因此，只要 25×a% MPa＜0.28，即可求出所需准确度等级(1 分)。求得 a＜1.12(级)(1 分)

答：可以选用准确度为 1 级的弹簧管式一般压力表(1 分)。

14. 答:对应的逻辑图如图 1 所示。

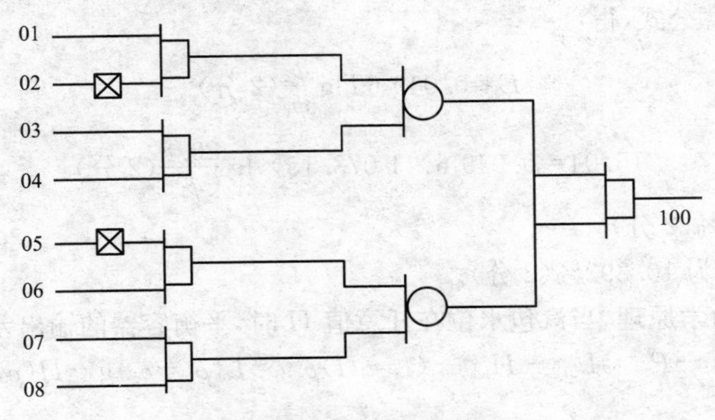

图 1 逻辑图(10 分)

15. 答:解:①S 合向 1 时

流过电流表的电流为 0

$$\frac{R_3}{R_1}=\frac{R_5}{R_6}$$

$$R_1=\frac{R_3R_6}{R_5}=\frac{6\times 6}{12}=3\ \Omega(4\ 分)$$

(2)S 合向 2 时

$$U_{AB}=(R_3+R_4)\times I_{34}=(6+6)\times 0.1=1.2\ V$$

$$I_1=\frac{U_{AB}}{R_1}=\frac{1.2}{3}=0.4\ A$$

$$I_6=I_1+I_{34}=0.1+0.4=0.5\ A$$

$$U_{AC}=U_{AB}+I_6R_6=1.2+0.5\times 6=4.2\ V$$

$$I=\frac{E-U_{AC}}{r}=\frac{6-4.2}{1.8}=1\ A$$

$$I_2=I-I_6=1-0.5=0.5\ A$$

$$R_2=\frac{U_{AC}}{I_2}=\frac{4.2}{0.5}=8.4\ \Omega(4\ 分)$$

答:R_1 为 3Ω;R_2 为 8.4Ω(2 分)。

16. 答:解:此放大电路为反向比例运算放大器

$$V_0=-\frac{R_3}{R_2}V_i=-\frac{300}{200}\times 8=-12\ V(8\ 分)$$

答:输出电压为-12 V(2 分)。

17. 答:解:设 $q_m=320$ t/h,$\Delta P_m=21$ kPa,$q_x=80$ t/h,设所求的相应的差压为 ΔP_x(2 分),则可得公式:

$$\frac{q_x}{q_m}=\sqrt{\frac{\Delta P_x}{\Delta P_m}}(3\ 分)$$

$$\Delta P_x=\Delta P_m\cdot\left(\frac{q_x}{q_m}\right)^2=21\times\left(\frac{80}{320}\right)^2=1.31\ kPa(3\ 分)$$

答:当仪表指针在 80 t/h 时,相应的差压是 1.31 kPa(2 分)。

18. 答:解:由题意得 $T=800+273.15=1073.15$ K,设烟气含氧量为 ψ_1(2 分)。

则由能斯脱计算公式,得:

$$E=0.049\,6T\lg\frac{\psi_2}{\psi_1}(2\text{ 分})$$

$$16.04=0.049\,6\times1\,073.15\times\lg\frac{20.8}{\psi_1}(2\text{ 分})$$

得 $\psi_1=10.392\%$(2 分)

答:烟气含氧量为 10.392%(2 分)。

19. 答:解:按力学原理,当汽包水位在任意值 H 时,平衡容器的输出差压 ΔP 为(1 分):

$$\Delta P=P_+-P_-=L_{\rho 1g}-H_{\rho\omega g}-(L-H)\rho_s g=L(\rho_1-\rho_s)g-H(\rho\omega-\rho_s)g$$

(式 1)(2 分)

当汽包水位为零水位 H_0(即汽包几何中心线位置)时,输出差压为 ΔP_0

$$\Delta P_0=L(\rho_1-\rho_s)g-H_0(\rho_\omega-\rho_s)g\quad(\text{式 2})(2\text{ 分})$$

式(式 1)减去式(式 2),并令偏差水位 $\Delta H=H-H_0$,即得:

$$\Delta P=\Delta P_0-\Delta H(\rho_\omega-\rho_s)g$$

$$\Delta H=\frac{\Delta P_0-\Delta P}{(\rho_\omega-\rho_s)g}(3\text{ 分})$$

答:此即为偏差水位与输出差压之间的关系式(2 分)。

20. 答:解:设单考虑电源 E_1 时,流过 R_1 的电流为 I'_1,流过 R_2 的电流为 I'_2,流过 R_3 的电流为 I'_3

$$I'_1=\frac{E_1}{R_1+\dfrac{R_2\cdot R_3}{R_2+R_3}}=\frac{6}{1+\dfrac{2\times3}{2+3}}=\frac{30}{11}$$

$$I'_2=\frac{R_3}{R_2+R_3}\cdot 11=\frac{3}{2+3}\times\frac{30}{11}=\frac{18}{11}$$

$$I'_3=I'_1-I_2=\frac{30}{11}-\frac{18}{11}=\frac{12}{11}(3\text{ 分})$$

设单考虑电源 E_2 时,流过 R_1 的电流为 I''_1,流过 R_2 的电流为 I''_2,流过 R_3 的电流为 I''_3

则
$$I''_2=\frac{E_2}{R_2+\dfrac{R_1\cdot R_3}{R_1+R_3}}=\frac{1}{2+\dfrac{1\times3}{1+3}}=\frac{4}{11}$$

$$I''_1=\frac{R_3}{R_1+R_3}\cdot I''_2=\frac{3}{1+3}\times\frac{4}{11}=\frac{3}{11}$$

$$I''_3=I'_2-I''_1=\frac{4}{11}-\frac{3}{11}=\frac{1}{11}(3\text{ 分})$$

I'_3 与 I''_3 方向相反,应取 $I''_3=-\dfrac{1}{11}$

流过 R_1 的电流 $I_1=I'_1+I''_1=3$ A

流过 R_2 的电流 $I_2=I'_2+I''_2=2$ A

流过 R_3 的电流 $I_3=I'_3+I''_3=1$ A(2 分)

答:各支路电流分别为 3,2,1 A(2 分)。

21. 答:解:$I_{BQ}=\frac{G_C-U_{BCQ}}{R_B}=\frac{12-0.7}{200\times10^3}\approx\frac{12}{200\times10^3}=60\ \mu A$(4 分)

$I_{CQ}=\beta I_{BQ}=100\times60=6\ mA$(3 分)

$U_{CeQ}=G_C-I_{CQ}R_C=12-6\times10-3\times1000=6\ V$(3 分)

答:略(5 分)。

22. 答:解:$X_L=\frac{U_L}{I_L}=\frac{380}{100\times10^{-3}}=3.8\times10^3\ \Omega$(4 分)

$X_C=X_L-X=3.8\times10^3-2.2\times10^3=1.6\times10^3\ \Omega$

$=1.6\ k\Omega$(4 分)

答:串入电容器的容抗为 1.6 kΩ(2 分)。

23. 答:解:因为流量与节流装前后的差压成正比,即有节流公式:

$$q_x=k\sqrt{\Delta P_x}\text{(2 分)}$$

设 $q_m=100\ t/h$,$\Delta p_m=40\ kPa$(1.5 分)。则由节流公式得:

$\Delta P_x=10\ kPa$ 时,$q_{10}=100\sqrt{(10/40)}=50.0\ t/h$(1.5 分)

$\Delta P_x=20\ kPa$ 时,$q_{20}=100\sqrt{(20/40)}=70.7\ t/h$(1.5 分)

$\Delta P_x=30\ kPa$ 时,$q_{30}=100\sqrt{(30/40)}=86.6\ t/h$(1.5 分)

答:当差压 ΔP_x 按正比增加时,流量按平方根增加,故差压计面板上流量刻度是不等距分布的,其灵敏度越来越高(2 分)。

24. 答:解:按力学原理,当汽包水位在任意值 H 时,平衡容器的输出差压 ΔP 为(1 分)

$$\Delta P=P+-P-=L\rho_1 g-H\rho_\omega g-(L-H)\rho_s g=L(\rho_1-\rho_s)g-H(\rho_\omega-\rho_s)g\text{(3 分)}$$

由此可得,平衡容器的输出差压为:

$\Delta P=0.3\times(962.83-59.086)\times9.806\ 6-0.15\times(680.075-59.806)\times9.806\ 6=1\ 745\ Pa$(4 分)

答:输出差压为 1745 Pa(2 分)。

25. 答:衡量一个自动控制系统调节品质也就是衡量自动系统的好坏(1 分)。一个自动系统好的主要标志:(1)它能按着人们的愿望始终控制在满意的状况,即控制到给定值位置上(1 分)。(2)当自动系统发生干扰时,系统本身能够很快地恢复到满意的控制上(1 分)。具体地说:1. 始终消除偏差(1 分)。2. 消除偏差快(1 分)。3. 一旦有干扰系统能较快恢复到稳定状态(2 分)。从自动控制术语讲,自动控制系统动态过程中,偏差要小,要有正确的衰减比,过渡时间要短,要想做到这一条除了系统的正确设定可靠以外,通常要做干扰试验选择正确的比例带、积分时间、微分时间(4 分)。

26. 答:解:真值表见表 1(5 分)。

表 1　D 边沿触发器真值表

D	Q^n	Q^{n+1}	D	Q^n	Q^{n+1}
0	0	0	1	0	1
0	1	0	1	1	1

(8 分)

特征方程为:$Q^n+1=D$(2 分)

答：略。

27. 答：解：设调整后的测量量程为 $\Delta P'_x$，(3 分)

由公式 $I_{sc}=K(\tan\theta/W)\Delta P_x$，当 I_{sc} 固定不变时，

得 $K(\tan\theta/W)\Delta P_x=K(\tan\theta'/W')\Delta P'_x$，(3 分)

$$\Delta P'_x=(\tan\theta/\tan\theta')(W/W')\Delta P_x=(\tan4/\tan15)\times(1\ 200/3\ 600)\times2\ 000$$

$$=174\ \text{Pa}(3\ 分)。$$

答：现在的测量量程为 174 Pa(1 分)。

28. 答：解：量程为 0～75 mV，0.2 级毫伏表的允许误差：

$$\Delta1=75\times0.2\%=0.15\ \text{mV}(3\ 分)$$

量程为 0～300 mV，0.1 级毫伏表的允许误差：

$$\Delta2=300\times0.1\%=0.3\ \text{mV}(3\ 分)$$

而根据题意测量 60 mV 电压的误差要求不大于：

$$\Delta=60\times0.4\%=0.24\ \text{mV}(3\ 分)$$

答：应选用 75 mV，0.2 级毫伏表(1 分)。

29. 答：分散控制系统又称总体分散型控制系统，它是以微处理机为核心的分散型直接控制装置(1 分)。它的控制功能分散(以微处理机为中心构成子系统)，管理集中(用计算机管理)(1 分)。它与集中控制系统比较有以下特点：①可靠性高(即危险分散)(1 分)。以微处理机为核心的微型机比中小型计算机的可靠性高，即使一部分系统故障也不会影响全局，当管理计算机故障时，各子系统仍能进行独立的控制(1 分)。②系统结构合理(即结构分散)(1 分)。系统的输入、输出数据预先通过子系统处理或选择，数据传输量减小，减轻了微型机的负荷，提高了控制速度(1 分)。③由于信息量减小，使编程简单，修改、变动都很方便(2 分)。④由于控制功能分散，子系统可靠性提高，对管理计算机的要求可以降低，对微型机的要求也可以降低(2 分)。

30. 答：单元机组(1 分)，即锅炉生产的蒸汽不通过母管，直接送到汽轮机，锅炉和汽轮机已经成为一个整体，需要有一个共同的控制点，需要锅炉和汽轮机紧密配合，协调一致，以适应外部负荷的需要(1 分)。

单元机组，特别是有中间再热器的机组，当外部负荷变化时，由于中间再热器的容积滞后，使中低压缸的功率变化出现惯性，对电力系统调频不利，需要在调节系统上采取措施(2 分)。

单元机组的动态特性与母管制差异较大(1 分)。一般来讲，单元机组汽包压力、汽轮机进压力在燃烧侧扰动时变化较大，而蒸汽流量变化较小；母管制锅炉汽包压力变化小，而蒸汽流量变化较大(2 分)。因此，单元机组汽压调节系统宜选用汽包压力或汽轮机进汽压力作为被调量，这同母管制锅炉差别较大(母管制的汽压调节系统一般采用蒸汽流量加汽包压力微分信号)(2 分)。至于送风和引风调节系统，单元制同母管制差异不大(1 分)。

31. 答：可编程调节器又称数字调节器或单回路调节器(1 分)。它是以微处理器为核心部件的一种新型调节器(1 分)。它的各种功能可以通过改变程序(编程)的方法来实现，故称为可编程调节器(2 分)。其主要特点是：①具有常规模拟仪表的安装和操作方式，可与模拟仪表兼容(1 分)；②具有丰富的运算处理功能(1 分)；③一机多能，可简化系统工程，缩小控制室盘面尺寸(1 分)；④具有完整的自诊断功能，安全可靠性高(1 分)；⑤编程方便，无须计算机软件知识即可操作，便于推广(1 分)；⑥通信接口能与计算机联机，扩展性好(1 分)。

32. 答:因单相电源无法产生旋转磁场,故一般单相异步电动机采用移相的方式(电容或阻尼)来产生旋转磁场(5 分)。在旋转磁场的作用下,转子感应出电流并与旋转磁场相互作用产生旋转转矩,带动转子转动(5 分)。

33. 答:工业自动化仪表的输入/输出信号多采用直流信号(2 分),其优点有:①在仪表的信号传输过程中,直流信号不受交流感应的影响,容易解决仪表抗干扰的问题(2 分)。②直流信号不受传输线路电感、电容的影响,不存在相位移问题,因而接线简单(2 分)。③直流信号便于模/数和数/模转换,因而仪表便于同数据处理设备、电子计算机等连接(2 分)。④直流信号容易获得基准电压,如调节器的给定值等(2 分)。

34. 答:气动执行机构的特点有:①接受连续的气信号,输出直线位移(加电/气转换装置后,也可以接受连续的电信号),有的配上摇臂后,可输出角位移(2 分)。②有正、反作用功能(1 分)。③移动速度大,但负载增加时速度会变慢(1 分)。④输出力与操作压力有关(1 分)。⑤可靠性高,但气源中断后阀门不能保持(加保位阀后可以保持)(1 分)。⑥不便实现分段控制和程序控制(1 分)。⑦检修维护简单,对环境的适应性好(1 分)。⑧输出功率较大(1 分)。⑨具有防爆功能(1 分)。

35. 答:作为气动仪表最基本的控制元件——喷嘴挡板机构,其特性曲线在输出压力接近最小和最大时的线性度很差,所以只能选取中间线性度较好的一段作为工作段,才能保证仪表的精确度,这一段的下限一般就是 0.02 MPa(3 分)。此外,气动仪表所用的弹性元件很多,如膜片、膜盒、波纹管、弹簧等,它们都具有一定的刚度,起动点都有一定的死区(2 分)。气动执行器的死区则更大一些(1 分)。为了提高气动仪表的灵敏度,也需要将信号压力的下限定得高于零(2 分)。所以就将整个气动仪表信号压力的下限定为 0.02 MPa(2 分)。

36. 答:采用直流电流信号作传输信号的优点有:①以直流电流信号作传输信号时,发送仪表的输出阻抗很高,相当于一个恒流源,因此适于远距离传输(2 分)。②容易实现电流/电压转换(1 分)。③对仪表本身的设计而言,电流信号同磁场的作用容易产生机械力,这对力平衡式结构的仪表比较合适(1 分)。

采用直流电流信号作传输信号的缺点有:①由于仪表是串联工作的,当接入和拆除一台仪表时容易影响其他仪表的工作(2 分)。②由于仪表是串联工作的,变送接、调节器等仪表的输出端处于高电压下工作(几乎等于直流电源电压),所以输出功率管易损坏(2 分)。③由于仪表是串联工作的,每台仪表都有自己的极性要求(正和负),在设计和使用上不够方便(2 分)。

37. 答:对气动仪表气源的要求有以下几点:①气源应能满足气动仪表及执行机构要求的压力。一般气动仪表为 0.14 MPa,气动活塞式执行机构为 0.4~0.5 MPa(2 分)。②由于气动仪表比较精密,其中喷嘴和节流孔较多,且它们的通径又较小,所以对气源的纯度要求较高,这主要应注意以下几个方面(2 分):

a. 固态杂质。大气中灰尘或管道中的锈垢,其颗粒直径一般不得大于 20 μm;对于射流元件,该直径不得大于 5 μm(1 分)。

b. 油。油来自空气压缩机气缸的润滑油,所以应该用无油空气压缩机。若使用有油的空气压缩机,其空气中的含油量不得大于 15 mg/m^3(1 分)。

c. 腐蚀性气体。空气压缩机吸入的空气中不得含有 SO_2、H_2S、HCl、NH_4、Cl_2 等腐蚀性气体,如不能避开,应先经洗气预处理装置将吸入空气进行预处理(1 分)。

d. 水分。必须严格限制气源湿度,以防在供气管道及仪表气路内结露或结冰。一般可将气源的压力露点控制在比环境最低温度还低5～10℃的范围内(1分)。

③发电厂生产是连续的,所以气源也不能中断。在空气压缩机突然停运后,必须依靠储气罐提供气源。将设备投资、安装场地以及空气压缩机重新启动的时间等因素综合考虑,一般储气罐可按供气来设计(2分)。

38. 答:对于母管制锅炉,主压力调节器就是母管压力校正器,即当外部负荷变化时,母管压力变化,主压力调节器向各台锅炉发出调节燃烧量及风量信号并分配负荷,最后对母管压力进行校正(3分)。微分器主要反应汽包压力的变化,它是“热量”信号的一个组成部分,以消除来自燃烧侧的内部扰动(2分)。

对于单元制锅炉,主压力调节器主要是控制汽轮机的进汽压力(1分)。当外部负荷变化时,汽轮机主汽门前进汽压力变化,主压力调节器发出增减燃料量和风量信号,以适应外部负荷的要求(1分)。微分器也是用于反应汽包压力的变化,以消除来自燃料侧的内部扰动,起超前调节作用(2分)。在外扰时,汽包压力变化方向与汽轮机进汽压力变化方向一致,起加强调节作用,有利于改善在外扰下的汽轮机(1分)。

39. 答:旁路系统在大型再热式机组中起了如下作用:①回收工质(凝结水)和缩短机组起动时间,从而可以大大节省机组起动过程中的燃油消耗量(3分);②调节新蒸汽压力和协调机、炉工况,以满足机组负荷变化的有关要求,并可实现机组滑压运行(3分);③保护锅炉不致超压,保护再热器不致因干烧而损坏(2分);④同时能实现在FCB时,停机不停炉(2分)。

40. 答:协调控制是单元机组负荷控制的一种比较好的方案,它利用汽轮机和锅炉协调动作来完成机组功率控制的任务,是一种以前馈-反馈控制为基础的控制方式(4分)。

在机组适应电网负荷变化过程中,协调控制允许汽压有一定波动,以充分利用锅炉的蓄热,满足外界的负荷要求,同时在过程控制中,又能利用负的压力偏差适当地限制汽机调门的动作,确保汽压的波动在允许范围内(4分)。另外,由于锅炉调节器接受功率偏差前馈信号,能迅速改变燃料量,使机组功率较快达到功率给定值(2分)。

41. 答:从自动调节的角度看,影响蒸汽温度(被调节参数)变化的有外扰和内扰两大类因素(2分)。

外扰是调节系统闭合回路之外的扰动,主要有:蒸汽流量(负荷)变化(1分);炉膛燃烧时,炉膛热负荷变化,火焰中心变化,烟气量及烟气温度变化(主要是送风量和引风量变化,或炉膛负压变化)(2分);制粉系统的三次风送入炉膛,在启停制粉系统时要影响蒸汽温度变化(1分);当过热器管壁积灰或结焦时,影响传热效果,也要影响蒸汽温度变化(2分)。

内扰是调节系统闭合回路内的扰动,主要有减温水量变化(给水压力变化、启停给水泵等)、给水温度变化(影响减温效果)等(2分)。

42. 答:数字调节应用了微处理机等先进技术,它具有信息存储、逻辑判断、精确、快速计算等特点。具体讲,有以下几点:①从速度和精确度来看,模拟调节达不到的调节质量,数字调节系统比较容易达到(2分)。②由于数字调节具有分时操作的功能,所以一台数字调节器可以代替多台模拟调节器,如现在生产的多回路数字调节器、多回路工业控制机等(2分)。③数字调节系统具有记忆和判断功能,在环境和生产过程的参数变化时,能及时作出判断,选择最合理、最有利的方案和对策,这是模拟调节做不到的(2分)。④在某些生产过程中,对象的纯滞后时间很长,采用模拟调节效果不好,而采用数字调节则可以避开纯滞后的影响,取得较好的调节质量(2分)。⑤对某些参数间相互干扰(或称耦合较紧密),被调量不易直接测试,需要用计算才能得出间接指标的对象,只有采用数字调节才能满足生产过程的要求(2分)。

43. 答:阀位信号最能反映计算机控制系统的输出及其动作情况,而计算机的输出与阀位有时又不完全相同(在手操位置时),把阀位信号反馈到计算机,形成一个小的闭环回路,其主要用途有(2分):①作为计算机控制系统的跟踪信号(1分)。计算机控制系统与一般的调节系统一样,都有手动操作作为后备,由手动操作切向计算机控制时,阀位和计算机输出不一定相同,为了减小切换时的干扰,必须使计算机输出跟踪阀位,所以要有阀位反馈信号(2分)。②作为计算机控制系统的保护信号(1分)。计算机控制系统的优点之一是逻辑功能强(1分)。引入阀位反馈信号,可以根据阀位设置上下限幅报警,以监视计算机的输出(1分);阀位与计算机输出的偏差报警,以监视阀位回路或计算机输出(1分);根据阀位,作为程控切换的依据等保护功能(1分)。

44. 答:比例积分调节器能消除调节系统的偏差,实现无差调节(1分)。但从频率特性分析,它提供给调节系统的相角是滞后角(−90°),因此使回路的操作周期(两次调节之间的时间间隔)增长,降低了调节系统的响应速度(2分)。

比例微分调节器的作用则相反(1分)。从频率特性分析,它提供给调节系统的相角是超前角(90°),因此能缩短回路的操作周期,增加调节系统的响应速度(2分)。

综合比例积分和比例微分调节的特点,可以构成比例积分微分调节器具(PID)(2分)。它是一种比较理想的工业调节器,既能及时地调节,以能实现无差调节,又对滞后及惯性较大的调节对象(如温度)具有较好的调节质量(2分)。

45. 答:①必须有明确的检修项目及质量要求(1分)。②通电前,必须进行外观和绝缘性能检查,确认合格后方可通电(1分)。③通电后,应检查变压器、电机、晶体管、集成电路等是否过热;转动部件是否有杂音。若发现异常现象,应立即切断电源,查明原因(1分)。④检修时应熟悉本机电路原理和线路,应尽量利用仪器和图纸资料,按一定程序检查电源、整流滤波回路、晶体管等元件的工作参数及电压波形(1分)。未查明原因前,不要乱拆乱卸,更不要轻易烫下元件。要从故障现象中分析可能产生故障的原因,找出故障点(1分)。⑤更换晶体管时,应防止电烙铁温度过高而损坏元件,更换场效应管和集成电路元器件时,电烙铁应接地,或切断电源后用余热进行焊接(1分)。⑥拆卸零件、元器件和导线时,应标上记号(1分)。更换元件后,焊点应光滑、整洁,线路应整齐美观,标志正确,并做好相应的记录(1分)。⑦应尽量避免仪表的输出回路开路,和避免仪表在有输入信号时停电(1分)。⑧检修后的仪表必须进行校验,并按有关规定验收(1分)。

46. 答:在调整零点及量程前,应先调整滑阀的阀杆位置(1分)。在气缸上下部分各接一块压力表,卸下小滑阀的两个输出管(1分)。调整大滑阀上下螺丝,使气缸活塞两端的压力大致相等(1分)。装回小滑阀的两个输出管(1分)。调方向接头,改变小滑阀的阀杆位置,仍使气缸活塞两端压力相等(1分)。

输入信号电流为4 mA时,调整调零弹簧,使活塞停止在动作动点(正作用机构活塞起始位置在全行程的最低点,反作用机构则在最高点)(1分)。

当输入电流为4~20 mA时,活塞应走完全行程达到终点(1分)。如行程与输入电流不符,则应调节反馈弹簧在反馈弧形杠杆上的位置,以改变系统的放大系数(1分)。当信号满值而行反之,应增大反馈量(1分)。

以上各项调整步骤间互有影响,因此要反复进行多次,以使各项指标均达到合格(1分)。

47. 答:整定调节器参数是一项十分细致的工作,既要知道调节器参数对生产过程的影响,又要经常观察生产过程运行情况,做到不影响生产,又要把调节器参数整定好(1分)。一般应注意以下几个问题:①用各种方法得到的整定参数值都是一个范围,一定要根据生产实际情况进行现场修改(1分)。②整定调节器参数最好在生产过程工况比较稳定时进行,除了适当地人为给予扰动外,最好通过较长期地观察生产过程自然的扰动来修改调节器参数(最好接一只快速记录表)(1分)。③人为施加扰动,一般有内扰、外扰和给定值扰动三种(1分)。给定值扰动对生产过程影响较大,一定要控制好其扰动量,内扰和外扰时也要注意扰动量大小。施加一次扰动后,一定要等待一段时间,观察被调参数的变化情况,在未弄清情况时,不要急于加第二次扰动(1分)。④对于PID调节器,要考虑参数间的相互干扰(1分)。按整定方法得到的调节器参数值不是调节器参数的实际刻度值,要用调节器相互干扰系数加以修正后才是实际刻度值(1分)。⑤整定参数时,要考虑调节对象和调节机构的非线性因素。若非线性严重,整定参数要设置得保守一些(1分)。⑥整定时,要考虑生产过程的运行工况。一般讲,调节器参数的适应范围是经常运行的工况。若运行工况变化很大时,调节器参数就不适应了(1分)。这不是调节器参数未整定好,而是参数适应范围有限,要解决这一问题需采用自适应控制(1分)。

48. 答:①测量蒸汽流量时,一般应装冷凝器,以保证导压管中充满凝结水并具有恒定和相等的液柱高度(2分)。②测量水流量时,一般可不装冷凝器。但当水温超过150℃且差压变送器内敏感元件位移量较大时,为减小差压变化时正、负压管内因水温不同造成的附加误差,仍应装设冷凝器(3分)。③测量黏性或具有腐蚀性的介质流量时,应在一次门后加装隔离容器(2分)。④测量带隔离容器、介质和煤气系统的流量时,不应装设排污门(3分)。

49. 答:TFT-060/B型调节组件是通过本机上的自动/手动切换电路及操作器(如TFC-060/B)型来实现双向无扰切换的(2分)。

当调节组件切换开关在自动位置时,继电器K_1、K_2、K_3激励,调节组件处于自动状态,按PID调节规律输出自动信号(2分)。

当调节组件切换开关在手动位置时,虽然继电器K_1、K_2、K_3失电,但由于积分电路的保持电容C_6上贮存着电压,保持了切换前调节组件的输出电压,故切换是无扰的(2分)。

当调节系统通过操作器进行手动操作时,继电器K_1激励,手动信号通过电阻R_{26}对集成运算放大器AJ进行积分式的增加或减小,调节组件输出电压随手动信号的大小变化,实现了调节组件的输出跟踪手动信号(2分)。

当操作器由手动转向自动位置,使调节组件由手动转向自动位置时,由于积分电路的保持作用,调节组件输出不会发生变化,切换也是无扰的(2分)。

50. 答:工业生产过程中的调节对象动态特性是经常变化的,特别是工况变化和负荷变化较大时(1分)。调节对象动态特性变化较大,原来设置的调节器参数就不再适应,需要重新设置(1分)。为了解决这一问题,在设计调节系统时可以使调节器参数自动修改,以适应调节对象动态特性的变化,这就是自适应调节系统(2分)。

实现自适应调节有很多方法,如参考模型法、按照负荷预先设置整定参数法、降低调节对象参数变化影响的被动型自适应法、外加试验信号法及自辨识等。在火电厂中,负荷是经常变化的因素,负荷变化就会引起调节对象动态特性的变化(2分)。为此,可事先求出几种不同负荷下的调节对象动态特性,然后按照经验法或其他整定计算方法,求出这几种调节对象动态特性所对应的整定参数(2 分)。这种方法常用于直接数字调节系统,系统除了采样读入被调参数外,还要采样读入负荷变量,调节模型参数,并根据负荷变化量计算新的整定参数,以适应调节对象动态特性的变化(1 分)。

51. 答:锅炉燃烧过程自动调节与燃料种类、制粉系统设备、燃烧设备及运行方式有密切关系(1 分)。①对大多数燃煤且有中间储仓的母管制锅炉,其燃烧自动调节的任务是(1 分):a. 在外部负荷变化时,由主调节器指挥各台锅炉及时调节燃料量,共同维持母管压力在给定值,并按预定的比例(经济负荷)分配各台锅炉的负荷(2 分)。b. 根据外部负荷变化(或燃料量变化),使送用量同燃料量保持恰当比例,或使烟气含氧量为最佳值,以保证锅炉经济燃烧(2 分)。c. 在送风量变化的同时,自动调节引风量,以维持炉膛负压在给定值,保证锅炉安全经济运行(2 分)。②对大多数单元制运行锅炉,其燃烧调节方式可能有三种,即炉跟机方式、机跟炉方式和机炉协调方式(2 分)。

52. 答:为了保证系统的安全,对主设备和仪表装置都要进行监视,当出现异常情况时还必须通过监控组件采取有效的保护措施,这就是监控组件的主要作用。为此,它必须具备以下功能:①对生产设备的运行参数、安全连锁,控制设备的运行条件等进行监视(2 分)。②发生故障时,能进行声光报警和指示故障的部位及性质(2 分)。③发生故障时,能解除自动,实现自动到手动的切换,实现执行机构自动“保位”(2 分)。④故障消除前,能拒绝任何新的自动指令送入调节系统(2 分)。⑤能防止运行人员可能出现的某些误操作(2 分)。

53. 答:直流锅炉在结构上与汽包锅炉有很大差别,但其自动调节的任务基本相同,即保证机组安全经济运行(2 分)。具体的说有:①维持锅炉出口主蒸汽压力和温度等参数为额定值(1 分);②使机组满足外界负荷要求(1 分);③使机组在最高效率下运行(1 分);④维持炉膛负压稳定(1 分)。

直流锅炉由于各段受热面之间没有明显的分界面,除了维持锅炉出口蒸汽参数外,还需要维持各中间点的温度和湿度稳定,这是直流锅炉不同于汽包锅炉的特殊任务(2 分)。只有维持中间点温度稳定,才能使出口蒸汽温度稳定,同时有利于金属管道的安全运行(1 分)。维持中间点湿度稳定,才能使直流锅炉的过渡区(即蒸发段)稳定,有利于锅炉的安全运行(1 分)。

54. 答:气动仪表(如压力、差动变送器)以及脉冲管路上的压力表经常处于压力脉冲干扰下,会降低仪表的精确度和使用寿命,也不利于自动调节,有时还无法投入自动调节系统(3 分)。

若经常出现压力脉冲干扰,最简便的方法是加大管路系统的阻尼,即在气动仪表和压力表的输入端加气阻、气容构成的滤波器(相当于电路中的电阻、电容组成的滤波器),以加大时间常数(4 分)。根据现场情况,气阻可选用不锈钢管、铜管或玻璃管等,内径 $\phi=1$ mm,长度50~100 mm;气容可用铁管或聚氯乙烯硬塑料管,内径 $\phi=50\sim120$ mm,长度 100~140 mm(3 分)。

55. 答:①要严格按照调节仪表的技术指标进行调校(2 分)。②合理整定调节仪表的参数(2 分)。③对一般的调节对象特性,要选择合理的调节规律(2 分)。④对一些特殊调节对象特性,如发电机组负荷变化较大,调节对象特性变化也较大时,可以采用参数自整定调节器;调节对象特性若是非线性的,可以采用非线性的 PID 调节器;调节对象特性响应速度快,可以采用开关或 PID 双模调节器;对象特性是时变的调节对象,可以采用自适应的 PID 调节器(2 分)。⑤对随动调节系统,可以采用给定值调节器(简称 SPC 调节器),即根据生产过程要求随时修改调节器的给定值(可采用时间程序和参数程序给定),以提高产品的质量和数量(2 分)。

56. 答:转差离合器发生卡涩后,可能出现给粉机转速偏高且控制不灵活,即转速与手操信号不呈线性关系(3 分)。卡涩严重时,则可能完全失控(2 分)。

卡涩一般是因为转差离合器的电枢与磁极之间的气隙中积有煤粉、尘埃等杂物,造成机械部分变位,使离合器的电枢与磁极间产生摩擦所致(3 分)。再出现卡涩时,须停运转差离合器,然后进行检查和清洗(2 分)。

工业自动化仪器仪表与装置修理工（高级工）习题

一、填 空 题

1. RS-485 通信总线最大通信距离为(　　)m。

2. 直接数字控制系统英文缩写是(　　)。

3. 变频器可分为交-交变频和(　　)变频两种形式。

4. 建立计算机网络的目的主要是为了实现数据通信和(　　)。

5. Internet 中的通信线路归纳起来主要有两类：有线线路和(　　)。

6. 文件管理主要通过(　　)和资源管理器来完成。

7. 软件系统一般分为(　　)和应用软件两类。

8. 处理高温高压部位一次件仪表故障时，要等到停炉泄压后处理，并由(　　)人或以上共同协作完成。

9. 在流量测量中，一般都要采取(　　)和压力补偿，这种补偿修正系统误差。

10. 通过引入修正值或改进(　　)尽量减少或消除系统误差。

11. 一次测量的偶然误差没有规律，多次测量的结果服从(　　)规律，因此可以通过取测量值的算术平均值削弱偶然误差。

12. 仪表的精度不仅与(　　)有关，还与仪表的测量范围有关。

13. 在意外的情况下，金属控制柜金属部分带电，工作人员一旦接触就可能发生触电事故。防止此类事故最有效、最可靠的办法是将金属部分可靠地与大地连接，这样的接地叫(　　)。

14. 补偿导线分为(　　)型和延伸型两类，其中 X 表示延伸型，C 表示补偿型。

15. 控制系统的反馈信号使得原来信号增强的叫作(　　)。

16. 一般认为，经过(　　)时间后，动态过程便结束了。

17. 以水位为唯一控制信号的单参数单回路控制系统称为(　　)给水控制系统。

18. 动态误差是由于仪表(　　)引起的，即由于仪表传递函数不是比例环节而引起的。

19. 锅炉的给水量小于蒸发量，可水位不但不下降，反而迅速上升，这种现象称为(　　)现象。

20. 国际上广泛应用的温标有三种，即(　　)、华氏温标 和热力学温标。

21. 通常用高等级的标准仪表来校低等级的仪表仪器时，则高等级的仪表的示值应视为(　　)。

22. 比例带的选择，对系统的调节质量有很大的影响，如果选择的比例带太大，被调参数的变化很慢，比例带太小，系统就会产生(　　)。

23. 串级调节回路中起主导作用的参数叫(　　),稳定主导参数的辅助参数叫副参数。

24. 自动调节系统的工艺生产设备叫做(　　)。

25. 调节器进行参数整定时,通常用经验法、(　　)和反应曲线法三种方法。

26. 积分调节器的输出值不但取决于(　　)的大小还取决于偏差存在的时间。

27. 自动调节常见的参数整定方法有(　　)衰减曲线法、临界比例度法、反应曲线法。

28. 用于测量流量的导压管线、阀门回路中,当(　　)时,仪表指示偏低。

29. 计算机的外围设备包括键盘、CRT 显示器、(　　)及鼠标等。

30. 当用仪表对被测参数进行测量时仪表指示值总要经过一段时间才能显示出来,这段时间称为仪表的(　　)。如果仪表不能及时反映被测参数便要造成误差,这种误差称为动态误差。

31. A/D 转换器的输入电阻(　　)和输出电阻低,这是对高性能 A/D 转换器的基本要求。

32. 比例调节依据"(　　)"来动作。

33. 串级控制系统能使等效副对象的时间常数(　　),放大系数增大,因而使系统的工作频率提高。

34. 衰减振荡程是最一般的(　　)过程,振荡衰减的快慢对过程控制的品质关系极大。

35. 比例调节及时、有力,但有(　　)。

36. 在热电阻温度计中,电阻和温度的关系是(　　)的。

37. 经验法是一种(　　)法,这种方法是根据生产实际操作经验和对控制过程特性的分析,直接在闭合控制系统中反复地调试后得到的合适参数。

38. 根据流体静力学原理,液柱的(　　)与液柱的静压成比例关系。

39. 静压是在流体中不受(　　)影响而测得的压力值。

40. 蒸汽工作压力小于(　　)MPa 的锅炉,要求压力表精度不低于 2.5 级。

41. 差压式流量计是根据流体流速与(　　)的对应关系,通过对压差的测量,间接地测得管道中流体流量的一种流量计。

42. 当确定了节流装置的形式和取压方式后,流量系数 α 则决定于雷诺数(　　)。

43. 使用标准节流装置进行流量测量时,流体必须是充满管道并(　　)流经管道。

44. 调节器的正作用一般是指随正偏差值的增加,输出(　　)而调节器的反作用则指随正偏差值的增加,输出减少。

45. 在数字仪表的显示中,有 31/2 位、41/2 位、51/2 位等。其中 1/2 位表示(最高位为 0 或 1)。因此对一个 31/2 位的显示仪表来说,其显示数可从(　　)至 1 999。

46. 当用仪表对被测参数进行测量时,仪表指示值总要经过一段时间才能显示出来,这段时间称为仪表的(　　)。如果仪表不能及时反映被测参数,便要造成误差,这种误差称为动态误差。

47. 选择串级调节系统调节器的形式主要是依据工艺要求、对象特性和(　　)而定。

48. (　　)、输出设备统称为计算机的外部设备。

49. 标准状态是当压力在 0.1 MPa 和温度在(　　)下的状态。

50. 在自动调节系统中,习惯上采用给定值减去测量值作为(　　)。

51. 在锅炉水位的双冲量控制系统中,还可采用另一种接法,即将加法器放在调节器之前。因为水位上升与蒸汽流量增加时,阀门动作方向( ),所以一定是信号相减。

52. 热工控制盘泛指装设热工自动化设备所用的各种仪表控制盘、( )和控制箱。

53. 热工仪表盘按结构型式分类，主要有( )控制盘、组合控制盘、柜式控制。

54. 当采用多芯控制电缆时,若工作芯数为 3~15 时,备用芯数为( )。

55. 在低电平讯号电缆中,两股信号线相互绞合能有效地提高电缆的( )能力。

56. 压力传感器的作用是感受压力并把压力参数变换成电量,当测量稳定压力时,正常操作压力应为量程的( ),最高不得超过测量上限的 3/4。

57. 当雷诺数小于 2 300 时,流体流动状态为( )流,当雷诺数大于 40 000 时,流体流动状态为紊流。

58. 工业控制机主要用于巡回检测、( )、自动开停和事故处理。

59. 在热电偶测温回路中,只要显示仪表和连接导线两端的温度相同,热电偶总电势值不会因它们的接入而改变,这是根据( )定律而得出的结论。

60. 动态误差的大小常用( )、全行程时间和滞后时间来表示。

61. 用一台普通万用表测量同一个电压,每隔十分钟测一次,重复测量十次,数值相差造成的误差为( )误差。

62. 流体的密度与温度和( )有关,其中气体的密度随温度的升高而减少,随压力的增大而增大 液体的密度则主要随温度升高而减少,而与压力关系不大。

63. 计算机所能识别的全部指令称为该计算机的( )。

64. pH 值=7 时为( ),pH 值>7 时为碱性溶液,pH 值<7 时为酸性溶液。

65. 标准电阻是电阻单位的度量器,通常由( )制成。

66. 计算机语言可分为三种类型:机器语言、汇编语言和( )。

67. 管道连接的方法很多,常用的有螺纹连接、法兰连接、( )。

68. 仪表管路的防腐主要是在金属表面涂上( ),它能对周围的腐蚀介质起隔离作用。

69. 组态就是用户根据过程控制的需要,按所使用的数字调节器的规定,用表格计入式语言或( )式语言编辑用户程序,将所需要的模块连接起来构成控制系统。

70. 数字调节器的核心部件是( ),它包括 CPU 及系统 ROM、RAM,用户 EPROM。

71. 压力表安装的位置越高,压力表的表盘应( )。

72. 仪表的运行特性通常分为( )和动态特性。

73. 220 V DC 的继电器被安装再 220 V AC 继电器的部位,将会使 220 V DC 继电器( )。

74. 工程上测量的压力是绝对压力,它是( )与大气压力之和。

75. 在大功率的变压器、交流电机等大电流周围都有较强的交变磁场,如果仪表信号线从附近通过,信号就会受到磁场的影响而产生( )。

76. 测量滞后一般由测量元件特性引起,克服测量滞后办法是在调节规律中( )。

77. 在飞升曲线上,反映被控对象特性的参数分别是( ),时间常数和滞后。

78. 在整个测量过程中保持不变的误差是( )误差。

79. 比例积分调节系统的调节精度与调节放大器的( )放大倍数有密切关系,放大倍数越大,调节精度越高。

80. 自动调节系统常用的参数整定方法有经验法、( )、临界比例度法、反应曲线法。

81. 串级控制系统由于副回的存在，具有一定的(　　)，并适应负荷和操作条件的变化。

82. 定值调节系统是按测量与给定的偏差大小进行调节的，而前馈调节是按(　　)进行调节的，前者是闭环调节，后者是开环调节，采用前馈—反馈调节的优点是利用前馈调节的及时性和反馈调节的静态准确性。

83. 选择串级调节系统调节器的型式主要是依据工艺要求、(　　)和干扰性质而定。一般情况下主回路常选择 PI 或 PID 调节器，副回路选用 P 或 PI 调节器。

84. 经验法是简单调节系统应用最广泛的工程整定方法之一，它是一种(　　)法。参数预先设置的数值范围和反复凑试的程序是本方法的核心。

85. 调节器的比例度越大，则放大倍数越小，比例调节作用就(　　)，过渡过程曲线越平稳，但余差也越大，积分特性曲线的斜率越大，积分作用越强。消除余差越快，微分时间越大，微分作用越强。

86. 在 PID 调节中，比例作用是依据(　　)来动作的，在系统中起着稳定被调参数的作用积分作用是依据偏差是否存在，消除余差的作用微分作用是依据偏差变化速度来动作的，在系统中起着超前调节的作用。

87. 以蒸汽流量作为补充信号，以水位作为控制信号的双参数，称为(　　)给水控制系统。

88. 温度测量可分为两大类，即(　　)和接触测量。

89. 测量工作实际上是一个比较过程，这个过程包括两个组成部分，即实验和(　　)部分。

90. 按仪表的使用条件分，误差分为(　　)和附加误差。

91. 在调校仪表时，数据的记录和数据的处理应遵循的基本原则是(　　)。

92. 锅炉是一个复杂的被控对象，扰动来源多。主要的被控参数有(　　)、蒸汽压力、蒸汽温度、炉膛压力和过剩空气。

93. 某标准信号调节系统给定值为 3 V，变送器输出是(　　)mA 才能达到调节平衡。

94. 引压导管的弯曲度不宜太小，否则就会使导管的椭圆度增大，造成导管损坏，金属导管的弯曲半径不应小于其外径(　　)倍。

95. 为了完成锅炉的自动控制任务，可以改变的被控量有(　　)、炉排转速、送风量、引风量和减温水量。

96. 单位时间内流过管道(　　)或明渠横断面的流体量，称作流量。

97. 微分调节器的输出与输入量对时间的(　　)成正比，而不管偏差本身数值的变化，只要它稳定不变，就没有微分作用下的输出。

98. 电动调节器不能安装在附近有强烈电磁场的地方，如大功率的电动机、变压器、输电线等。实在不可避免时，应对其采取(　　)措施。

99. 计算机主要是由(　　)、运算器、存贮器、输入设备和输出设备五大部分组成。

100. 管道凸出物和弯道等局部阻力对流体流动稳定性影响很大，因此在节流件前后必须设置适当长度的(　　)。

101. 玻璃液体温度计常用的感温液有(　　)和有机液体两种。

102. Pt100 铂热电阻的 $R_{100}/R_0=$(　　)，分度号 Cu50/Cu100 铜热电阻的 $R_{100}/R_0=1.428$。

103. 节流装置一般是由(　　)、取压装置和测量管三部分组成。

104. 将高级语言的原程序翻译成可应用程序的过程称为(　　)。

105. 雷诺数是表征流体流动时,(　　)与黏性力之比的无量纲数。

106. 从现场至控制室,从现场变送仪表至现场接线箱的信号线宜采用截面(　　)的导线。

107. 计算机的任何一条指令都必定包括两个基本部分,第一部分叫做(　　)码,它指出指令所需要完成的操作;第二部分叫做地址码,它指出参加运算或操作的操作数来自什么地方和操作结果送到什么地方。

108. 表示仪表精度的相对误差,非线性误差,变差都是指仪表测量过程中达到稳态后的误差,它们都属于(　　)误差。

109. 按热电偶支数分,铠装热电偶有(　　)和双支四芯两种。

110. 铠装热电偶是把(　　)、绝缘材料和金属套管三者加工在一起的坚实缆状组合体。

111. 为分辨S型热电偶的正负极,可根据偶丝的软硬程度来判断,较硬者是铂铑丝,为(　　)极。欲分辨K型热电偶的正负极,可由偶丝是否能明显被磁化来判断,能明显被磁化者是镍铝或镍硅丝,为负极。

112. 管路的防冻,主要有(　　)和蒸汽伴热。

113. 测量管路与电缆之间的间距不宜小于(　　)mm。

114. 以(　　)为零点的压力计量成为绝对压力。

115. 恒值控制系统的给定值在系统工作过程中保持(　　)。

116. 由于各种偶然因素的影响,即在相同的条件下,以同样的仔细程度进行多次测量,所得结果都有不相同。这种由于偶然因素产生的误差成为(　　)误差。

117. 典型调节系统方块图由(　　)、测量元件、调节对象、调节阀、比较机构等环节组成。

118. 正确选择热工控制盘的(　　),合理地布置盘上的仪表位置,对安装、运行和检修都具有重要的意义。

119. 自动调节系统中实现无扰动切换应满足(　　)的条件。

120. 串级调节系统可以提高调节系统(　　)。

121. 汇编语言是用(　　)表示的机器语言。

122. 温标的种类很多,除摄氏温标外,还有华氏温标、(　　)、国际实用温标等。

123. 温标是一个量度温度的标尺。温标规定了温度的读数起点(　　)和测温基本单位。

124. 温度是衡量(　　)的一个物理量。温度不能直接测量,只能通过其他物体随温度变化而变化的物理量来间接地进行测量。例如水银的体积随温度变化而变化,故可用水银的体积变化量来衡量温度。

125. 测量范围−25～100℃的量程是(　　)。

126. 热电偶热电极材料的(　　)是衡量热电偶质量的重要指标之一。

127. 计算机的总线分为数据总线、控制总线和(　　)总线三组。

128. 超声波流量计是一种非接触式流量测量仪表,可测量(　　)、气体介质的体积流量。

129. 温度是表示物体冷热程度的物理量,国际单位制常用单位是(　　)。

130. 对流体压力的测量,只有在对流速无(　　)时,才能正确测出静压力。

131. 稳定性是指在规定工作条件下,输入保持恒定时,仪表在规定时间内保持不变的(　　)。

132. 当充满管道的流体经节流装置时，流束将在压缩口处发生局布收缩从而使流速增加，而(　　)降低。

133. 自动控制系统按控制器的控制动作来分类时，有比例控制系统、积分控制系统和(　　)控制系统。

134. 自动控制系统按被控量分类时，有(　　)控制系统、温度控制系统和压力控制系统。

135. 有一台比例积分调节器，它的比例度为100%，$T_i=1$分，若比例度该为200%，则调节系统稳定程度(　　)。

136. DDZ-Ⅲ调节器的负载电阻值为(　　)。

137. 在热工仪表盘中，布置端子排时，横排端子距盘底不应小于(　　)。

138. 压力式液位计测量方法比较简单，测量范围不受限制，还可以采用(　　)进行远距离传送。

139. 在锅炉自动给水控制系统中，系统的过渡过程应为(　　)。

140. 按误差出现的规律，误差可分为(　　)随机误差、疏忽误差，按被测变量随时间变化的关系来分，误差可分为静态误差、动态误差。

141. 管道内的流体速度，一般情况下在(　　)处的流速最大，在管壁处的流速等于零。

142. 自动控制系统按被控量分类时，有(　　)控制系统、流量控制系统和压力控制系统。

143. 被控对象容量的大小常常以它的(　　)来表示。

144. 自动控制系统按控制器的控制动作来分类时，有比例控制系统、(　　)控制系统和比例积分微分控制系统。

145. 自动控制系统按给定值形式分类时，有(　　)控制系统、程序控制系统和随动控制系统。

146. 自动控制系统按系统按结构分类时，有(　　)控制系统、开环控制系统和压力控制系统。

147. 自动控制系统按闭环数目分类时，有(　　)控制系统、多回路控制系统。

148. 被控对象的容量系数是当被控量改变(　　)时，被控对象中需要相应改变的能量。

149. 程序控制系统的给定值是时间的已知函数，控制系统用来保证被控量控预先选定的随时间变化的(　　)来改变。

150. 随动控制系统的给定值是按事先不可能确定的一些(　　)因素来改变的。

151. 在生产过程中，开环控制和闭环控制常常相互使用，组成(　　)控制系统。

152. 闭环控制系统是根据被控量与给定值的(　　)进行控制的系统。

153. 自动控制系统的传递函数方框图，是用图的形式表示系统中各组成部分的(　　)和信号的传递关系。

154. 传递函数方框图中的信号线是带箭头的(　　)，箭头方向表示信号传递的方向。

155. 传递函数方框图的反馈连接，是一个方框的输出，(　　)到另一个方框。得到的输出再返回作用于前一个方框的输入端。

156. 被控对象在扰动作用破坏其平衡状态后，在没有操作人员或控制器的干预下，而能重新恢复平衡状态的特性，称为具有(　　)能力。

157. 衰减振荡过程是最一般的(　　)过程，振荡衰减的快慢对过程控制的品质关系极大。

158. 飞升特性是指被控对象在(　　)扰动下,被控量随时间变化的特性。

159. 双容或多容对象的响应曲线是一个先慢、再快、后慢,直至稳定在一新值的(　　)曲线。

160. 被控对象的滞后由两部分组成,一部分是(　　),另一部分是容量滞后。

161. 用来测定被控对象动态特性的一种最常用的实验方法是(　　)法。

162. 自动控制系统的方框图都是由串联、(　　)和反馈三种基本形式组成的。

163. 被控量不能立即反应扰动量的现象,称为被控对象的(　　)。

164. 输出量的起始变化速度,只决定于扰动量的大小,而与(　　)的大小无关。所以在同样的扰动量下,当阻力较小时,放大系数也小。

165. 为了能够精确地掌握闭环控制系统的静态特性和动态特性,还必须知道一个闭环系统输入信号与输出信号之间的(　　)关系。

166. 自动控制系统的传递函数方框图中,有四种基本符号。它们分别是信号线、(　　)、比较点和方框。

167. 自动控制系统的传递函数方框图中的引出点,是表示(　　)引出或测量的位置。从同一位置引出的信号线,在数据和性质方面是完全相同的。

168. 自动控制系统的传递函数方框图中的比较点,是对两个或两个以上信号进行(　　)的点。

169. 在生产过程中,保持两个或多个(　　)间的一定比值关系从而构成的控制系统,称为比值控制系统。

170. 由两台(　　)串联在一起,控制一个控制阀的控制系统称为串联控制系统。

171. 分析闭环控制系统性能时,常用上升时间和过渡过程时间代表系统的(　　),用超调量或衰减度来代表系统的稳定性,用静差大小来表示系统的准确性。

172. 容量滞后产生的原因,是因为需要用一定时间去克服多容之间的(　　)。

173. 在飞升曲线上,反映被控对象特性的参数分别是(　　)、时间常数和滞后。

174. 时间常数是指在(　　)作用后,被控量由曲线的起始点,以最大起始速度上升或下降,直至新的稳定值点所需的时间。

175. (　　)和阻力是表征被控对象在结构方面的两个重要数据。

176. 改变容量系数,可以影响时间常数。而改变阻力,不但影响(　　),还影响放大系数。

177. 被控对象的容量系数越大,则时间常数就越大,达到新的平衡状态所需要的时间就越(　　)。

178. 前馈-反馈控制系统也称复合控制系统,它是在一个系统中,对其主要干扰用(　　),而其他干扰所引起的被控量的偏差仍用反馈来克服。

179. 在自动控制系统的传递函数方框图中,每个方框中为(　　)的传递函数。方框图反映了各个环节间的因果关系。

180. 在实际工作中,控制系统的递减比一般采用(　　),即被控量经上下两次波动后,被控量的幅值降到最大值的1/4,这样的控制系统被认为稳定性好。

181. 前馈控制又称(　　),其控制原理与反馈原理完全不同。它是按照引起被控量变化的干扰大小进行控制的。

182. 根据生产工艺要求，对(　　)实现有规律的控制称为顺序控制。完成顺序控制功能的设备就是顺序控制装置或叫顺序控制器。

183. 根据控制指令的排列顺序的不同，可将顺序控制系统分为时间顺序控制系统、(　　)顺序控制系统和条件顺序控制系统。

184. 控制指令是按时间程序排列的，且每段控制指令的执行时间是(　　)为时间顺序控制系统。

185. 控制系统不是按固定程序执行控制指令，而是根据一定条件选择执行的控制系统称为(　　)控制系统。

186. 在顺序控制系统中，指令形成装置一般用有触点的(　　)组成，也可以采用无触点的半导体元件组成，或者两者都采用。

187. 由于热工生产过程对象的多样性和复杂性，有些过程可以采取简单控制系统，就可达到所要求的(　　)。而有些过程则必须根据其特点，采用多个仪表，组成复杂的控制系统。

188. 加热炉的对象特性和一般传热设备一样，具有较大的(　　)和纯滞后时间。特别是炉膛，具有很大的热容量，滞后更为显著。

189. 在加热炉温度控制系统中，工艺介质的出口温度是控制系统的被控量，而(　　)是燃料油或燃料气。

190. 在加热炉单回路控制系统中，采用雾化蒸汽压力控制系统后，在燃料油阀变动不大的情况下，是可以(　　)雾化要求的。

191. 加热炉单回路控制系统适用于：对炉子出口温度要求不严格、外来干扰缓慢而较小、炉膛容量(　　)的场合。

192. 生产工艺过程中主要控制的(　　)，在串级控制系统中起主导作用的被控参数为主参数。

193. 影响主参数的(　　)，或者是因为满足某种关系的需要而引入的中间变量为副参数。

194. 金属膜盒的膜片(　　)和有效面积是随温度变化。

195. 在自动控制系统中起主导作用，按主参数与给定值的偏差而动作，其输出作为副参数给定值的那个调节器为(　　)。

196. 生产过程中影响主参数的，由副参数表征其主要特性的工艺设备为(　　)。

197. 给定值由主调节器的输出所决定，并按副参数与主调节器输出的偏差而动作，且输出直接去控制(　　)的调节器为副调节器。

198. 处于串级控制系统的内部，由副参数测量变送、副调节器、调节阀、副对象等组成的内部回路为(　　)。

199. 整个串级控制系统即为(　　)。其中包括主调节器、副回路、主对象及主参数测量变送部分。

200. 串级控制系统由于副回路的作用，对于进入副回路的干扰具有(　　)抗干扰能力。

二、单项选择题

1. 在测量误差的分类当中，误差大小和符号固定或按一定规律变化的是(　　)。

(A)系统误差 (B)随机误差 (C)粗大误差 (D)绝对误差

2. 电力系统各企业、事业单位内部热工计量仪表和装置的建档、检定、管理和计量人员考核由(　　)执行。

(A)电力部门 (B)地方计量部门

(C)省计量部门 (D)全国计量部门

3. 检定变送器时，选用的标准器及配套设备所组成的检定装置，其测量总不确定度应不大于被检变送器允许误差的(　　)。

(A)1/4 (B)1/3 (C)1/2 (D)2/3

4. LC 振荡器和 RC 振荡器的工作原理基本相同，但 LC 振荡器产生的频率(　　)。

(A)较低 (B)较高 (C)极低 (D)时高时低

5. 在三相对称正弦交流电路中，三相间的角度差为(　　)。

(A)0 (B)120° (C)150° (D)180°

6. 一台变压器将 220 V 将压至 36 V 后向 40 W 电灯供电(不考虑变压器损失)则一、二次线圈的电流之比是(　　)。

(A)1∶1 (B)55∶9 (C)9∶55 (D)无法确定

7. A/D 转换器的输入量一般都为(　　)。

(A)电压 (B)电流 (C)频率 (D)电脉冲

8. 工业用热电偶检定时，与二等标准水银温度计进行比较，检定时油槽温度变化不得超过(　　)。

(A)±0.1℃ (B)±0.2℃ (C)±0.5℃ (D)±1℃

9. 双积分式 A/D 转换是将一段时间内的模拟电压的(　　)转换成与其成比例的时间间隔。

(A)瞬时值 (B)平均值 (C)峰值 (D)累积值

10. 电擦除可编程只读存储器的代号为(　　)。

(A)RAM (B)ROM (C)EPROM (D)EEPROM

11. 中温区温度的范围为(　　)。

(A)13.8033～273.15 K (B)273.16～630.527 K

(C)13.8033～273.16 K (D)273.15～630.527 K

12. 扩散硅压力(差压)变送器的输出信号为(　　)。

(A)0～10 mA (B)4～20 mA (C)0～5 V (D)1～5 V

13. 电容式压力(差压)变送器的输出信号为(　　)。

(A)0～10 mA (B)4～20 mA (C)0～5 V (D)1～5 V

14. KF 系列现场型指示调节仪的输出信号为(　　)。

(A)0～100 kPa (B)0～20 mA (C)20～100 kPa (D)4～200 mA

15. 测量仪表测热电偶热电动势的理论依据是(　　)。

(A)均质导体定律 (B)中间导体定律

(C)参考电极定律 (D)中间温度定律

16. 以 0℃为冷点温度的分度表，可用于冷点温度不是 0℃的热电势与温度之间进行查找，它的理论依据是(　　)。

(A)中间导体定律　　(B)均质导体定律
(C)参考电极定律　　(D)中间温度定律

17. 标准节流装置适用于(　　)。
(A)截面形状任意的管道,单相流体且充满管道
(B)截面形状为圆形的管道,单相流体且充满管道
(C)截面形状任意的管道,任何流体且充满管道
(D)截面形状为圆形的管道,单相流体不一定充满管道

18. 智能仪表是指以(　　)为核心的仪表。
(A)单片机　　(B)单板机　　(C)微机　　(D)计算机

19. 电位差计是以(　　)信号为输入量的平衡仪表。
(A)毫伏级直流电压　　(B)伏级直流电压
(C)伏级交流电压　　(D)毫伏级或伏级直流电压

20. 采用(　　)法的超声波流量计能消除声速对测量的影响。
(A)传接速度差　　(B)相位差　　(C)时间差　　(D)声循环

21. 电动机的旋转磁场的转速与(　　)。
(A)电源电压成正比　　(B)电源的频率和磁极对数成正比
(C)电源频率成反比,与磁极对数成正比　　(D)电源频率成正比,与磁极对数成反比

22. 汽轮机液压调节系统采用(　　)式调节器。
(A)比例　　(B)微分　　(C)积分　　(D)比例,积分

23. INFI-90 系统厂区环路上信息传输控制的方法是(　　)。
(A)查询式　　(B)广播式　　(C)令牌式　　(D)存储转发式

24. 分散控制系统中不常应用的网络结构为(　　)。
(A)星形　　(B)环形　　(C)总线形　　(D)树形

25. 分散控制系统中的(　　)根据各工艺系统的特点,协调各系统的参数设备,是整个工艺系统的协调者和控制者。
(A)过程控制级　　(B)过程管理级
(C)生产管理级　　(D)经营管理级

26. 使数字显示仪表的测量值与被测量值统一起来的过程称为(　　)。
(A)标度变换　　(B)A/D 转换　　(C)非线性补偿　　(D)量化

27. 单元机组采用汽轮机跟随控制时,汽轮机调节器的功率信号采用(　　)信号,可使汽轮机调节阀的动作比较平稳。
(A)实发功率　　(B)功率指令　　(C)蒸汽压力　　(D)蒸汽流量

28. 如下 PLC 梯形图,正确的画法是(　　)。

(A)　10 001　10 002　10 005　10 003　10 004　F

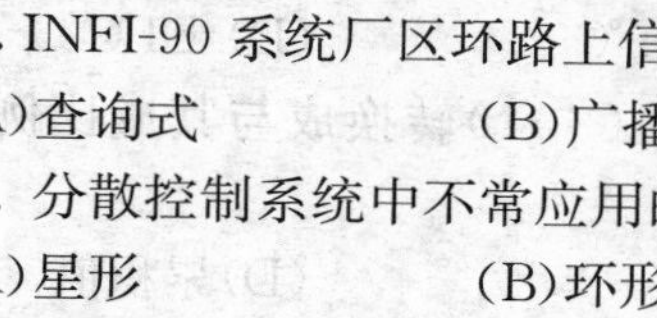

(B)　10 001　10 002　10 003　10 004　F

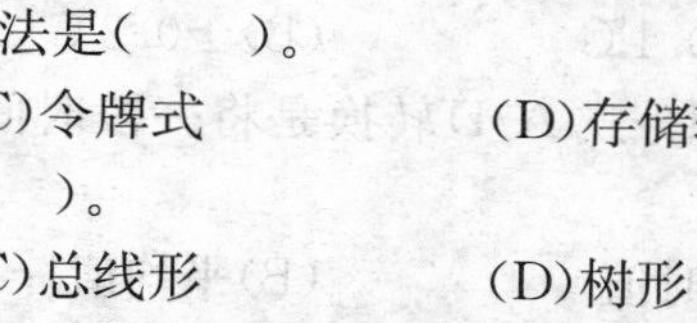

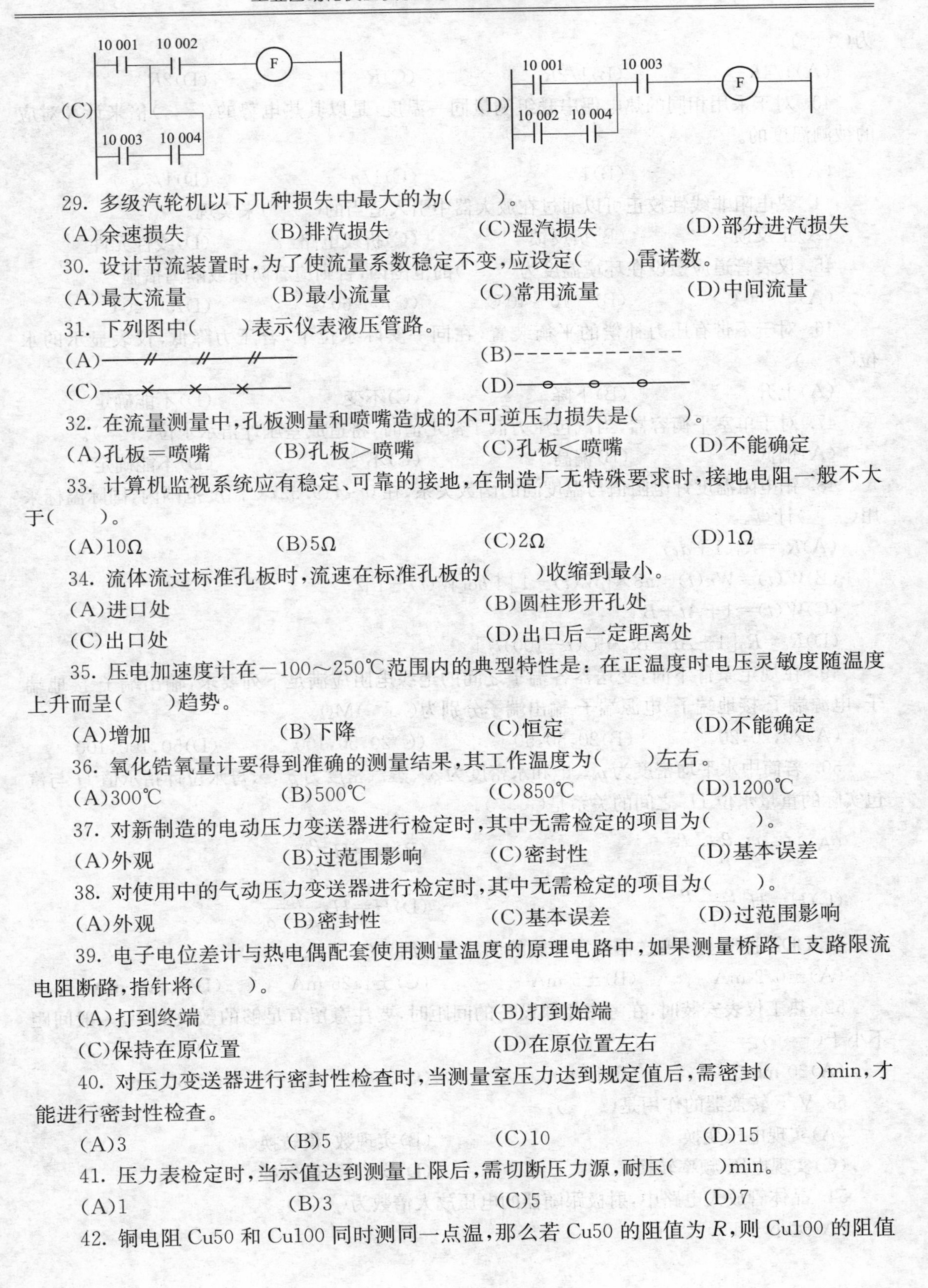

29. 多级汽轮机以下几种损失中最大的为(　　)。

(A)余速损失　　(B)排汽损失　　(C)湿汽损失　　(D)部分进汽损失

30. 设计节流装置时，为了使流量系数稳定不变，应设定(　　)雷诺数。

(A)最大流量　　(B)最小流量　　(C)常用流量　　(D)中间流量

31. 下列图中(　　)表示仪表液压管路。

(A)——//——//——//——　　(B)- - - - - - - - - - - - - -

(C)——×——×——×——　　(D)——o——o——o——

32. 在流量测量中，孔板测量和喷嘴造成的不可逆压力损失是(　　)。

(A)孔板＝喷嘴　　(B)孔板＞喷嘴　　(C)孔板＜喷嘴　　(D)不能确定

33. 计算机监视系统应有稳定、可靠的接地，在制造厂无特殊要求时，接地电阻一般不大于(　　)。

(A)10Ω　　(B)5Ω　　(C)2Ω　　(D)1Ω

34. 流体流过标准孔板时，流速在标准孔板的(　　)收缩到最小。

(A)进口处　　(B)圆柱形开孔处

(C)出口处　　(D)出口后一定距离处

35. 压电加速度计在－100～250℃范围内的典型特性是：在正温度时电压灵敏度随温度上升而呈(　　)趋势。

(A)增加　　(B)下降　　(C)恒定　　(D)不能确定

36. 氧化锆氧量计要得到准确的测量结果，其工作温度为(　　)左右。

(A)300℃　　(B)500℃　　(C)850℃　　(D)1200℃

37. 对新制造的电动压力变送器进行检定时，其中无需检定的项目为(　　)。

(A)外观　　(B)过范围影响　　(C)密封性　　(D)基本误差

38. 对使用中的气动压力变送器进行检定时，其中无需检定的项目为(　　)。

(A)外观　　(B)密封性　　(C)基本误差　　(D)过范围影响

39. 电子电位差计与热电偶配套使用测量温度的原理电路中，如果测量桥路上支路限流电阻断路，指针将(　　)。

(A)打到终端　　(B)打到始端

(C)保持在原位置　　(D)在原位置左右

40. 对压力变送器进行密封性检查时，当测量室压力达到规定值后，需密封(　　)min，才能进行密封性检查。

(A)3　　(B)5　　(C)10　　(D)15

41. 压力表检定时，当示值达到测量上限后，需切断压力源，耐压(　　)min。

(A)1　　(B)3　　(C)5　　(D)7

42. 铜电阻 Cu50 和 Cu100 同时测同一点温，那么若 Cu50 的阻值为 R，则 Cu100 的阻值为(　　)。

(A)1/4R　　(B)1/2R　　(C)R　　(D)2R

43. 对于采用相同的热电偶串联组测量同一温度，是以其热电势的(　　)倍来计算对应的被测温度的。

(A)n　　(B)1　　(C)1/n　　(D)1/$\sqrt{n}$

44. 热电阻非线性校正可以通过在放大器中引入适当的(　　)来实现。

(A)正反馈　　(B)负反馈　　(C)折线电路　　(D)线性元件

45. 仪表管道应敷设在环境温度为(　　)的范围内，否则应有防冻或隔离措施。

(A)0～50℃　　(B)－10～40℃　　(C)0～60℃　　(D)5～40℃

46. 对于不带有压力补偿的平衡装置，在同一实际水位下，若压力降低，仪表显示的水位(　　)。

(A)上升　　(B)下降　　(C)不变　　(D)不能确定

47. 对于单室平衡容器，当汽包压力低于额定值时，将造成差压计指示水位(　　)。

(A)偏低　　(B)偏高　　(C)不变　　(D)不能确定

48. 铂电阻温度计电阻值与温度间的函数关系，在0～419.527℃温度范围内，国际温标采用(　　)计算。

(A)$R_t = R_0(1+dt)$

(B)$W(t) = Wr(t) + a8 \times [W(t)-1] + b8[W(t)-1]2$

(C)$W(t) = 1 + At + Bt_2$

(D)$R_t = R_0[1 + At + Bt_2 + C(t-100)t_3]$

49. 在规定条件下时，变送器各端子之间的绝缘电阻应满足下列要求，输出端子-接地端子，电源端子-接地端子，电源端子-输出端子分别为(　　)MΩ。

(A)20，20，20　　(B)20，50，50　　(C)20，50，100　　(D)50，100，100

50. 若筒中水平均密度为ρ_{av}、饱和水密度为ρ_w、蒸汽密度为ρ_s，云母水位计指示值H与汽包实际的重量水位H_e之间的关系是(　　)。

(A)$H = H_e \dfrac{\rho_{av} - \rho_s}{\rho_w - \rho_s}$　　(B)$H = H_e \dfrac{\rho_{av}}{\rho_w}$

(C)$H = H_e \dfrac{\rho_{av} - \rho_s}{\rho_w}$　　(D)$H = H_e \dfrac{\rho_{av}}{\rho_w - \rho_s}$

51. DDZ-Ⅲ型差压变送器调零弹簧的调整范围约为(　　)。

(A)±0.2 mA　　(B)±5 mA　　(C)±1.25 mA　　(D)±0.8 mA

52. 热工仪表安装时，在考虑相邻设备的间距时，要注意留有足够的敷设间距，一般间距不小于(　　)。

(A)20 mm　　(B)10 mm　　(C)30 mm　　(D)50 mm

53. V/F转换器的作用是(　　)。

(A)实现电压变换　　(B)实现数/模转换

(C)实现电压-频率转换　　(D)实现模/数转换

54. 晶体管放大电路中，射极跟随器的电压放大倍数为(　　)。

(A)远小于1

(B)约等于 1

(C)远大于 1

(D)随管子的放大倍数而定,一般为 20~30 倍

55. 根据欧姆定律可以看出,电阻元件是一个( )元件。

(A)记忆 (B)储能 (C)耗能 (D)线性

56. 高压厂用电母线一般采用( )接线,凡属同一台锅炉的厂用电动机,均应接在同一段母线上。

(A)单母线分段 (B)双母线 (C)单元 (D)双母线带旁母

57. 蒸汽锅炉在负荷突然下降很多时,水位会出现( )现象。

(A)先下降,不上升 (B)先上升,后下降

(C)先下降,后上升 (D)先上升,后下降

58. 甲类单管功率放大器的静态工作点位于( )。

(A)截止区 (B)放大区 (C)饱和区 (D)任意位置

59. 如果要求放大电路有高的输入电阻,宜采用( )。

(A)电压负反馈 (B)串联负反馈 (C)电流正反馈 (D)电流负反馈

60. 已知三个等值电阻接成 Y 型,若将其转化成等效的三角形接法,则对应的三个电阻将( )。

(A)变小 (B)变大

(C)不变 (D)两个变大,一个变小

61. 在直流放大电路中,当电流放大倍数因温度上升而增大时,静态工作点将( )。

(A)上移 (B)不变 (C)下移 (D)变化不定

62. 在利用网孔法求解复杂电路时,网孔电流是( )。

(A)彼此相关的一组量 (B)实际在网孔中流动的电流

(C)彼此独立的一组量 (D)支路电流

63. 在单相桥式整流电路中,晶闸管的移相范围为( )。

(A)0°~90° (B)0°~120° (C)0°~150° (D)0°~180°

64. 三相异步电动机正常工作时,鼠笼绕组中电流( )。

(A)为直流电 (B)为交流电,频率较低

(C)为交流电,频率较高 (D)为交流电,与三相电源同频率

65. 有利于调节系统稳定工作的调节阀门静特性是( )。

(A)直线特性 (B)抛物线特性 (C)快开特性 (D)以上都不是

66. 820 型智能变送器的最大过载压力为其测量上限的( )。

(A)120% (B)150% (C)180% (D)200%

67. 振弦式变送器把被测压力(差压)的变化转化为( )变化的敏感元件,是变送器的关键元件。

(A)电流 (B)电压 (C)频率 (D)相位

68. 滑差电机由( )组成。

(A)鼠笼式异步电动机、齿轮箱、电磁转差离合器

(B)鼠笼式异步电动机、齿轮箱、测速发电机

(C)鼠笼式异步电动机、测速发电机、电磁转差离合器

(D)以上都是

69. 变频器的调速原理是通过改变输入信号的(　　)来达到改变电动机的转速。

(A)频率　　(B)相位　　(C)电压　　(D)以上都要变化

70. DCS装置本身只是一个软件、硬件的组合体,只有经过(　　)以后才能成为真正适用于生产过程的应用控制系统。

(A)软、硬件组态　　(B)程序下载

(C)程序编写　　(D)程序编译

71. 集散控制系统是以(　　)为核心。

(A)数据通信系统　　(B)微处理器　　(C)控制处理单元　　(D)以上都不是

72. 有一个与热电偶配套使用的测温变送器,当热电偶断电后,温度变送器的输出为(　　)。

(A)小于下限值　　(B)某一数值　　(C)大于上限值　　(D)保持原有信号

73. 热工调节对象具有(　　)三个结构性质。

(A)容量系数、阻力、惯性　　(B)容量系数、阻力、传递距离

(C)惯性、阻力、传递距离　　(D)容量系数、惯性、传递距离

74. 当再热汽压与设定值之偏差超过允许设定限制时,高速打开(　　)。

(A)低压旁路阀和低压旁路喷水阀　　(B)高压旁路阀和高压旁路喷水阀

(C)低压旁路阀和高压旁路阀　　(D)低压旁路喷和高压旁路喷水阀

75. 在网络技术中,信息传递的基本单元为(　　)。

(A)包　　(B)帧　　(C)字节　　(D)以上都是

76. 汽轮机定压运行时采用(　　),以达到减少节流损失的目的。

(A)节流调节　　(B)喷嘴调节　　(C)节流喷嘴调节　　(D)以上都不是

77. 实际应用中,调节器的参数整定方法有(　　)等4种。

(A)临界比例带法、响应曲线法、发散振荡法、衰减法

(B)临界比例带法、响应曲线法、经验法、衰减法

(C)响应曲线法、发散振荡法、经验法、衰减法

(D)临界比例带法、经验法、发散振荡法、衰减法

78. 在锅炉跟随的控制方式中,功率指令送到(　　)调节器,以改变调节阀门开度,使机组尽快适应电网的负荷要求。

(A)汽轮机功率　　(B)燃料量　　(C)送风量　　(D)热量

79. 1151系列变送器进行正负迁移时对量程上限的影响(　　)。

(A)偏大　　(B)偏小　　(C)没有影响　　(D)不确定

80. 在燃煤锅炉中,由于进入炉膛的燃烧量很难准确测量,所以一般选用(　　)信号间接表示进入炉膛的燃料量。

(A)风量　　(B)蒸汽流量　　(C)给水流量　　(D)热量

81. 单元机组在启动过程中或机组承担变动负荷时,可采用(　　)的负荷调节方式。

(A)锅炉跟随　　(B)汽机跟随　　(C)协调控制　　(D)以上都可以

82. 判断控制算法是否完善,要看电源故障消除和系统恢复后,控制器的输出值有无

(　　)等措施。

(A)输出跟踪和抗积分饱和　(B)输出跟踪和上、下限幅

(C)上、下限幅和抗积分饱和　(D)以上都是

83. 就地式水位计测量出的水位比汽包实际水位要(　　)。

(A)高　(B)低　(C)相同　(D)不确定

84. DEH 调节系统与自动同期装置连接可实现(　　)。

(A)调周波　(B)调功率　(C)调电压　(D)自动并网

85. 对于 DCS 软件闭环控制的气动调节执行机构,下列哪些方法不改变其行程特性(　　)。

(A)更换气动定位器内部的控制凸轮　(B)更换位置变送器反馈凸轮

(C)在允许范围内调节其供气压力　(D)以上都不改变其行程特性

86. 各种 DCS 系统其核心结构可归纳为"三点一线"结构,其中一线指计算机网络,三点分别指(　　)。

(A)现场控制站、操作员站、数据处理站　(B)现场控制站、操作员站、工程师站

(C)现场控制站、数据处理站、工程师站　(D)数据处理站、操作员站、工程师站

87. KMM 调节器在异常工况有(　　)两种工作方式。

(A)连锁手动方式和后备方式　(B)连锁自动方式和后备方式

(C)连锁手动方式和连锁自动方式　(D)以上都不是

88. 动态偏差是指调节过程中(　　)之间的最大偏差。

(A)被调量与调节量　(B)调节量与给定值

(C)被调量与给定值　(D)以上都不是

89. 当需要接受中央调度指令参加电网调频时,单元机组应采用(　　)控制方式。

(A)机跟炉　(B)炉跟机　(C)机炉协调　(D)机炉手动

90. 调节对象在动态特性测试中,应用最多的一种典型输入信号是(　　)。

(A)阶跃函数　(B)加速度函数　(C)正弦函数　(D)指数函数

91. 锅炉主蒸汽压力调节系统的作用是通过调节燃料量,使锅炉蒸汽量与(　　)相适应,以维持汽压的恒定。

(A)汽机耗汽量　(B)给水量　(C)锅炉送风量　(D)凝结水流量

92. 热工调节过程中常用来表示动态特性的表示方法有三种,其中(　　)是最原始、最基本的方法。

(A)微分方程法　(B)传递函数法　(C)阶跃响应法　(D)方框图法

93. 分散控制系统是(　　)有机结合的整体。

(A)微型处理机、工业控制机、数据通信系统

(B)工业控制机、数据通信系统、CRT 显示器

(C)过程通道、CRT 显示器、微型处理机

(D)以上都是

94. 深度反馈原理在调节仪表中得到了广泛应用,即调节仪表的动态特性仅决定于(　　)。

(A)正向环节　(B)反馈环节　(C)调节仪表　(D)以上都是

95. 在喷嘴挡板机构中，节流孔的直径比喷嘴直径(　　)。

(A)大　(B)小　(C)相等　(D)可能大也可能小

96. 在给水自动调节系统中，在给水流量扰动下，汽包水位(　　)。

(A)出现“虚假水位”　(B)立即变化

(C)不是立即变化，而要延迟一段时间　(D)不会变化

97. 工业锅炉压力表表盘直径一般应大于或等于(　　)mm。

(A)100 mm　(B)150 mm　(C)200 mm　(D)250 mm

98. INFI-90 系统对电源质量有较高要求，其电压变化不超过额定电压的(　　)。

(A)±2%　(B)±5%　(C)±10%　(D)±15%

99. 滑压运行时滑主蒸汽的质量流量、压力与机组功率成(　　)变化。

(A)正比例　(B)反比例　(C)保持不变　(D)难以确定

100. 锅炉燃烧自动调节的任务是(　　)。

(A)维持汽压恒定，保证燃烧过程的经济性

(B)维持汽压恒定，调节引风量，保证炉膛负压

(C)保证燃烧过程的经济性，调节引风量，保证炉膛负压

(D)以上都是

101. 霍尔压力变送器是利用霍尔效应把压力作用下的弹性元件位移信号转换成(　　)信号，来反应压力的变化。

(A)电流　(B)相位　(C)电动势　(D)以上都是

102. 振弦式压力变送器通过测量钢弦的(　　)来测量压力的变化。

(A)长度变化　(B)弯曲程度　(C)谐振频率　(D)以上都是

103. 锅炉负荷增加时，辐射过热器出口的蒸汽温度(　　)。

(A)升高　(B)降低　(C)不变　(D)不确定

104. 锅炉负荷增加时，对流过热器出口的蒸汽温度(　　)。

(A)升高　(B)降低　(C)不变　(D)不确定

105. 在串级汽温调节系统中，副调节器可选用(　　)动作规律，以使内回路有较高的工作频率。

(A)P 或 PD　(B)PI　(C)PID　(D)以上都可以

106. 汽包水位调节对象属于(　　)对象。

(A)无自平衡能力多容　(B)有自平衡能力多容

(C)无自平衡能力单容　(D)有自平衡能力单容

107. 检测信号波动，必然会引起变送器输出波动，消除检测信号波动的常见方法是采用(　　)。

(A)分流器　(B)阻尼器　(C)磁放大器　(D)隔离器

108. 为避免在“虚假水位”作用下调节器产生误动作，在给水控制系统中引入(　　)信号作为补偿信号。

(A)给水流量　(B)蒸汽流量　(C)水位　(D)汽包压力

109. 协调控制方式是为蓄热量小的大型单元机组的(　　)而设计的。

(A)程序控制　(B)自动控制

(C)集中控制　(D)程序控制和自动控制

110. 机组采用旁路启动时,在启动的初始阶段,DEH 系统采用(　　)控制方式。

(A)高压调节阀门或中压调节阀门　(B)高压调节阀门或高压主汽门

(C)中压调节阀门或高压主汽门　(D)高压主汽门和中压主汽门

111. 微型计算机系统包括硬件和软件两大部分,其软件部分包括系统软件和(　　)软件。

(A)存贮　(B)输入、输出　(C)I/O　(D)应用

112. 可以存储一位二进制数的电路是(　　)。

(A)单稳态触发器　(B)无稳态触发器

(C)双稳态触发　(D)积分电路

113. 仪表的校验点应在全刻度范围内均匀选取,其数目除特殊规定外,不应少于(　　)点。

(A)6　(B)5　(C)4　(D)3

114. 直插补偿氧化锆氧量计,必须将测点选在(　　)以上的地段。

(A)300℃　(B)450℃　(C)600℃　(D)800℃

115. 可以把热工参数检测,调节控制的具体方案表示出来的图纸是(　　)。

(A)安装接线图　(B)电气原理图　(C)控制流程图　(D)设计方案图

116. 比例调节作用在调节过程的(　　)阶段起作用。

(A)起始　(B)终止　(C)中间　(D)整个

117. 压力表安装在取样点下 5m 处,已知用来测介质压力的水压力表显示数是 1.0 MPa,气压读数是 0.1 MPa,则所测介质的绝对压力是(　　)。

(A)1.6 MPa　(B)1.5 MPa　(C)1.45 MPa　(D)1.05 MPa

118. 用于气动单元组合仪表的信号气压一般为(　　)MPa。

(A)0.01～0.05　(B)0.02～0.1　(C)0.5～0.2　(D)0.2～1

119. 主蒸汽温度调节系统在 10%负荷阶跃扰动下,其汽温动态偏差应不大于(　　)。

(A)±3℃　(B)±4℃　(C)±5℃　(D)±6℃

120. 连接执行机构与调节机构的连杆长度应可调且不宜大于(　　)和有弯。

(A)2 m　(B)3 m　(C)4 m　(D)5 m

121. 凝汽器水位测量装置严禁装设(　　)。

(A)排污阀　(B)平衡阀　(C)三通阀　(D)三组阀

122. 一块测量上限为 10 MPa 的弹簧管压力表,在检定该压力表时,应选标准压力表的量程(计算值)是(　　)。

(A)10 MPa　(B)11.67 MPa　(C)12 MPa　(D)13.33 MPa

123. 如果弹簧管压力表传动机构不清洁,将使其(　　)。

(A)零位偏高　(B)指示偏高　(C)指示偏低　(D)变差增大

124. 水位测量采用补偿式平衡容器,它的补偿作用是对正压恒位水槽(　　)进行补偿。

(A)温度　(B)压力

(C)水位　(D)温度、压力和水位

125. 在直径为(　　)mm 以下的管道上安装测温元件时,如无小型温度计就应采用装扩

大管的方法。

(A)76 (B)50 (C)89 (D)105

126. 国家检定规程规定,毫伏发生器的内阻不得大于( )。

(A)15Ω (B)5Ω (C)1Ω (D)0.5Ω

127. 多点配热电阻测温动圈表,使用中某点跑到最大,可能的原因有( )。

(A)电阻局部短路 (B)电阻丝或引线断路

(C)仪表张丝断 (D)插管内积水积灰

128. 用文字符号和图形符号在热力过程工艺流程图上表示热力过程自动化实现方案的图纸是( )。

(A)控制流程图 (B)电气原理图 (C)安装接线图 (D)设计方案图

129. 用来指导安装接线用的图纸是( )。

(A)控制流程图 (B)电气原理图 (C)安装接线图 (D)设计方案图

130. 自动调节器的输入信号和内给定信号在输入回路中进行综合后得到二者的( )信号。

(A)乘积 (B)偏差 (C)开方 (D)均差

131. 微分作用主要反应在调节过程的( )阶段。

(A)起始 (B)结尾 (C)中间 (D)整个

132. 调速电机是由标准鼠笼型异步电动机、电磁转差离合器和控制器三部分组成的,适用于( )场合。

(A)常变速 (B)调给粉量 (C)恒转矩负载 (D)间歇运转

133. XCZ-102 型动圈仪温度指示仪与热电阻配套使用可测量－200～500℃温度。仪表的测量范围由( )调整。

(A)线路电阻 (B)桥臂电阻 (C)热电阻 (D)零位调节钮

134. 在测量水和蒸汽流量时,如节流装置位置低于差压计时,为了防止空气侵入测量管路内,测量管路由节流装置引出时应先下垂,再向上接至仪表,其下垂距离一般不小于( )。

(A)200 mm (B)300 mm (C)500 mm (D)800 mm

135. 气体测量管路从取压装置引出时,应先向上引( )mm,使受降温影响而折出的水分和尘粒沿这段直管道导回主设备,减少它们穿入测量管道的机会。

(A)200 mm (B)400 mm (C)600 mm (D)800 mm

136. 热工仪表及控制装置的安装,应保证仪表和装置能准确、( )、安全可靠地工作,且应注意布置整齐、美观,安装地点采光良好,维护方便。

(A)导热 (B)无误 (C)快捷 (D)灵敏

137. 实现计算机分散控制的基础是( )。

(A)执行级 (B)局部程序控制级

(C)协调控制级 (D)监督控制级

138. 全厂最高一级的计算机分散控制是( )。

(A)执行级 (B)局部程序控制级

(C)协调级 (D)直接控制级

139. 当伺服放大器中的可控硅或单结晶体管损坏时,必须( )更换,以防止电机正反向逆转时的输入电流不对称。

(A)配对 (B)单独 (C)按原型号 (D)改型号

140. 一般要求可控硅的反向漏电流应小于( ),否则,容易烧坏硅整流元件。

(A)50μA (B)100μA (C)150μA (D)200μA

141. 比例带和比例增益都是表征比例调节作用的特征参数,二者互为( )。

(A)倒数 (B)乘数 (C)商数 (D)差数

142. 在流量测量过程中,由于孔板入口角的( )及孔板变形,对测量精度影响很大。

(A)腐蚀磨损 (B)高温氧化 (C)杂质冲刷 (D)受热形变

143. 调节阀的流量变化的饱和区,应在开度的( )以上出现。

(A)80% (B)85% (C)90% (D)70%

144. 电子电位差计指示记录表,指针在指示位置抖动,其原因可能是( )。

(A)有个别热偶虚接 (B)放大级增益过大

(C)伺服电动机轴部不洁油 (D)信号干扰

145. 差压测量管路冲洗时,应先打开( )。

(A)二次阀门 (B)排污阀门 (C)平衡阀门 (D)一次阀门

146. 磁性氧量表的刻度起始值不是0%的仪表可用( )方法校对来调正。

(A)闭合磁钢使磁场短路 (B)通烟气

(C)通空气 (D)通标准气样

147. 在分散控制系统中DAS的主要功能是( )。

(A)数据采集 (B)协调控制 (C)顺序控制 (D)燃烧器管理

148. 自动保护装置的作用是:当设备运行工况发生异常或某些参数超过允许值时,发出报警信号,同时( )避免设备损坏和保证人身安全。

(A)发出热工信号 (B)自动保护动作

(C)发出事故信号 (D)发出停机信号

149. 炉膛火焰检测探头一般应安装在炉膛火焰中心线( )距离炉墙最近处,并且用压缩空气吹扫,冷却探头。

(A)上方 (B)中心

(C)中心线以下1/2处 (D)下方

150. 锅炉水冷壁被加热升温,其传热方式主要是( )。

(A)导热 (B)加热 (C)导热加对流 (D)热辐射

151. 当三台给水泵中出现任何两台掉闸时,应( )。

(A)减负荷 (B)停电 (C)停炉 (D)抢修

152. 设备由低于−5℃的环境移入保温库时( )开箱。

(A)可以立即 (B)应在1 h候后 (C)应在10 h后 (D)应在24 h后

153. 在下列文件的扩展名中,以( )作为扩展名的文件不能执行。

(A)COM (B)EXE (C)BAT (D)DAT

154. 在三相对称正弦交流电路中,线电流的大小为相电流的( )倍。

(A)1 (B)1.414 (C)1.732 (D)1.732或1

155. D在三相对称正弦交流电路中,三相间的角度差为( )度。

(A)0 (B)120 (C)150 (D)180

156. 在变压器中，铁芯的主要作用是(　　)。

(A)散热　(B)磁路主通道　(C)绝缘绕组与外壳　(D)变换电压

157. 光电二极管常用于光的测量，它的反向电流随光照强度的增加而(　　)。

(A)下降　(B)不变

(C)上升　(D)以上三项均有可能

158. RC 串联电路的时间常数为(　　)。

(A)RC　(B)C/R　(C)R/C　(D)1/(RC)

159. RL 串联电路的时间常数为(　　)。

(A)RL　(B)L/R　(C)R/L　(D)1/(RL)

160. 晶体管放大电路中，射极跟随器的电压放大倍数(　　)。

(A)远小于 1　(B)约等于 1

(C)远大于 1　(D)随管子的放大倍数而定，一般为 20～30 倍

161. 如果要求放大电路有高的输入电阻，宜采用(　　)。

(A)电压负反馈　(B)串联负反馈　(C)电流正反馈　(D)电流负反馈

162. 在交流电路中，电阻两端的电压与流过电阻的电流(　　)。

(A)大小相等　(B)相位差为零　(C)方向相反　(D)成反比

163. INFI-90 系统对电源质量有较高要求，其电压变化不应超过额定电压的(　　)。

(A)±2%　(B)±5%　(C)±10%　(D)±15%

164. 高压厂用电母线一般采用(　　)接线，凡属同一台锅炉的厂用电动机，均应接在同一段母线上。

(A)单母线分段　(B)双母线　(C)单元　(D)双母线带旁母

165. 运算放大器的内部由(　　)组成。

(A)差动式输入级、电压放大级、输出级　(B)差动式输入级、电流放大级、输出级

(C)甲类输入级、电压放大级、输出级　(D)乙类输入级、电流放大级、输出级

166. 在 DOS 中，主文件名的组成字符最多不超过(　　)个。

(A)3　(B)5　(C)6　(D)8

167. 在单相全波整流电路中，若要求输出直流电压为 18 V，则整流变压器副边的输出电压应为(　　)V。

(A)16.2　(B)18　(C)20　(D)24

168. MCS51 系列单片机的定时器的工作方式由特殊功能寄存器 TMCD 中的 M1、M0 两位的状态决定，当两位状态分别为“0”时，其具有(　　)功能。

(A)8 位计数器　(B)16 位计数器

(C)具有常数自动装入的 8 位计数器　(D)分为两个 8 位计数器

169. 下列(　　)真空表计不是汽轮机真空监视所必须的。

(A)指示式　(B)电触式　(C)记录式　(D)积算式

170. 通过火焰图像的变化，可以(　　)发现火焰故障，从而防止灭火。

(A)在灭火早期　(B)在灭火中期　(C)在灭火晚期　(D)以上三个都对

171. 处在梯形图中同一水平线的所有编程元件构成一个(　　)。

(A)节点　(B)元件　(C)梯级　(D)网络

172. 汽包锅炉水位调节系统投入前应进行的实验有(　　)。
(A)汽包水位动态特性试验、给水调节阀特性试验、除氧器水位动态特性试验
(B)汽包水位动态特性试验、调速给水泵特性试验、除氧器水位动态特性试验
(C)汽包水位动态特性试验、给水调节阀特性试验、调速给水泵特性试验
(D)以上试验都需进行

173. 按照检修管理规定，热工仪表及控制装置检修、改进、校验和试验的各种技术资料以及记录数据、图纸应在检修工作结束后(　　)天内整理完毕并归档。
(A)7　(B)10　(C)15　(D)30

174. 梯形图中动合触点与母线连接的指令为(　　)。
(A)LD　(B)OR　(C)AND　(D)LD-NOT

175. 目前 PLC 中处理器主要用的是(　　)。
(A)单板机　(B)单片机　(C)8086　(D)位处理器

176. 电容式压力变送器的最小测量范围为(　　)Pa。
(A)0～10　(B)0～20　(C)0～24　(D)0～40

177. RMS700 系列轴承振动传感器输出信号是以(　　)Hz 为基波的正弦波信号。
(A)50　(B)60　(C)100　(D)120

178. 大型机组热力系统中低加疏水一般是(　　)的。
(A)逐级自流　(B)打入除氧器
(C)采用疏水泵打入凝结水管道　(D)用 U 形水封疏入凝汽器

179. 对于轴向位移表，误差不应超过测量范围的(　　)。
(A)±3%　(B)±4%　(C)±5%　(D)±2%

180. 对于胀差表和热膨胀表，误差应不超过测量范围的(　　)。
(A)±3%　(B)±4%　(C)±5%　(D)±2%

181. (　　)不是 PLC 的编程语言。
(A)梯形图　(B)功能图　(C)布尔逻辑图　(D)SAMA 图

182. DCS 控制系统是通过(　　)实现控制功能分散的。
(A)DCS 网络　(B)控制器和特殊 I/O 卡件
(C)I/O 卡件　(D)其他

183. 模拟图显示属于(　　)完成的功能。
(A)CCS　(B)DAS　(C)FSSS　(D)SCS

184. 在 PLC 运行过程中，若不考虑特殊功能，则关于用户程序中的 I/O 信号，(　　)是正确的。
(A)所有输入信号直接来自于现场，输出信号直接作用于现场
(B)所有输入信号直接来自于现场，输出信号作用于输出映像区
(C)所有输入信号直接来自于输入映像区，输出信号直接作用于现场
(D)所有输入信号直接来自于输入映像区，输出信号直接作用于输出映像区

185. OMROM C200H 系列可编程控制器采用(　　)单片机作为其主处理器。
(A)MCS 51　(B)MCS 98
(C)MOTOROLA MC68B69CP　(D)8031

186. 热力机械工作票中“工作票延期，有效期延长到某年某月某日某时某分”栏目，应有(　　)确认并签名。

(A)工作负责人和工作许可人　(B)工作票签发人和工作负责人
(C)工作票签发人和工作许可人　(D)主管领导

187. 拆卸仪表时，如发现有水银附着在零件的表面上，应把零件放在盛有汽油的容器内，用(　　)将水银除刷干净。

(A)毛刷　(B)手　(C)压力水　(D)软布

188. 汽轮机启动时上、下缸温度变化为(　　)。

(A)上缸高　(B)下缸高　(C)一样高　(D)交替变化

189. 汽包锅炉中下降管的作用是(　　)。

(A)吸收热量　(B)组成水循环　(C)汽水分离　(D)输送给水

190. 大型机组采用旁路系统后，锅炉启动时产生的蒸汽(　　)。

(A)冲转汽轮机　(B)减温减压后通过凝结器
(C)通向除氧器　(D)排入大气

191. 全面质量管理中的5S活动是指(　　)。

(A)整理、整顿、清扫、清洁和素养　(B)整理、整改、清扫、清洁和素养
(C)整理、整顿、清扫、清洁和素质　(D)整理、整改、清扫、清洁和素质

192. 大型机组给水泵采用变速给水泵的目的是(　　)。

(A)提高泵的容量　(B)提高热力系统效率
(C)提高给水压力　(D)与机组大小无关

193. 正常运行中汽包的水位一般应在 0±50 mm，当水位偏低时，最易发生的事故是(　　)。

(A)蒸汽带水　(B)水冷壁超温
(C)蒸汽含盐量增加　(D)气温下降

194. 顺序控制系统动态调试质量指标应符合(　　)。

(A)《火电厂测试规程》
(B)《火电工程调整试运标准》
(C)《火电工程调整试运质量检验及评定标准》
(D)《火力发电厂顺序控制系统在线验收测试规程》

195. 当正弦量交流电压作用于一实际电感元件时，元件中流过的电流(　　)。

(A)滞后电压 90°　(B)滞后电压 0°到 90°
(C)超前电压 0°到 90°　(D)超前电压 90°

196. 在堵转情况下，交流异步电动机的转差率为(　　)。

(A)0　(B)0.5　(C)1　(D)1.5

197. 三相异步电动机正常工作时，鼠笼绕组中的电流(　　)。

(A)为直流电　(B)为交流电，频率较低
(C)为交流电，频率较高　(D)为交流电，与三相电源同频率

198. 工业电视的摄像机固定在平台上，同时平台又能用作调整摄像范围的角度，垂直旋转角度的允许范围为(　　)。

(A)±30°　(B)±60°　(C)±45°　(D)±75°

199. 下列汽轮机监控参数中,只作监视无保护作用的是(　　)。
(A)轴向位移　(B)差胀　(C)缸胀　(D)转速

200. 在检修调试顺序控制系统时,若马达的控制回路已受电,则控制开关应打在(　　)
(A)试验位置　(B)顺控位置　(C)手动位置　(D)无所谓

201. 下面哪些操作对炉膛压力的调节不起直接作用(　　)。
(A)关小引风机进口调节挡板　(B)引风机电动机低速切高速
(C)增大送风机动叶开度　(D)将喷燃器摆角上摆

202. 锅炉吹灰程控在吹灰过程中若出现疏水温度低现象,则应(　　)。
(A)暂停　(B)退出吹灰器
(C)退出吹灰器并打开疏水阀　(D)继续运行

三、多项选择题

1. 属于班组交接班记录的内容是(　　)。
(A)生产运行　(B)设备运行　(C)出勤情况　(D)安全学习

2. 造成差压变送器输出偏低的主要原因有(　　)。
(A)平衡阀没关紧　(B)三阀组件内漏
(C)流量孔板装反　(D)正压室有气体

3. 下列叙述中,属于生产中防尘防毒技术措施的是(　　)。
(A)改革生产工艺　(B)采用新材料新设备
(C)车间内通风净化　(D)湿法除尘

4. 催化裂化装置中多变量预测控制器的变量的选取都应(　　)。
(A)是可测的　(B)立足工艺　(C)互有关联　(D)互有独立性

5. 在HSE管理体系中,风险控制措施选择的原则是(　　)。
(A)有可行性　(B)先进性、安全性
(C)经济合理　(D)技术和服务保证

6. 在计算机应用软件Word中页眉设置中可以实现的操作是(　　)。
(A)在页眉中插入剪贴画　(B)建立奇偶页内容不同的页眉
(C)在页眉中插入分隔符　(D)在页眉中插入日期

7. 在计算机应用软件Excel中单元格中的格式可以进行(　　)等操作。
(A)复制　(B)粘贴　(C)删除　(D)连接

8. 衰减比表示过渡过程的衰减程度,一般衰减比(　　)。
(A)越大越好　(B)4∶1比较理想
(C)越小越好　(D)使过渡过程有两个振荡波比较理想

9. 班组的劳动管理包括(　　)。
(A)班组的劳动纪律　(B)班组的劳动保护管理
(C)对新工人进行“三级安全教育”　(D)班组的考勤、考核管理

10. 自动化装置一般至少应包括三个部分,它们是(　　)。
(A)被控对象　(B)测量元件与变送器
(C)控制器　(D)执行器

11. 放大系数是被控变量达到新的稳态值时输出的变化量与输入的变化量之比，因此(　　)。

(A)在输入量变化相同时，放大系数越大，输出量的变化越大

(B)不随时间变化，是用来表示对象静态性能的参数

(C)被控对象的放大系数对于不同的输入来说是固定的

(D)对于控制通道来说，被控对象的放大系数越大，控制作用越强

12. 下面关于被控对象时间常数 T 的说法正确的是(　　)。

(A)被控变量达到新的稳态值的63.2%所需的时间

(B)反应被控变量变化快慢的参数

(C)是表示被控对象静态特性的重要参数

(D)从加入输入作用后，经过 $3T$ 时间，这时可以近似认为动态过程已经结束

13. 被控对象的传递滞后(　　)。

(A)是生产过程中无法彻底消除的

(B)可以通过改进工艺，减少物料和能量传递的阻力，达到降低传递滞后的目的

(C)只是使控制作用向后延迟一小段时间，并不会影响整个系统的控制质量

(D)可以在反馈控制系统中加入前馈控制，克服传递滞后给控制质量带来的影响

14. 下面关于传递滞后和过度滞后的说法正确的是(　　)。

(A)二者本质上是不同的

(B)在实际上很难严格区分

(C)对控制质量的影响是不同的

(D)传递滞后主要存在于一阶对象，容量滞后主要存在于高阶对象

15. 在实际测量过程中，存在多个误差，如果求取多个误差的代数综合误差，应已知各局部误差的(　　)。

(A)数值大小　　(B)正负符号　　(C)变化趋势　　(D)函数关系式

16. 在测量过程中存在多个误差，可以采用绝对值合成法求得总误差，此计算方法具有(　　)的特点，但对测量次数较多的误差不适用。

(A)计算快速　　(B)计算简单方便

(C)可靠性较差　　(D)可靠性较高

17. 若是被测变量的实际温度为500℃，某温度测量仪表的指示值为502℃，其测量范围是0～600℃，那么下面数值中属于正确的是(　　)。

(A)仪表精度0.2　　(B)仪表精度0.5

(C)测量精度400　　(D)测量精度250

18. 可靠性是现代仪表的重要性能指标之一，如果仪表(　　)，表示该表可靠性越高。

(A)发生故障次数越少　　(B)故障发生时间越短

(C)发生故障次数越多　　(D)故障发生时间越长

19. 线性度是数字式仪表的重要性能指标之一。关于线性度的正确表述是(　　)。

(A)仪表的输出量和输入量分别与理论直线的吻合程度

(B)仪表的输出量与输入量的实际校准曲线与理论直线的吻合程度

(C)实际测得的输入—输出特性曲线与理论直线之间的平均偏差数值与测量仪表量程之

比的百分数表示

(D)实际测得的输入—输出特性曲线与理论直线之间的最大偏差与测量仪表量程之比的百分数表示

20. 转子流量计在实际使用是,由于被测介质的密度和所处的工作状态与标定条件不同,使得转子流量计的指示值和被测介质实际流量值之间存在一定差别,所以必须对流量指示值按照被测介质的(　　)等参数的具体情况进行修正。

(A)质量　(B)密度　(C)温度　(D)压力

21. 通过转子流量计有关参数计算,可以看到:当转子材料密度增大,其余条件(　　)不变时,则仪表换算后量程增大。

(A) 转子化学性质　(B)转子形状

(C)被测介质密度　(D)被测介质性质

22. 利用测速管测量流量也离不开差压计,引入差压计中的两个压力分别是,(　　)。

A 测速管测到的全压力　(B)测速管测到的静压力

(C)导压管测到的静压力　(D)导压管测到的动压力

23. 应用工业核仪表的射线种类很多,下面的是(　　)工业核仪表射线。

(A)β　(B)γ　(C)α　(D)λ

24. 以下属于热电阻的检修项目的有(　　)。

(A)断线焊接　(B)短路处理　(C)绕制　(D)电阻检查

25. 在热电阻的正常使用过程中,突然出现示值最大的情况,请根据经验判断热电阻的使用情况是(　　)。

(A)检查发现热电阻的阻值可能最大　(B)热电阻可能开路

(C)热电阻可能短路　(D)三线制时有断线

26. 空化产生的破坏作用十分严重,选择阀门应该从以下几个方面考虑(　　)避免空化的发生。

(A)从压差上考虑　(B)从阀芯阀座材料上考虑

(C)从阀芯阀座结构上考虑　(D)从阀芯阀座特性上考虑

27. 三通电磁阀通常用于(　　)。

(A)连续控制　(B)遥控　(C)顺序控制　(D)联锁系统

28. 智能阀门定位器可以进行(　　)组态。

(A)定位速度的限定　(B)给定的上升或下降特性

(C)气源压力大小　(D)偏差大小

29. 滞后产生的原因包括(　　)。

(A)测量元件安装位置不当　(B)测量变送单元本身存在滞后

(C)测量信号的传递滞后　(D)以上都不对

30. 前馈控制的应用场合是(　　)。

(A)干扰幅值大而频繁,对被控变量影响剧烈,仅采用反馈控制达不到的对象

(B)主要干扰是可测而不可控的信号

(C)当对象的控制通道滞后大,反馈控制不及时,控制质量差,可采用前馈或前馈—反馈控制系统

(D)对象的滞后和时间常数很大，干扰作用强而频繁，负荷变化大，对控制质量要求较高

31. 关于前馈控制，下面说法正确的是(　　)。

(A)属于开环控制　　(B)属于闭环控制
(C)一种前馈只能克服一种干扰　　(D)比反馈控制及时有效

32. 比值控制系统整定的目的是要使系统达到(　　)。

(A)振荡过程　　(B)不振荡过程　　(C)临界过程　　(D)微振荡过程

33. 对西门子 S7-300 系列 PLC，可以用于系统调试的方法有(　　)。

(A)硬件状态指示灯　　(B)诊断缓冲区　　(C)变量表　　(D)强制功能

34. TDC3000/TPS 系统中，HPM 由以下卡件组成(　　)。

(A)HPMM　　(B)IOP　　(C)TAP　　(D)FTA

35. EJA 型智能变送器的零点调整方法有(　　)。

(A)变送器外调零螺钉调零　　(B)使用终端 BT200 进行调零
(C)使用调节器进行调整　　(D)使用万用表进行调整

36. CENTUM CS 3000 系统中，现场控制单元(FCU)的主要组成部分包括(　　)。

(A)FCS　　(B)处理器卡　　(C)总线接口卡　　(D)供电单元

37. 一个现场级网络一般连接(　　)现场仪表。

(A)4 台　　(B)12 台　　(C)32 台以上　　(D)最多 16 台

38. 加热炉单参数调节较难满足工艺生产要求，只适用于(　　)。

(A)出口温度要求不严格　　(B)外来干扰频繁幅度大
(C)炉膛容量大　　(D)外来干扰缓慢繁幅度小

39. 加热炉采用前馈-反馈系统调解方案，前馈调节部分是用来克服(　　)的干扰作用。

(A)进料温度　　(B)空气过量　　(C)出口温度　　(D)进料流量

40. 锅炉燃烧自动控制有烟气成分(　　)这三个被控变量。

(A)燃料量　　(B)炉膛负压　　(C)蒸汽压力　　(D)送风量

41. 本质安全型线路敷设完毕，要用 50 Hz (　　)进行试验，没有击穿表明其绝缘性能符合要求。

(A)500 V　　(B)250 V　　(C)1 min　　(D)3 min

42. 在有剧毒介质的环境中进行仪表安装施工需要采取的措施有(　　)。

(A)设置排风装置　　(B)管道试压　　(C)设置检测报警　　(D)管道强度试验

43. 高温高压的介质在化工生产中经常遇到，仪表的安装要尽可能地远离(　　)。

(A)各种工艺设备　　(B)高温工艺设备　　(C)高温工艺管道　　(D)各种工艺管道

44. 仪表气源质量要求包括(　　)。

(A)露点　　(B)含尘量
(C)含油量　　(D)有害及腐蚀性气体含量等

45. 仪表接地系统由(　　)组成。

(A)接地线　　(B)接地汇流排　　(C)接地体　　(D)公用连接板

46. 在对象的特性中，下面是关于通道的描述，其中正确的是(　　)。

(A)由被控对象的输入变量至输出变量的信号联系称为通道
(B)控制变量至被控变量的信号联系称为控制通道

(C)给定变量至被控变量的信号联系称为给定通道

(D)干扰变量至被控变量的信号联系称为干扰通道

47. CENTUM CS 3000 系统中,当系统总貌状态窗口里的 FCS 显示红色叉时,表示此 FCS(　　)。

(A)组态错误　(B)没有上电　(C)通信故障　(D)硬件故障

48. HRAT 网络中信号发生单元包括(　　)。

(A)基本主设备　(B)现场仪表　(C)副主设备　(D)网络电源

49. 和 DCS 相比,FCS 具备以下几个特点(　　)。

(A)全数字化　(B)全分散式

(C)全双工通信　(D)开放式互联网络

50. 用于对网络提供各种功能性服务的服务器有(　　)等。

(A)文件服务器　(B)异步通信服务器

(C)打印服务器　(D)网络服务器

51. 在精馏中影响温度变化的因素是(　　)所以采用温差作为被控变量来进行控制。

(A)密度　(B)成分　(C)挥发度　(D)压力

52. 串行数据通信按其传输的信息格式可分为(　　)两种方式。

(A)单工　(B)双工　(C)同步通信　(D)异步通信

53. 上位连接系统是一种自动化综合管理系统。上位计算机通过串行通信接口与可编程序控制器的串行通信接口相连,对可编程序控制器进行集中监视和管理,在这个系统中,可编程序控制器是直接控制级,它负责(　　)。

(A)现场过程的检测与控制　(B)接收上位计算机的信息

(C)向上位计算机发送现场控制信息　(D)与其他计算机进行信息交换

54. TPS 系统运行中,HM 如出现故障,可能会影响(　　)。

(A)控制功能运行　(B)流程图操作

(C)键盘按键操作　(D)区域数据库操作

55. 由于(　　)的原因,常会破坏被控对象的平衡,引起输出变量的变化。

(A)干扰作用　(B)负荷变化　(C)改变控制规律　(D)整定控制参数

56. 下面所列选项中与被控对象的容量有关的是(　　)。

(A)时间常数　(B)放大系数　(C)传递滞后　(D)容量滞后

57. 滞后现象是指被控对象在受到输入作用后,被控变量(　　)的现象。

(A)不能立即变化　(B)虽然变化但变化比较缓慢

(C)变化比较迅速　(D)立即变化且变化比较迅速

58. 在测量过程中存在多个误差时,如果属于(　　)情形时,可以采用绝对值合成法求得总误差。

(A)各局部误差项数较少

(B)只知道各局部误差大小

(C)各局部误差的符号不确定(即可正可负)

(D)各局部误差的数值稳定

59. 在测量过程中存在多个误差,可以采用绝对值合成法求得总误差,此计算方法具有

(　　)的特点,但对测量次数较多的误差不适用。

(A)计算快速　(B)计算简单方便　(C)可靠性较差　(D)可靠性较高

60. 若是被测变量的实际温度为500℃,某温度测量仪表的指示值为502℃,其测量范围是0～600℃,那么下面数值中属于正确答案的是(　　)。

(A)相对误差0.4%　(B)最大相对百分误差0.33%

(C)仪表精度0.2　(D)测量精度250

61. 测量复现性是在不同测量条件下,用(　　),对同一被检测的量进行多次检测时,其测量结果一致的程度。

(A)不同的方法　(B)不同的仪器仪表

(C)不同的观测者　(D)在不同的检测环境

62. 通常用来衡量仪表稳定性的指标可以称为(　　)。

(A)基本误差限　(B)仪表零点漂移　(C)输出保持特性　(D)仪表精度等级

63. 数字式仪表不同量程的分辨力是相同的,相应于最低量程的分辨力称为该表的(　　)。

(A)最低分辨力　(B)最高分辨力　(C)灵敏限　(D)灵敏度

64. 反应时间是仪表的重要性能指标之一。当仪表输入信号(被测变量)突然变化一个数值后,仪表的输出信号y由开始变化到新稳态值的(　　)所用的时间,均可用来表示反应时间。

(A)36.8%　(B)63.2%　(C)95%　(D)98%

65. 前馈控制的应用场合是(　　)。

(A)干扰幅值大而频繁,对被控变量影响剧烈,仅采用反馈控制达不到的对象

(B)主要干扰是可测而不可控的信号

(C)当对象的控制通道滞后大,反馈控制不及时,控制质量差,可采用前馈或前馈-反馈控制系统

(D)对象的滞后和时间常数很大,干扰作用强而频繁,负荷变化大,对控制质量要求较高

66. 转子流量计在实际使用时,由于被测介质的(　　)与标定条件不同,使得转子流量计的指示值和被测介质实际流量值之间存在一定差别,所以必须对流量指示值进行修正。

(A)质量　(B)所处的工作状态

(C)电磁场干扰　(D)工作环境

67. 转子流量计在实际测量液体流量时,下面给出的公式中属于体积流量的修正公式是(　　)其中:Q_0为标准状态下的流量值,Q_f为实际流量值,K_Q为体积流量的换算系数。

(A)$Q_0=K_Q\times Q_f$　(B)$Q_f=Q_0/K_Q$

(C)$M_0=K_Q\times M_f$　(D)$M_f=M_0/K$

68. 转子流量计在实际测量气体流量时要进行修正计算。当被测介质气体的(　　)与空气不同时须进行刻度换算。

(A)组分　(B)密度　(C)工作压力　(D)工作温度

69. 对于气体流量测量时,目前常采用标准立方米为单位,即用气体介质在(　　)流过转子流量计的体积数。

(A)规定状态下　(B)标准状态下　(C)某时刻　(D)单位时间

70. 气动调节阀类型的选择包括(　　)。

(A)执行机构的选择　(B)阀的选择
(C)特性的选择　(D)作用形式的选择

71. 大型机组的联锁保护系统联锁内容包括(　　)。

(A)润滑压低低　(B)轴位移过大　(C)入口压力低低　(D)手动停车

72. 关于靶式流量计的有关知识,下面叙述正确的是(　　)。

(A)靶式流量计是在力平衡式差压变送器的基础上制成的
(B)靶式流量计是在电容式差压变送器的基础上制成的
(C)靶板受到的冲击力大小和流体流动状态相关
(D)靶板受到的冲击力大小和流体流速成正比例

73. 微分控制规律在(　　)控制系统比较常见。

(A)液位　(B)流量　(C)温度　(D)成分

74. 采用比例积分微分控制规律可以达到(　　)的目的。

(A)克服对象的滞后　(B)提高系统稳定性
(C)消除高频噪声　(D)消除余差

75. 进行流量仪表的流量标定,在水流量标定系统的组成中,流量计标定管路必须保证流体的流速均匀,不至于产生流体的(　　)。

(A)相变　(B)漩涡　(C)脉动　(D)共振

76. 动态容积法水流量标定装置的组成:主要由液体源、检测开关、活塞、(　　)等组成。

(A)检测变送器　(B)检测记录仪　(C)标准体积管　(D)计时器

77. 在核辐射物位计中,用于料位检测的放射源一般是(　　)。

(A)钴－60　(B)镭　(C)铯－137　(D)铅

78. 耐磨热电偶一般应用在催化等反应装置上,根据经验,下面是耐磨热电偶保护套管的特点的是(　　)。

(A)坚固耐磨　(B)耐高温
(C)保护管带有切断阀　(D)套管是陶瓷物质

79. 在热电阻的测量电路里,有热电阻和测量仪表,在对于接线的二线制、三线制、四线制的说法里,正确的是(　　)。

(A)在二线制里,导线不宜过长
(B)在三线制里测量精度比二线制高
(C)二线制电路连接仪表与三线制无误差区别
(D)在高精度测量的场合,采用四线制方式

80. 轴系仪表传感器系统精度校验所需仪器有(　　)。

(A)TK3 试验、校准仪器　(B)轴状千分尺
(C)数字万用表　(D)电源

81. 轴系仪表振动监测器的校验用仪器有(　　)。

(A)低频信号发生器　(B)万用表
(C)数字交流电压表　(D)精密电阻箱

82. 轴系仪表振动监测器的校验内容有(　　)。

(A)送电前检查并校准零位　(B)指示精度

(C)报警精度　(D)试验及复位功能是否正常

83. DDZ-Ⅲ型调节器进行比例度δ校验时,应将相关参数置于适当位置:将比例度刻度置于欲校刻度上(　　)位置。

(A)积分时间刻度置于最大　(B)微分时间刻度置于最大

(C)积分时间刻度置于最小　(D)微分时间刻度置于最小

84. 被控变量的选择时应该遵循一定的原则,下列说法正确的是(　　)。

(A)反映工艺操作指标或状态且可直接测量的重要工艺参数作为被控变量

(B)为了保持生产稳定,需要经常调节的参数作为被控变量

(C)被控变量应当是可测的、独立可控的

(D)所选定的被控变量必须考虑工艺过程的合理性,同时考虑采用仪表的现状和性能

85. DDZ-Ⅲ型调节器进行积分时间 T1 校验时,应将相关参数置于适当位置:将比例度刻度置于 100%刻度上(　　)位置。

(A)积分时间刻度置于最大　(B)微分时间刻度置于最大

(C)积分时间刻度置于最小　(D)微分时间刻度置于最小

86. DDZ-Ⅲ型调节器进行微分时间 TD 校验时,应将相关参数置于适当位置:将比例度刻度置于 100%刻度上(　　)位置。

(A)积分时间刻度置于最大　(B)微分时间刻度置于最大

(C)积分时间刻度置于最小　(D)微分时间刻度置于最小

87. 减小滞后影响的措施有(　　)。

(A)合理选择测量点的位置　(B)选取惰性小的测量元件

(C)尽量缩短信号传输长度　(D)使用阀门定位器

88. 均匀控制系统的特点是(　　)。

(A)两个控制变量应有变化　(B)控制变量的变化在运许的范围之内

(C)控制过程的变化较慢　(D)控制中应由微分作用

89. 前馈控制根据对干扰补偿形式的特点,可分为(　　)。

(A)简单前馈　(B)前馈—反馈　(C)静态前馈　(D)动态前馈

90. 下面关于串级控制系统控制器的控制规律的选择描述正确的是(　　)。

(A)主控制器一般选择 PI 控制规律

(B)主控制器当对象滞后较大时,也可引入适当的 D 作用

(C)副控制器一般采用 P 控制规律

(D)副控制器必要时引入适当的 I 作用

91. 数字温度表的功能可以与(　　)配套使用,对各种气体、液体、蒸汽和烟气的温度进行测量。

(A)热电偶　(B)热电阻　(C)霍尔片　(D)应变电阻

92. 气动调节阀类型的选择包括(　　)。

(A)执行机构的选择　(B)阀的选择　(C)特性的选择　(D)作用形式的选择

93. 在梯形图中,下面符号表示继电器线圈的是(　　)。

(A)—( )—　　(B)□　　(C)—◯—　　(D)⊓□

94. 对于检测与过程控制系统,电源质量要求以下指标(　　)。

(A)电源电压与允许偏差　　(B)电源频率与允许偏差

(C)电源电压降低及线路电压降　　(D)电源瞬时中断

95. 新型显示记录仪表的输入信号种类多:可与热电偶、热电阻、辐射感温器或其他产生(　　)的变送器配合,对温度、压力、流量、液位等工艺参数进行数字显示和数字记录。

(A)脉冲振荡　　(B)直流电压　　(C)直流电流　　(D)静压力差

96. PLC 的基本技术性能指标有输入/输出点数(I/O 点数),扫描速度(　　)。

(A)内存容量　　(B)指令条数　　(C)内部寄存器　　(D)高功能模块

97. 仪表自动化工程的系统调校按回路进行,回路有(　　)。

(A)自动调节回路　　(B)信号报警回路　　(C)联锁回路　　(D)检测回路

98. TDC3000/TPS 系统中,如 IOP 卡件能工作,则状态维护显示画面上此卡件指示应为(　　)。

(A)黄　　(B)红色　　(C)绿色　　(D)蓝色

99. 新型显示记录仪表组态方式中有“报警信息组态”,其内容包括:每个通道的上限、下限和(　　)报警触点的设置。

(A)上上限　　(B)下下限　　(C)断电　　(D)联锁失控

100. 一套完整的自控施工技术方案主要包括以下内容(　　)。

(A)主要施工方法和施工工序　　(B)质量要求及质量保证措施

(C)安全技术措施　　(D)进度网络计划等

101. 凡是遇到有人触电,如果离开关或插座较远,又无法直接切断电线,则应(　　)等方法。

(A)采用竹棍或木棒强迫触电者脱离电源

(B)使用绝缘工具切断电线

(C)戴上绝缘手套．穿上绝缘鞋将触电者拉离电源

(D)立刻上去,用手把触电者拉离电源

102. 在化工自动化中,研究对象特性的原因是(　　)。

(A)选用合适的测量元件和控制器　　(B)降低设备制造成本

(C)设计合理的控制方案　　(D)选择合适的被控变量和操纵变量

103. 对于相同的负荷变化,容量系数大的对象,引起被控变量的变化比较(　　)。

(A)快　　(B)大　　(C)慢　　(D)小

104. 任何测量过程都不可避免地会受到各种因素的影响,所以获得的测量值一般均含有(　　)误差,亦即所获得的测量误差是多个误差的综合。

(A)偶然　　(B)系统　　(C)累积　　(D)随机

105. 现在大多数厂家生产的智能变送器中,普遍存在的两种通信协议是(　　)。

(A)IP 协议　　(B)IP 和 HART 协议

(C)HART 协议　　(D)DE 协议

106. 总的“不确定度”是由(　　)两个分量合成而得。

(A)系统不确定度　　(B)仪表不确定度　　(C)偶然不确定度　　(D)随机不确定度

107. 可靠性是现代仪表的重要性能指标之一,可靠性与仪表维护量密切相关,可靠性越高则表示仪表(　　)。

(A)维护量越大　　(B)利用率并未提高

(C)维护量越少　　(D)利用率越高

108. 分辨率是数字式仪表的(　　)与最低量程的相对值(即比值)就是数字式仪表的分辨率。

(A)灵敏度　　(B)分辨力　　(C)最高分辨力　　(D)测量误差

109. 转子流量计制造厂为了便于成批生产,在进行刻度时,是在标准状态下,用水或空气对仪表进行标定,对于测量液体和气体来讲分别代表(　　)的流量。

(A)20℃时水　　(B)4℃时水

(C)0℃、101.33 kPa 空气　　(D)20℃、101.33 kPa 空气

110. 测速管流量计的测量原理是,装在管道中心的一根金属管,应该(　　),才能测出流体的全压力。

(A)带有小挡板　　(B)带有小孔

(C)末端正对着流体流向　　(D)末端应与流体流向一致

111. 在进行流量仪表瞬时流量的标定值,是用标准(　　),通过一套标准试验装置来得到的。

(A)阀门　　(B)砝码　　(C)容积　　(D)时间

112. 在进行热电偶的校验时,将标准热电偶放在不锈钢柱孔的中心,为了防止标准热电偶被污染而降低精度,经常将应用一端用以下的(　　)材料进行封闭。

(A)石英管　　(B)石棉　　(C)瓷管　　(D)玻璃棉

113. 选择性控制系统的抗积分饱和的措施可以选择为以下(　　)控制方案。

(A)限幅法　　(B)微分先行法　　(C)积分切除法　　(D)比例微分法

114. 接地系统的作用有(　　)。

(A)保护设备安全　　(B)抑制干扰　　(C)保护人身安全　　(D)保证安全生产

115. 仪表系统的接地连线应选用(　　)。

(A)钢材　　(B)多股绝缘铜电缆

(C)多股绝缘铜电线　　(D)裸导线

116. 数字温度表适合安装在(　　)的环境。

(A)无强烈振动　　(B)无电磁波干扰　　(C)无防爆要求　　(D)无腐蚀性气体

117. 超驰控制系统是选择性控制系统的一种,属于(　　)。

(A)能量平衡控制　　(B)质量平衡控制

(C)极限控制　　(D)设备的软保护

118. 现有压力开关普遍使用的弹性元件有(　　)。

(A)单圈弹簧管　　(B)膜片　　(C)膜盒　　(D)波纹管

119.. 电磁阀的选择应从(　　)方面考虑。

(A)应用场所的防爆要求　　(B)能耗

(C)带载能力　　(D)介质流量大小

120. 智能阀门定位器可以实现(　　)等功能。

(A)行程限定　(B)报警　(C)特性选择　(D)分程控制

121. 如图1所示是锅炉液位的三冲量控制的一种实施方案,下面说法正确的是(　　)。

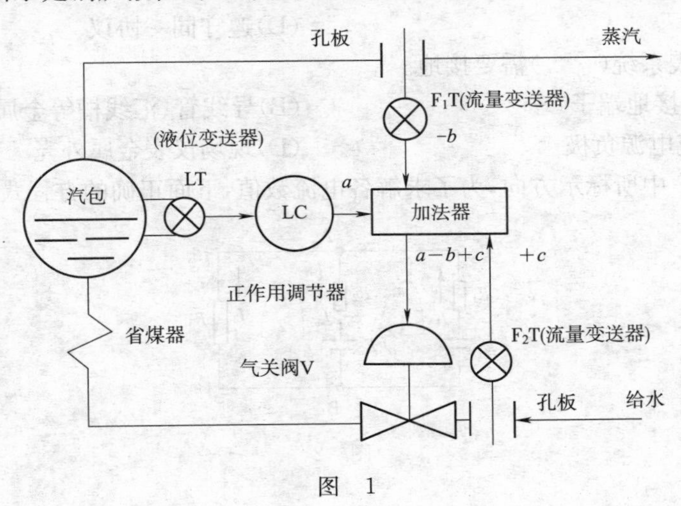

图　1

(A)汽包液位是被控变量　(B)给水流量是串级回路的副变量

(C)蒸汽流量是串级回路的副变量　(D)蒸汽流量是前馈信号

122. 调节阀阀体、上阀盖、下法兰等承受压力的部件材料的选择依据是被调介质的(　　)。

(A)压力　(B)温度　(C)腐蚀性　(D)磨损性

123. 常用螺纹主要有(　　)。

(A)普通螺纹　(B)圆柱管螺纹

(C)550英制圆锥管螺纹　(D)600英制圆锥管螺纹

124. 调节阀的流量特性选择准则有(　　)。

(A)从调节系统的调节质量分析并选择　(B)通过计算

(C)从工艺配管情况考虑并选择　(D)从负荷变化情况分析并选择

125. 串级控制回路控制器的参数整定法有(　　)。

(A)一步整定法　(B)两步整定法　(C)三步整定法　(D)四步整定法

126. 智能阀门定位器主要由(　　)组成。

(A)压电阀　(B)模拟数字印刷电路板

(C)行程检测系统　(D)偏差测量电路板

127. 在非常稳定的调节系统中,可选用(　　)特性调节阀。

(A)快开特性　(B)等百分比特性　(C)线性　(D)抛物线特性

128. 单闭环比值控制系统,工况稳定时,从动流量控制系统实现(　　)。

(A)定值控制　(B)开环控制　(C)随动控制　(D)稳定控制

129. 比值系统实施的方案可以有(　　)。

(A)乘法器实现　(B)用比值器实现　(C)除法器实现　(D)限幅和比值实现

130. 均匀控制的方案可以选择为以下(　　)控制方案。

(A)简单均匀　(B)前馈均匀　(C)串级均匀　(D)多冲量均匀

131. 现场设备的互操作性通过(　　)实现的。

(A)制定标准和规范　　(B)设备是否遵守标准测试

(C)设备描述　　(D)遵守同一协议

132. 本安仪表系统(　　)需要接地。

(A)安全栅的接地端子　　(B)导线管、汇线槽等金属构件

(C)24 V 直流电源负极　　(D)现场仪表金属外壳

133. 根据图 2 中所标示方向,为了求解各电流数值,下面正确的方程式有(　　)。

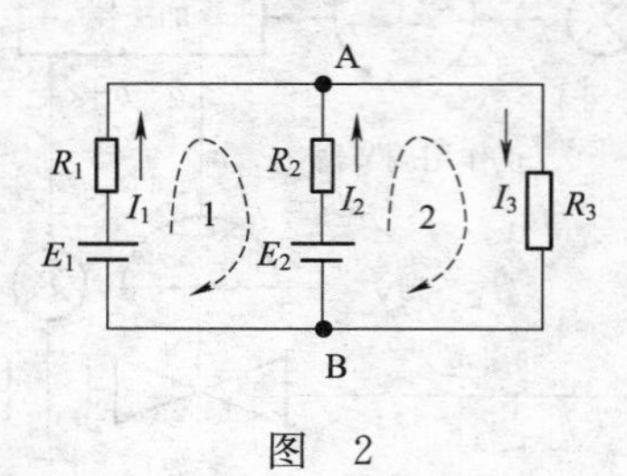

图 2

(A)$I_3=I_1+I_2$　　(B)$E_1-E_2=I_1R_1-I_2R_2$

(C)$E_2=I_2R_2+I_3R_3$　　(D)$E_1-E_2=I_1R_1-I_2R_2+I_3R_3$

134. 在图 3 中,根据基尔霍夫第一定律可知节点 A 处(　　)。

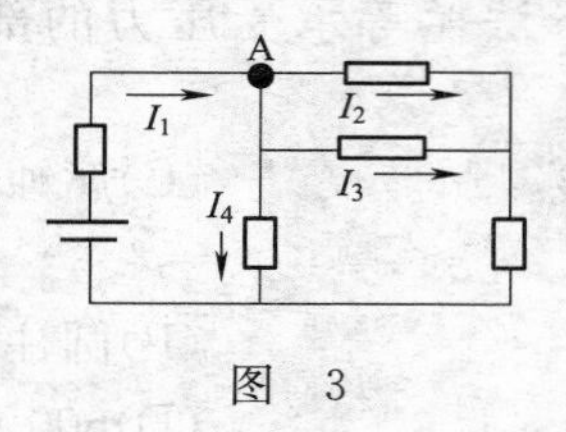

图 3

(A)是三条支路的汇合点　　(B)是四条支路的汇合点

(C)$I_1=I_2+I_3$　　(D)$I_1=I_2+I_3+I_4$

135. 直导体中产生感生电流的条件是(　　)。

(A)直导体相对磁场作切割磁力线运动　　(B)直导体中磁通发生变化

(C)直导体是闭合电路的一部分　　(D)直导体所在电路可以断开也可以闭合

136. 如图 4 在电感线圈中的外电流增加时,线圈产生自感现象,下图中(　　)。

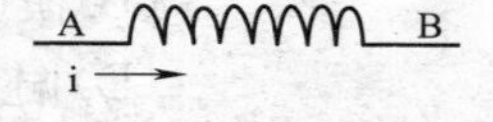

图 4

(A)自感电流方向由 A 到 B　　(B)自感电流方向由 B 到 A

(C)自感电动势方向由 A 到 B　　(D)自感电动势方向由 B 到 A

137. 在电感线圈中的外电流减少时,线圈产生自感现象,其(　　)。

(A)自感电流方向由 A 到 B　　(B)自感电流方向由 B 到 A

(C)自感电动势方向由 A 到 B　　(D)自感电动势方向由 B 到 A

138. 在下面的叙述里,属于交流电有效值的是(　　)。

(A)交流电灯泡上标注 220 V、60 W,其中交流电 220 V

(B)使用交流电压表对交流电路进行测量,得到仪表示值为 380 V

(C)在一台电动机的铭牌上标有“额定电流 80 A”的字样

(D)有一个正弦交流电动势,$e=311\sin(100\pi t+\pi/6)$V,式中的 311 V

139. 如图 5 所示电路中,当开关 SA 与 1 位置闭合后,电路中的电压表及电流表的指示是(　　)。

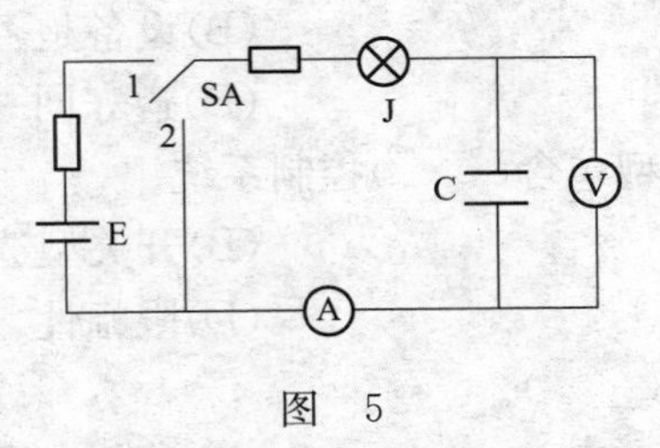

图 5

(A)电压表指示由大到小　　(B)电压表指示由小到大

(C)电流表指示由大到小　　(D)电流表指示由小到大

140. 如图 6 所示电路中,当开关 SA 由 1 打到 2 位置后,电路中的电压表及电流表的指示是(　　)。

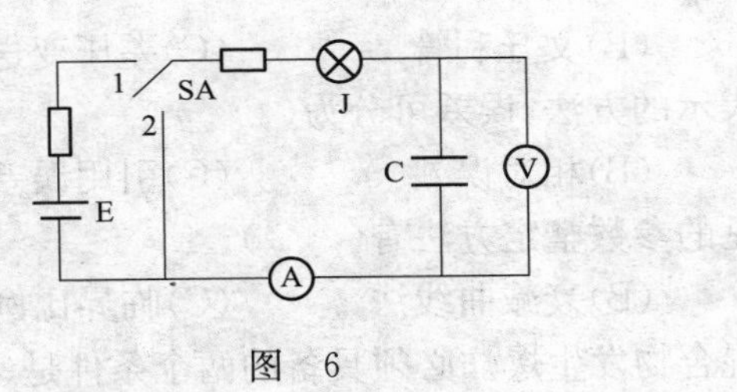

图 6

(A)电压表指示由大到小　　(B)电压表指示由小到大

(C)电流表指示由大到小　　(D)电流表指示由小到大

141. 铠装热电偶是把以下哪三者加工在一起成为铠装热电偶(　　)。

(A)补偿导线　　(B)热电偶丝　　(C)绝缘材料　　(D)金属套管

142. 一体化温度变送器的特点主要有(　　)。

(A)可直接输出统一标准的电压信号　　(B)可直接输出统一标准的直流信号

(C)抗干扰能力强　　(D)节省昂贵的补偿导线

143. 数字式面板表是采用(　　)组成。

(A)CMOS 大规模集成电路 A/D 转换器　　(B)液晶显示屏

(C)CMOS 大规模集成电路积分运算器　　(D)发光二极管数字显示

144. 数字温度表具有(　　)功能。

(A)数字显示　　(B)位式控制　　(C)累积　　(D)越限报警

145. 数字温度表的最大特点之一是,输入信号种类多样:(　　)。电流和电压的标准传递信号。

(A)热电偶　　(B)热电阻　　(C)温度值　　(D)电阻值

146. 数字温度表的最大特点之一是，输出信号种类多样：模拟量、数字量和(　　)。
(A)电接点　(B)继电器触点　(C)开关量　(D)脉冲信号
147. 智能阀门定位器主要由(　　)组成。
(A)压电阀　(B)模拟数字印刷电路板
(C)行程检测系统　(D)偏差测量电路板
148. 现场设备的互操作性通过(　　)实现的。
(A)制定标准和规范　(B)设备是否遵守标准测试
(C)设备描述　(D)遵守同一协议
149. 选择性控制系统的类型包含(　　)控制系统。
(A)连续型选择性　(B)开关型选择性
(C)混合型选择性　(D)限幅性
150. 液体分布器的种类有(　　)。
(A)管式喷淋器　(B)莲蓬头式喷洒器
(C)盘式分布器　(D)平面分布器
151. 国际上广泛应用的温标有三种，即(　　)。
(A)摄氏温标　(B)华氏温标　(C)热力学温标　(D)温度温标
152. 常见的节流件有(　　)等。
(A)标准孔板喷嘴　(B)文丘利管　(C)差压变送器　(D)涡街
153. 按误差数值表示的方法，误差可分为(　　)。
(A)绝对误差　(B)相对误差　(C)引用误差　(D)随机误差
154. 自动调节常见的参数整定方法有(　　)。
(A)经验法　(B)衰减曲线法　(C)临界比例度法　(D)反应曲线法
155. 爆炸性气体混合物发生爆炸必须具备的两个条件是(　　)。
(A)一定的浓度　(B)有光亮
(C)足够的火花能量　(D)有火光
156. 分析表预处理系统的作用是除(　　)。
(A)尘　(B)水　(C)有害杂质　(D)氧气
157. 防积分饱和方法有(　　)。
(A)限幅法　(B)积分切除法　(C)积分外反馈法　(D)微分法
158. 组成计算机的基本部件有(　　)。
(A)中央处理器　(B)存储器　(C)输入输出设备　(D)电路板
159. 玻璃液体温度计常用的感温液有(　　)两种。
(A)水银　(B)有机液体　(C)有色液体　(D)化学试剂
160. 按热电偶支数分，铠装热电偶有(　　)两种。
(A)单支双芯　(B)双支四芯　(C)单支四芯　(D)双支八芯
161. 温标的种类很多，除摄氏温标外，还有(　　)等。
(A)华氏温标　(B)热力学温标　(C)国际实用温标　(D)中文温标
162. 节流装置一般是由(　　)和三部分组成。
(A)节流元件　(B)取压装置　(C)测量管　(D)管路

163. 转子流量计的浮子的材料是(　　)等,在使用中可根据流体的物理性质加以使用。

(A)不锈钢　(B)铝　(C)塑料　(D)铁

164. 温度测量的几种常用元件包括:(　　)。

(A)热电阻　(B)热电偶　(C)双金属温度计　(D)膨胀式温度计

165. 一阶电路过渡过程计算的三要素包括(　　)。

(A)强制分量　(B)初始值　(C)时间常数　(D)未知量

166. 隔离开关主要是为了满足检修和改变线路连接的需要,用来对线路设置一种可以开闭的断口。具体用途有(　　)。

(A)检修与分段隔离　(B)倒换母线

(C)分、合无电电路　(D)自动快速隔离

167. 电气设备试验中交流电机的专项调试包括(　　)。

(A)相位检查　(B)测量绕组的绝缘电阻和吸收比

(C)空载电流测量　(D)断路器电容器实验

168. 流量检测仪表中,超声流量计的突出优点为(　　)。

(A)测量精度高　(B)测量适用介质范围广

(C)可以做非接触式测量　(D)为无流动阻挠测量、无压力损失

169. 在计算机应用软件中 VFP 能用来建立索引的字段是(　　)字段。

(A)通用型(图文型)　(B)备注(文本型)

(C)日期　(D)逻辑

170. 设备的一级维护保养的主要内容是(　　)。

(A)彻底清洗、擦拭外表　(B)检查设备的内脏

(C)检查油箱油质、油量　(D)局部解体检查

171. 技术论文中参考文献的目的是(　　)。

(A)为了能反映出真实的科学依据

(B)为了借助名人效应

(C)为了分清是自己的观点或成果还是别人的观点或成果

(D)为了指明引用资料的出处便于检索

172. 技术论文摘要的内容有(　　)。

(A)研究的主要内容　(B)研究的目的和自我评价

(C)获得的基本结论和研究成果　(D)结论或结果的意义

173. 在技术改造方案中(　　)设施应按设计要求与主体工程同时建成使用。

(A)环境保护　(B)交通　(C)消防　(D)劳动安全卫生

174. 当电源容量一定时,功率因数大就说明(　　)。

(A)电路中用电设备的有功功率大　(B)电路中用电设备的视在功率大

(C)电源输出功率的利用率将高　(D)电源输出功率的视在功率大

175. 对于达到平衡状态的可逆反应:$N_2+3H_2 \rightleftharpoons 2NH_3$(正反应为放热反应)下列叙述中不正确的是(　　)。

(A)反应物和生成物浓度相等

(B)反应物和生成物浓度不再发生变化

(C)降低温度,平衡混合物里 NH_3 的浓度减小

(D)增大压强,不利于氨的合成

176. 按照 IUPAC 的电化学分析分类方法,属于有电极反应并施加恒定激发信号的是( )。

(A)电流法 (B)电重量法 (C)伏安法 (D)电分离

177. 压力恢复系数与调节阀的( )有关。

(A)口径 (B)阀芯结构形式 (C)阀的类型 (D)流体流动方向

178. 下列阀门中那种阀的压力恢复系数高( )。

(A)球阀 (B)蝶阀 (C)单座阀 (D)双座阀

179. 调节阀流量系数的计算公式适用于介质是( )。

(A)牛顿型不可压缩流体

(B)牛顿型可压缩流体

(C)牛顿型不可压缩流体与可压缩流体的均相流体

(D)非牛顿型流体

180. 在非常稳定的调节系统中,可选用( )特性调节阀。

(A)快开特性 (B)等百分比特性 (C)线性 (D)抛物线特性

181. 串行数据通信的通信接口有( )。

(A)RS-232C (B)RS-422C (C)RS-485 (D)以上都不对

182. TDC3000 系统中,当 IOP 卡件(如 AI 卡)的状态指示灯闪烁时,表示此卡件可能存在( )。

(A)组态错误 (B)参数报警 (C)软故障 (D)硬件故障

183. HRAT 通信协议的主要特点为( )。

(A)能同时进行模拟和数字通信 (B)数字信号允许双向通信

(C)不支持多主站通信 (D)使用 OSI 模型的 1、2、7 层

184. 引起离心式压缩机喘振因素有( )。

(A)转速 (B)被压缩气体的吸入状态

(C)压缩机负荷 (D)吸入气体压力

185. 大型机组的联锁保护系统联锁内容包括( )。

(A)润滑压低低 (B)轴位移过大 (C)入口压力低低 (D)手动停车

186. 各种扰动对精馏塔都产生影响,一切干扰因素均通过( )影响塔的正常操作。

(A)热量平衡 (B)进料成分 (C)物料平衡 (D)蒸汽压力

187. 在原料一定时影响裂解深度或乙烯收率主要取决于( )、烃分压。

(A)停留时间 (B)结焦情况 (C)裂解温度 (D)裂解压力

188. 详细工程设计分( )设计。

(A)初步 (B)设备 (C)施工图 (D)决策阶段

189. 以温度作为被控变量的化学反应器中常用的控制系统有( )系统和单回路温度控制系统、前馈控制系统。

(A)均匀控制 (B)分程控制 (C)串级控制 (D)比值控制

190. 仪表工程建设交工技术文件包括( )。

(A)未完工程项目明细表　(B)调试记录
(C)质量评定记录　(D)设计变更一览表

191.(　　)工作是设计的前期工作。
(A)初步设计　(B)决策前　(C)详细设计　(D)决策阶段

192. 仪表自动化工程设计的基本内容是自动控制、(　　)和报警、联锁。
(A)可行性研究　(B)项目建议书　(C)参数检测　(D)生产管理

193. 数字式仪表的逐次比较型模-数转换器的特点是(　　)。
(A)测量精度高　(B)测量速度高　(C)时间常数大　(D)稳定性好

194. 压力恢复系数与调节阀的(　　)有关。
(A)口径　(B)阀芯结构形式　(C)阀的类型　(D)流体流动方向

195. 自动控制系统的偏差传递函数,以偏差 $E(S)$ 为输出量,以(　　)为输入量的闭环传递函数称为偏差传递函数。
(A)测量值　(B)被控变量　(C)给定值　(D)干扰值

196. 对于微分环节的特征参数之一是微分时间 td,它表示(　　)。
(A)若 $Y(t)$ 以 $t=0$ 时的速度等速衰减,衰减到零所需的时间
(B)若 $Y(t)$ 以 $t=0$ 时的速度等速衰减,需要衰减到的时间
(C)反映微分作用快慢的特征参数
(D)反映微分作用强弱的特征参数

四、判 断 题

1. 大中型火力发电厂中,高压厂用电的电压等级一般为 10 kV。(　　)

2. 将二进制码按一定的规律编排,使每组代码具有一特定的含义,这种过程称为译码。(　　)

3. 译码器能将具有特定含义的不同二进制码辨别出来,并转换成控制信号,译码器可作数据分配器使用。(　　)

4. 将高级语言编写的源程序按动态的运行顺序逐句进行翻译并执行的程序,称为编译程序。(　　)

5. 27256 芯片是 32K×8(位)存储器。(　　)

6. MCS51 系列单片机的 P0 口是准双向口。(　　)

7. 程序计数器(PC)的内容是当前执行的指令的地址。(　　)

8. 化学除盐系统是火力发电厂中最早采用的顺序控制系统之一。(　　)

9. 根据图像可以判断炉膛火焰的变化和风量是否合适。(　　)

10. 热工控制图中,同一仪表或电气设备在不同类型的图纸上所用的图形符号可随意。(　　)

11. DCS 系统数据传输的实时性仅受到 DCS 网络传输速率的影响。(　　)

12. PLC 的编程器只能用于对程序进行的写入、读出、检验和修改。(　　)

13. 采用二次风的目的是输送煤粉。(　　)

14. 凝汽器水位保护信息由液位开关提供,液位开关的动作值约比正常水位高 300 mm 左右。(　　)

15. 工业电视系统中被监视物体应用强光照射。(　　)

16. 所谓电源热备用,是指专门设置一台平时不工作的电源作为备用电源,当任一台工作电源发生故障或检修时,由它代替工作电源的工作。(　　)

17. 设备检修后必须严格执行验收制度,加强质量管理,尚未开展全面质量管理的单位,继续按车间一级验收规定的办法验收。(　　)

18. 大修、中修结束后的验收工作应贯彻检修人员自检与验收人员检验相结合,专业验收与运行人员参加验收相结合的原则,实行简单工序以自检为主,检修项目由班级、专业和厂部三级共同验收的方法。(　　)

19. 设备检修后必须严格执行验收制度,加强质量管理,尚未开展全面质量管理的单位,继续按车间一级验收规定的办法验收。(　　)

20. 工业电视摄像机应避免长时间拍摄同一静止物体。(　　)

21. 非主要热工仪表及控制装置的检修周期,一般不应超过两年。(　　)

22. 电涡流探头和线性变压器均可用来测量胀差,但由于机组结构上的原因,以采用LVDT为宜。(　　)

23. 吹灰顺序控制系统的设计和锅炉的本体结构无关。(　　)

24. 可编程控制器中,很多智能模块都采用单片机作为其主要部件,完成信号预处理等工作。(　　)

25. 目前各PLC生产厂家的可编程控制器性能各异,所以其采用的主要处理器都为专用的芯片。(　　)

26. 目前在PLC中,定时器是通过将硬件定时器和单片机的计数功能组合起来完成的。(　　)

27. 在PLC中,一般以单片机作为主处理器,完成PLC的大部分功能。(　　)

28. 功能组级顺序控制是顺序控制系统的基础级。(　　)

29. 在PLC每一扫描周期中,用户程序的所有部分均执行一遍。(　　)

30. 在可编程控制器中,定时和计数功能是由硬件实现的。(　　)

31. 火焰检测器的强度检测是对火焰的直流分量(强度)进行检测,若强度分量大于下限设定值,则电路输出"有火焰"信号。(　　)

32. 轴向位移检测装置应设在尽量靠近推力轴承的地方,以排除转子膨胀的影响。(　　)

33. 汽轮机测振仪振幅示值线性校准是在振动频率为55 Hz时进行的。(　　)

34. PLC编程基本原则指出,同一编号的线圈在同一个程序中可使用两次,称为双线圈输出,因此,允许线圈重复使用。(　　)

35. FCS的结构机理和远程I/O一致。(　　)

36. 环形拓扑结构的DCS网络信息传输是双向的。(　　)

37. 汽轮机防进水保护的主要目的是防止汽轮机进水以免造成水蚀现象。(　　)

38. 在电管局或者省电力局批准期内,300～600 MW机组,因计算机控制保护装置或单项热工保护装置动作跳闸引起发电机停运时间未超过3 h,可定为一类故障。(　　)

39. 除了某些特殊和紧急情况以外,工作人员接到违反安全规程的命令,应拒绝执行。(　　)

40. 在全面质量管理过程中要始终贯彻以人为本的思想。( )

41. 设备运动的全过程是指设备的物质运行状态。( )

42. 在锅炉检修后,要进行承压部件的水压试验。( )

43. 中间再热机组再热蒸汽压力取得越高,热经济性越好。( )

44. 反动式汽轮机指级的反动度为1。( )

45. 立式加热器传热效果优于卧式加热器。( )

46. 锅炉水冷壁积灰,会引起过热器、再热器出口汽温上升。( )

47. 设备的技术寿命指设备从全新状态投入生产后,由于新技术的出现,使原有设备丧失其使用价值而被淘汰所经历的时间。( )

48. 在热力系统中,为减小疏水的排挤,应使疏水疏入凝汽器。( )

49. 多级汽轮机汽缸反向布置的目的是平衡轴向推力。( )

50. 为避免金属受热不均匀可能造成的设备损坏及避免汽包变形,锅炉启动时,进水温度不允许超过90℃。( )

51. 自然循环锅炉设置汽包可以提高蒸汽品质。( )

52. 删除当前驱动器下的目录的命令应该在被删除目录下操作。( )

53. 按组合键“Shift”+“Prtsc”可将屏幕上的内容打印出来。( )

54. 当单元机组发电机跳闸时,锅炉和汽轮机可以维持最低负荷运行。( )

55. 1151系列压力变送器零点的调整不影响量程。( )

56. 1151系列压力变送器的正迁移量可达500%。( )

57. 当汽轮机主汽门关闭,或发电机油开关跳闸时,自动关闭抽汽逆止门,同时打开凝结水再循环门。( )

58. 转动机械事故跳闸的报警信号,应使用转动机械的启动指令进行闭锁。( )

59. 输煤顺序控制包括卸煤、储煤、上煤和配煤四个部分的控制。( )

60. 通常输煤控制系统设有顺控、自动、手动和就地四种控制方式。( )

61. 不是因送风机跳闸引起的MFT动作,送、引风机不能跳闸。( )

62. 当PLC电源模块的容量不足以供给设备部分所需时,开关量输入输出将产生不可预知的动作。( )

63. 电厂输煤程控中的配煤采用的是低煤仓优先原则。( )

64. 由金属棒构成的温度开关的动作死区是可以改变的。( )

65. 当锅炉辅机发生局部跳闸时,单元机组应无条件快速地把负荷降至目标值。( )

66. 在轴向位移保护装置中,位移表的误差应不超过测量范围的±4%。( )

67. 要鉴别锅炉燃烧器的火焰,则应将主火焰检测器的视线对准该燃烧器火焰的一次燃烧区,检测器应安装于切圆旋转方向的下游侧。( )

68. PLC编程时,两个或两个以上的线圈可并联输出。( )

69. 在双稳态电路中,当某管子截止条件不具备时,该管子一定是饱和的。( )

70. 质量管理中,“自检”是生产工人“自主把关”。( )

71. 质量管理是企业管理的基础管理。( )

72. 施工作业计划是根据企业的施工计划、建设工程的施工组织设计和施工现场的具体情况编制的。( )

73. 根据班组大小和实际需要可设立若干工管员，这些工管员一般是专职脱产人员。（　　）

74. 液位静压力 p、液体密度 ρ、液注高度 h 三者之间存在着如下关系：$h=p/\rho g$。（　　）

75. 微分电路在数字电路中的作用是将矩形脉冲波变成三角波。（　　）

76.“互检”就是同工序生产工人之间的互相检查。（　　）

77. 施工作业计划一般是由班组编制，经企业计划部门审核，由主管施工的领导批准后再转回给班组，作为班组施工的依据。（　　）

78. 班组就是企业根据劳动分工与协作的需要，由一定数量的生产资料和具有一定生产技能的工人，组合在一起的最基层的生产和管理机构。（　　）

79. 在多级放大器中，我们希望每级的输入电阻大，输出电阻小。（　　）

80. 电子电位差计放大器的作用是将来自测量线路的不平衡电压进行放大，以便驱动可逆电机转动。（　　）

81. 目前，火电厂普遍采用氧化锆氧量计测量烟气中的含氧量。（　　）

82. 理想气体在温度不变时压力与比容成反比。（　　）

83. 振动表拾振器的输出信号不仅与其振幅的大小有关，而且与振动频率有关。（　　）

84. 必须在汽水测量管路中的介质冷凝（却）后，方可投入仪表。（　　）

85. 差压式液位计，因被测介质温度，压力的变化会影响到液位-差压转换的单值关系。（　　）

86. 连通管式物位计具有读数直观准确，且能远传的特点。（　　）

87. 用节流式流量计测流量时，流量越小，测量误差越小。（　　）

88. 标定介质为水的靶式流量计，也可以用来测量油的流量。（　　）

89. 给水自动调节系统中的 3 个冲量是指给水流量，减温水流量，汽包水位。（　　）

90. 锅炉汽包虚假水位的定义是水位的变化规则不是按蒸汽与给水流量的平衡关系进行变化的水位。（　　）

91. 测量蒸汽和液体流量时，节流装置最好比差压计位置高。（　　）

92. 在热膨胀设备体上是无法装设取源装置的，因为其设备膨胀后，将使敷设好的仪表管路受到拉力，甚至断裂。（　　）

93. 执行器行程一般为调节机构行程的两倍。（　　）

94. 锅炉过热器安全门和汽包安全门都是为了防止锅炉超压的保护装置。（　　）

95. 冷凝器也叫平衡容器，为了使蒸汽快速凝结，一般不应保温。（　　）

96. 安装取源部件的开孔应在管道衬胶后进行。（　　）

97. 电力电缆、控制电缆与信号电缆应分层敷设，并按上述顺序排列。（　　）

98. 汽水分析仪表的取样装置、阀门和连接管路，应根据被测介质的参数，采用不锈钢或塑料等耐腐蚀的材料制造。（　　）

99. 采用压力补偿式平衡容器测量汽包水位时，平衡容器的补偿作用将对全量程范围都进行补偿，从而使误差大大减少。（　　）

100. 测量管道内流体流量时，一要有合格的节流元件，二要有符合要求的管道直径及其节流元件前后直管段长度，这样就能准确的测量出流体的流量。（　　）

101. 锅炉房内的垂直段可沿本体主钢架、步道外侧或厂房混凝土柱子集中敷设，以便于

导管的组合安装并易于做到整齐、美观。(　　)

102. 差压测量管路不应靠近热表面,因为正负压管的环境温度不一致,易造成测量内介质密度不同而造成测量误差。(　　)

103. 当温度计插入深度超过 1 m 时,应尽可能水平安装。(　　)

104. 利用孔板或喷嘴等节流元件测量给水和蒸汽流量时,实际的流量越小,测量误差越大,所以锅炉的低负荷运行时,不能使用三冲量调节给水。(　　)

105. 检查真空系统的严密性,在工作状态下关闭取源阀门,30 min 内其指示值降低应不大于 3%。(　　)

106. 敷设在爆炸和火灾危险场所的电缆保护管均应采用圆柱管螺纹连接,螺纹有效啮合部分应在六扣以上。(　　)

107. 合金钢材安装后应有记录,而无需光谱分析。(　　)

108. 设电缆夹层时,电缆敷设后,在其出口处不必封闭,以便检修方便。(　　)

109. 检定仪表时,读取数值应该是调节被检仪表指针到检定数字刻度点,读取标准表示值。(　　)

110. 仪表示值经修正后,测量结果就是真值,不存在测量误差。(　　)

111. 氢气分析器的测量原理是基于氢气的导热系数远远小于其他气体的特性。(　　)

112. DKJ 执行器的调整开度时,发现关小方向到零附近时,开度表指示到零下而指示值后往开方向变化(正向),就是由于位置发送器假零位造成的。(　　)

113. 顺序控制就是根据预定的顺序逐步进行各阶段控制的方法。(　　)

114. 给水和减温水调节门在全关时,漏流量应小于调节门最大流量的 20%。(　　)

115. 当汇线槽或电缆沟通过不同等级的爆炸和火灾危险场所的分隔间壁时,在分隔间壁处无须做充填密封。(　　)

116. 取源部件的材质应与主设备或管道的材质相符,并有检验报告。(　　)

117. LA-Ⅱ型数字式联氨表主要是用于汽机中蒸汽氨含量的测量。(　　)

118. 安装前,对各类管材、阀门、承压部件应进行检查和清理,对合金钢材部件必须进行光谱分析并打钢印,取源阀门和压力容器可随锅炉水压试验一并进行。(　　)

119. 按保护作用的程度,热工保护可分为停机保护,改变机组运行方式保护和进行局部操作的保护。(　　)

120. 可编程顺序控制器是一种新型自动控制装置。(　　)

121. LA-Ⅱ型联氨表是根据其原电池的极限电流与 N_2H_2 浓度成反比的关系,通过测量原电池的极限电流而得知 N_2H_4 浓度的。(　　)

122. 施工中应做好与建筑专业的配合工作,核对预留孔洞和预埋铁件。(　　)

123. 遇有六级以上大风或恶劣气候时,应停止露天高处作业。(　　)

124. 全面质量管理要求运用数理统计方法进行质量分析和控制,使质量管理数据化。(　　)

125. 手弧焊时,主要应保持电弧长度不变。(　　)

126. 在联接和传动作用上联轴器和离合器相同。(　　)

127. 铆接使用要求可分为活动铆接和固定铆接。(　　)

128. 合金钢管件焊接时,必须按规程规定预热,焊接后的焊口又必须热处理。(　　)

129. 若轴的公差带完全在孔的公差带之上，则这一对轴与孔的配合是过渡配合。（ ）

130. 锅炉的锅内有水，炉内有火，火烧水生出蒸汽。（ ）

131. 锅炉从根本上说来不外乎“锅”和“炉”两部分。（ ）

132. 热工仪表及控制装置施工中的电气和焊接等工作，在没有具体规范规定时，应符合本企业有关规定。（ ）

133. 电缆盘应直立存放，不允许平放。（ ）

134. 热工仪表及控制装置的施工，应按设计并参照制造部门的技术资料进行，修改时有变动手续。（ ）

135. 几个环节相串联后的总传递函数等于各个环节传递函数之和。（ ）

136. 环节的联接是指环节之间输入和输出信号的传递关系，不是指各个单元在结构上的关联。（ ）

137. 在方框图中，信号能沿箭头方向通过，也能自动倒回。（ ）

138. 几个环节并联，总的传递函数等于各个环节传递函数的乘积。（ ）

139. 在方框图中，箭头方向既代表信号传递方向，也代表物质流动方向。（ ）

140. 要把“质量第一”作为电力企业经营管理的长远方针。（ ）

141. 质量通常用两个含义：一种是狭义的质量，是指产品质量，一种是广义的质量，是指产品的质量和工作质量。（ ）

142. 压力表的示值检定点应均匀分布于盘面上。（ ）

143. 检定工业用Ⅱ级热电偶时，采用的标准热电偶必须是一等铂铑 10-铂热电偶。（ ）

144. 新制造、使用中和修理后的变送器，其回程误差都不应大于其基本误差的绝对值。（ ）

145. 数据的各位同时发送或接收的通信方式称为并行通信。（ ）

146. 低优选级中断服务程序不能被同级的中断源中断。（ ）

147. 在正弦交流变量中，幅值与有效值之比约为 1∶0.707。（ ）

148. 一般情况下，三相变压器的变比大小与外加电压的大小有关。（ ）

149. 在几个 RC 电路中，C 上的电压相同，将 C 上的电荷通过 R 予以释放，若电压下降速度越慢，则其对应的时间常数就越大。（ ）

150. 大中型火力发电厂中，高压厂用电的电压等级一般为 10 kV。（ ）

151. 直流电动机不允许直接启动的原因是其启动力矩非常小，并且启动电流又很大。（ ）

152. 三相负载三角形连接时，线电流不一定是相电流的$\sqrt{3}$倍。（ ）

153. 双积分型 A/D 转换器是将一段时间内的模拟电压通过二次积分，变换成与其平均值成正比的时间间隔。（ ）

154. 在交流放大电路中，输入回路中串入的电容其主要作用是整流。（ ）

155. 将二进制码按一定的规律编排，使每组代码具有一特定的含义，这种过程称为译码。（ ）

156. 译码器能将具有特定含义的不同二进制码辨别出来，并转换成控制信号，译码器可作数据分配器使用。（ ）

157. 孔板,喷嘴,云母水位计都是根据节流原理来测量的。( )

158. 电子电位差计常用的感温元件是热电阻。( )

159. 电子平衡电桥常用的感温元件是热电偶。( )

160. 扩散硅压力(差压)变送器是一种电阻应变式变送器。( )

161. 用毕托管测得的差压是动压力。( )

162. 对于定值调节系统,其稳定过程的质量指标一般是以动态偏差来衡量的。( )

163. 所谓给水全程调节系统是指在机组起停过程和正常运行的全过程都能实现自动调节的给水调节系统。( )

164. 差压式流量计是通过测量流体流动过程中产生的差压来测量的,这种差压只能是由流体流通截面改变引起流速变化而产生的。( )

165. 电子平衡电桥,XCZ-102 型动圈仪表,电子电位差计的测量桥路都是采用平衡电桥原理工作的。( )

166. 电子电位差计的测量精度,主要取决于通过测量桥路的滑线电阻中电流的精确度和稳定程度。( )

167. 可编程序控制器 PLC 只具备逻辑判断功能和数据通信功能。( )

168. INFI-90 系统厂区环路上信息传输控制的方法是存储转发式。( )

169. 集散系统中的通信都是按一定的控制方式在高速数据通道上传递的。( )

170. 比较大的集散系统中,为了提高集散系统的功能,常把几种网络结构合理运用于一个系统中,充分利用各网络的优点。( )

171. 在集散控制系统的运行人员操作站上可进行系统组态、修改工作。( )

172. 热电偶丝越细,热端接合点越小,则热惯性越大。( )

173. 热电阻测温不需要进行冷端补偿。( )

174. 与热电偶温度计相比,热电阻温度计能测更高的温度。( )

175. 电厂中,汽轮机的一些重要的位移测量,传感器多采用差动变压器。( )

176. 单元机组采用汽轮机跟随控制时,汽轮机调节器采用的功率信号是功率指令信号,这样可使汽轮机调节阀的动作比较平稳。( )

177. 由锅炉或汽轮机部分辅机引起的减负荷称为快速减负荷。( )

178. 磨煤机应先于给煤机投入运行。( )

179. 燃料安全系统只在锅炉危急情况下发生作用,但在正常停炉时不起作用。( )

180. 汽轮机进水保护应在汽轮机从盘车到带负荷的整个运行时间都起作用。( )

181. PLC 输入模块无须转换装置就能直接接受现场信号。( )

182. PLC 输出模块不能直接驱动电磁阀等现场执行机构。( )

183. 安装压力表时,不能将测点选在有涡流的地方。( )

184. 1151 系列电容式压力变送器进行零点调整时,对变送器的量程无影响。( )

185. 当 DBY 型压力变送器的安装位置低于取压点的位置时,压力变送器的零点应进行负迁移。( )

186. 差压流量计导压管路,阀门组成系统中,当负压侧管路或阀门泄漏时,仪表指示值将偏低。( )

187. 在液柱式压力计中封液在管内的毛细现象所引起的误差并不随液柱高度变化而改变，是可以修正的系统误差。(　　)

188. 氧化锆氧量计，当烟气温度升高时，如不采取补偿措施，则所得测量结果将小于实际含氧量。(　　)

189. 在敷设补偿导线作为热电偶引线时，若遇有电力线，两者应平行走线，避免交叉。(　　)

190. 流量表、水位计以及差压变送器的导管一般应装排污阀门，以保持连接导管的清洁和畅通。(　　)

191. 为了防止线路之间的相互干扰，电源线和信号线不得穿同一个管，但补偿导线和联锁报警线可以穿在一起。(　　)

192. 1151 系列变送器在进行零点调整和量程调整时，应先调量程上限，再调零点。(　　)

193. 制作热电阻的材料要求有较小的电阻率。(　　)

194. 标准喷嘴的特点是：加工简单、成本低；其缺点是流体的流动压力损失大。(　　)

195. 长颈喷嘴适用于高雷诺数的流体流量测量。(　　)

196. W100 是表示热电阻丝纯度的质量指标，其数值等于100℃时的电阻值。(　　)

197. 标准铂电阻温度计的电阻与温度的关系表达式用 W(t) 与 t 的关系代替 Rt 与 t 的关系式，其优点是可提高计算精度。(　　)

198. 靶式流量计是基于流束局部收缩造成静压差而工作的。(　　)

199. 凡设计和制造符合国际 GB/T2624-93 标准的节流装置称为“标准节流装置”。(　　)

200. 测振仪器中放大倍数 K 随频率上升而下降的放大器称微分放大器。(　　)

五、简 答 题

1. 异步二进制递增计数器与同步二进制递增计数器相比，在响应速度上有什么区别？为什么。

2. MCS-51 中的 4 个 I/O 口在使用时有哪些特点和分工。

3. 简述顺序控制的分级控制。

4. 简述输煤顺序控制系统的内容。

5. 锅炉蒸汽温度的调节方法有哪些？

6. 炉膛火焰电视监视系统包括哪几部分。

7. 工业电视摄像机主要单元有哪些？

8. 锅炉水位电视系统包括哪几部分？

9. DCS 系统中，现场过程控制站常采用的输入/输出卡件包括哪些类型。

10. 简述汽轮机紧急跳闸系统的保护功能主要有哪些？

11. PR9266 振动传感器中的阻尼线圈和阻尼筒的作用是什么？

12. PLC 的输入、输出继电器分别起什么作用？

13. 试叙述除氧器工作原理。

14. DEH 控制系统主要有何功能。

15. 试述可编程控器的工作方式及简要工作过程。

16. 什么是 PLC 的指令表程序表达方式？并说明如下指令的功能：LD、AND-NOT、OUT 和 OR-LD。

17. 试述炉膛火焰电视监视系统的工作过程。

18. 简述 TSI7200 系列的零转速监视器的工作原理。

19. 如图 7 所示为单元机组 CCS 系统的负荷控制回路原理框图，试回答在 BASE、TF、BF、COORD 控制方式下 T_1、T_2、T_3、T_4 切换器的状态(p 为压力，N 为功率)。

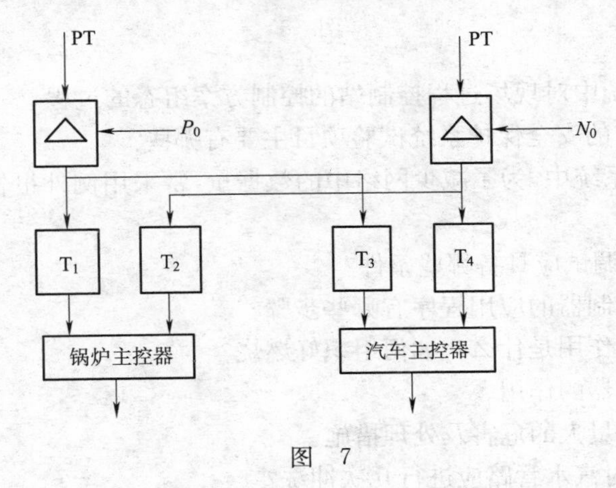

图 7

20. 为了电力生产的安全进行，要做哪些季节性安全防范工作？

21. 工作票签发人的安全职责有哪些？

22. 全面质量体系的构成要素有哪些？

23. 非计划检修中为了按时恢复运行，要防止哪两种倾向？

24. 简述火力发电厂计算机实时监控系统的功能。

25. 一个成功的 QC 小组将在哪几个方面发挥作用？

26. 运行中的锅炉在哪些情况下允许将 FSSS 退出？

27. 对热工信号系统的试验有哪些质量要求？

28. 目前常用的汽轮机轴向位移测量是如何实现的？

29. 压力保护装置在启动前应做哪些检查？

30. 在火焰检测中，为什么必须检测火焰的脉动频率？

31. 简述汽轮机转速监视设备的系统调试方法及其内容。

32. 磨煤机调试系统主要包括哪些部分？

33. 简述电动给水泵系统的调试步骤。

34. 引风机顺序控制系统的调试工作主要应完成哪些内容？

35. 如图 8 为某一 DCS 系统的基本结构。根据图示回答下列问题：

①这是何种拓扑结构？

②当 OS 站向 PCU2 传输数据无法进行时，判断网络的传输方向。

③如何保证网络数据传输的通畅(不考虑网络线故障)。

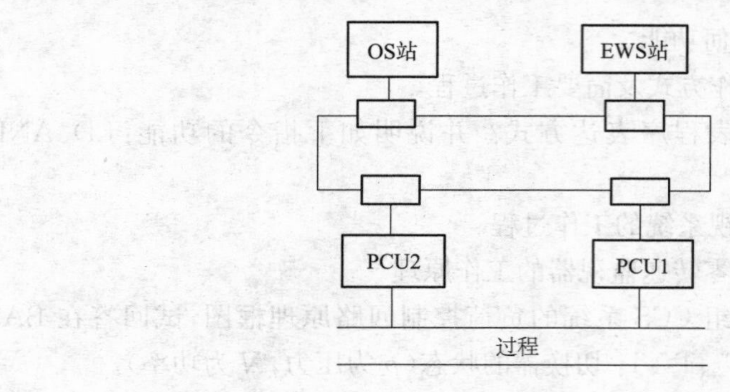

图 8

36. 简述DCS系统中对现场过程控制站的控制方案组态的过程。

37. 汽轮机启动前的安全保护系统试验项目主要有哪些?

38. 在DCS控制系统中,为了减少网络中的数据量,常采用例外报告技术,简述例外报告技术的主要内容。

39. SCS子系统的调试应具备哪些条件?

40. 编写可编程控制器的应用程序有哪些步骤?

41. 煤粉燃烧器的作用是什么?如何组织好燃烧?

42. 叙述锅炉省煤器的作用。

43. 叙述蒸汽含盐量大的危害及处理措施。

44. 仪表启动前,对汽水管路应进行几次冲洗?

45. 为了保证机组的正常运行,循环水系统主要给哪些设备提供冷却水?

46. 汽轮机振动表一般由哪三部分组成?

47. 仪表导管安装前应进行哪些外观检查?

48. 对节流件所要求的最小直管段内表面有何要求?

49. 动圈式显示仪表的外接线路电阻必须符合规定值,对于热电偶及热电阻其线路热电阻误差范围是什么?

50. 热工仪表及控制装置的安装工程验收时,应进行哪些工作?

51. 火力发电厂热力过程自动化由哪几部分组成?

52. 什么叫热工越限报警信号?

53. 汽轮机为什么要设轴向位移保护装置?

54. 汽轮机通常有哪些保护?

55. 如何选择自热式氧化锆探头的安装点?

56. 什么叫状态信号?

57. 高压加热器保护动作对锅炉有什么影响?

58. 什么叫热工事故信号?

59. 仪表管路按其作用可分为哪几类?

60. 在节流件的上、下游安装温度计时,对直管段长度有何要求?

61. 系统调试前应具备哪些条件?

62. 单元制主蒸汽系统的主要特点是什么?

63. 方框图的几个要素是什么?
64. PID 自动调节器有哪些整定参数?
65. 可编程序控制器中的存储器,按其存储内容来分可分为哪几类?
66. 简述热电偶的均质导体定律。
67. 按误差的性质,误差可分为哪 3 大类?
68. 测量过程中,产生误差的因素有哪几种?
69. 将热电动势转换成数字量温度应包含哪几个转换功能?
70. 什么是水位全程调节?
71. 全面质量体系的构成要素有哪些?
72. 简述标准节流装置的选型原则。
73. 简述工作用水银温度计的零点检定方法。
74. 简述热电阻在使用中应注意的事项。
75. 如何对差压变送器进行静压影响的检定?
76. 简述变送器绝缘强度的检定方法及其要求。
77. 简要说明导压管安装前应做哪些工作?
78. 对屏敝导线(或屏蔽电缆)的屏蔽层接地有哪些要求? 为什么?

六、综 合 题

1. 如何选择标准压力表的量程和精度?
2. 请详述对压力变送器的外观要求有哪些?
3. 请写出压力变送器示值检定的具体步骤。
4. DDZ-Ⅱ型差压变送器和差压流量变送器一般应检定哪些项目?
5. 电动压力变送器检定项目有哪些? 并画出检定接线示意图。
6. 热电偶在检定前为什么要清洗和退火? 清洗和退火的方法和作用是什么?
7. 请写出用比较法检定工作用水银温度计示值的步骤。
8. 试叙述热电偶的结构及测温原理。
9. 标准节流装置由哪几部分组成? 画出整套节流装置的示意图。
10. 画图说明单圈弹簧管测压时的作用原理。
11. 试叙述测压用动圈指示仪表的工作原理。
12. 试叙述双波纹管差压计的工作原理。
13. 电子电位差计的工作原理是什么?
14. 叙述温度变送器的工作原理及其用途。
15. 开方器为什么采用小信号切除电路?
16. 大型燃煤机组在哪些工况下,锅炉发生 MFT(主燃料快速切断)动作?
17. 画出直流电位差计的工作原理图,并说明其工作原理。
18. 画出自动平衡电桥的组成框图,并叙述它的测量原理。
19. 画出差动电容式差压变送器的工作原理简图并说明它的工作原理。
20. 画出电子自动电位差计的测量桥路,并说明测量桥路中各电阻的用途。
21. 测量过程中,产生误差的因素有哪几种? 并分别进行解释。

22. 按误差的性质，误差可分为哪 3 大类？其含义是什么？

23. 试述可编程序控制器的基本结构及各部分的作用。

24. 微机数据采集系统有哪些主要功能？

25. 画出自动平衡电桥的测量桥路原理示意图，并叙述测量桥路中各电阻的作用。

26. 试叙述 PLC 输入/输出模块的作用及功能，对它们的性能及技术要求有哪些？

27. 工作中使用行灯时，必须注意哪些事项？

28. 试叙述节流装置测量流量的原理以及采用标准节流装置测量流量时必须满足的条件。

29. 设计标准节流装置应具备哪些已知条件？

30. 使用热电偶时，为什么要使用补偿导线？

31. 写出弹簧管式精密压力表及真空表的使用须知。

32. 试说明氧化锆氧量计的使用要求及条件。

33. 如果补偿导线选错或极性接反，对测量结果会带来什么影响？

34. 对就地接线箱的安装有哪些质量要求？

35. 试分析平衡容器环境温度变化对差压式水位计测量的影响，并比较两种结构的误差大小以及减小误差的方法。

36. 什么是差压变送器的静压误差？对于力平衡变送器静压误差产生的原因是什么？应如何调整？

37. 汽包电触点水位计电极更换时，应做好哪些安全上和技术上的工作？

38. 什么是调节系统的衰减曲线整定法？什么叫稳定边界整定法？

39. 试述一个调节系统投入自动时，运行人员反映有时好用，有时又不好用的原因。

40. 简述孔板检查的基本内容。

41. 试述桥型电缆支架的制作及固定方法。

42. 电缆桥架安装中，支架安装是一项重要内容，试述其安装方法及要求。

43. 试述抑制干扰的原则是什么？

工业自动化仪器仪表与装置修理工（高级工）答案

一、填空题

1. 1 200　2. DDC　3. 交-直-交　4. 资源共享
5. 无线线路　6. 我的电脑　7. 系统软件　8. 两
9. 温度补偿　10. 测量方法　11. 统计　12. 绝对误差
13. 接地保护　14. 补偿　15. 正反馈　16. 3t
17. 单冲量　18. 惯性　19. 虚假水位　20. 摄氏温标
21. 相对真值　22. 振荡　23. 主参数　24. 调节对象
25. 衰减曲线法　26. 偏差　27. 经验法
28. 正压端管路或阀门泄漏　29. 打印机　30. 反应时间
31. 高　32. 偏差的大小　33. 变小　34. 过渡
35. 余差　36. 非线性的　37. 凑试　38. 高度
39. 流速　40. 2.45　41. 差压　42. 截面比β
43. 连续地　44. 增加　45. 0000　46. 反应时间
47. 干扰性质　48. 输入设备　49. 20℃　50. 偏差
51. 相反　52. 控制柜　53. 屏式　54. 1
55. 抗干扰　56. 1/3～2/3　57. 层　58. 生产过程控制
59. 中间导体　60. 时间常数　61. 随机　62. 压力
63. 程序　64. 中性溶液　65. 锰铜　66. 高级语言
67. 焊接连接　68. 油漆　69. 模块　70. 微处理器
71. 越大　72. 静态　73. 烧毁或损坏　74. 表压力
75. 干扰电势　76. 加微分环节　77. 放大系数　78. 系统
79. 开环　80. 衰减曲线法　81. 自适应能力　82. 扰动量大小
83. 对象特性　84. 凑试　85. 越弱　86. 偏差的大小
87. 双冲量　88. 非接触测量　89. 计算　90. 基本误差
91. 有效数字原则　92. 汽鼓水位　93. 12　94. 3
95. 给水量　96. 截断面　97. 积分　98. 屏蔽
99. 控制器　100. 直管段　101. 水银　102. 1.3850
103. 节流件　104. 编译　105. 惯性力　106. 1.0～1.5 mm^2
107. 操作　108. 静态　109. 单支双芯　110. 热电偶丝
111. 正　112. 电伴热　113. 150　114. 绝对真空

115. 恒定 116. 随机 117. 调节器 118. 形式
119. 调节器的输出信号等于给定信号 120. 工作频率 121. 助记符
122. 热力学温标 123. 零点 124. 物体冷热程度 125. 125℃
126. 均匀性 127. 地址 128. 液体 129. 摄氏温度
130. 任何扰动 131. 能力 132. 静压力 133. 微分
134. 水位 135. 提高 136. 0～250Ω 137. 100 mm
138. 压力变送器 139. 衰减振荡 140. 系统误差 141. 管道中心线
142. 温度 143. 容量系数 144. 比例积分 145. 定值
146. 闭环 147. 单回路 148. 一个单位 149. 数值
150. 随机 151. 复合 152. 偏差 153. 功能
154. 直线 155. 输入 156. 自平衡 157. 过渡
158. 阶跃 159. S形 160. 纯滞后 161. 飞升曲线法
162. 并联 163. 惯性 164. 阻力 165. 数学
166. 引出点 167. 信号 168. 代数运算 169. 变量
170. 控制器 171. 快速性 172. 阻力 173. 放大系数
174. 扰动 175. 容量系数 176. 时间常数 177. 短
178. 前馈控制 179. 系统或元件 180. 4∶1 181. 扰动补偿
182. 开关量 183. 逻辑 184. 严格不变的 185. 条件顺序
186. 继电器 187. 工艺参数 188. 时间常数 189. 调节量
190. 满足 191. 较小 192. 工艺指标 193. 主要变量
194. 钢度 195. 主调节器 196. 副对象 197. 调节阀
198. 副回路 199. 主回路 200. 较强的

二、单项选择题

1. A 2. A 3. A 4. B 5. B 6. B 7. A 8. A 9. B
10. D 11. D 12. B 13. B 14. C 15. B 16. D 17. B 18. A
19. B 20. D 21. A 22. A 23. D 24. D 25. C 26. A 27. A
28. D 29. B 30. B 31. D 32. B 33. C 34. D 35. B 36. C
37. B 38. B 39. A 40. C 41. B 42. D 43. C 44. A 45. A
46. B 47. B 48. B 49. B 50. A 51. C 52. B 53. C 54. B
55. C 56. A 57. C 58. B 59. B 60. B 61. A 62. C 63. D
64. B 65. B 66. B 67. C 68. C 69. D 70. A 71. B 72. C
73. B 74. A 75. A 76. B 77. B 78. A 79. C 80. D 81. A
82. A 83. B 84. D 85. C 86. B 87. A 88. C 89. C 90. A
91. A 92. A 93. D 94. B 95. B 96. C 97. A 98. C 99. A
100. D 101. C 102. C 103. A 104. B 105. A 106. A 107. B 108. B
109. B 110. A 111. D 112. C 113. B 114. C 115. C 116. D 117. D
118. B 119. C 120. D 121. A 122. D 123. D 124. A 125. A 126. B
127. B 128. A 129. C 130. B 131. A 132. C 133. B 134. D 135. C

136. D 137. A 138. C 139. A 140. A 141. A 142. A 143. A 144. B
145. C 146. D 147. A 148. B 149. A 150. D 151. A 152. D 153. D
154. D 155. B 156. B 157. C 158. A 159. C 160. B 161. B 162. B
163. C 164. A 165. A 166. D 167. C 168. A 169. D 170. A 171. C
172. C 173. C 174. A 175. B 176. C 177. A 178. C 179. A 180. B
181. D 182. B 183. B 184. D 185. C 186. A 187. A 188. A 189. B
190. B 191. A 192. B 193. B 194. D 195. B 196. C 197. B 198. C
199. C 200. A 201. D 202. D

三、多项选择题

1. ABC 2. ABCD 3. ABCD 4. BD 5. AB 6. ABD 7. ABC
8. BD 9. ABD 10. BCD 11. ABD 12. ABD 13. ABD 14. AB
15. ABD 16. BD 17. BD 18. AB 19. BD 20. BCD 21. BC
22. AC 23. ABC 24. ABC 25. AB 26. ABC 27. BCD 28. ABC
29. ABC 30. ABC 31. ACD 32. CD 33. ABCD 34. ABD 35. AB
36. AD 37. BD 38. AD 39. AD 40. BC 41. AC 42. AC
43. BC 44. ABCD 45. ABCD 46. ABD 47. BC 48. ABC 49. ABD
50. ABC 51. BD 52. CD 53. ABC 54. BD 55. AB 56. AD
57. AB 58. ABC 59. BD 60. ABD 61. ACD 62. BC 63. BD
64. BC 65. ABC 66. BD 67. AB 68. AD 69. BD 70. AB
71. ABCD 72. AD 73. CD 74. ABD 75. AD 76. AD 77. AC
78. ABC 79. ABD 80. ABCD 81. AC 82. ABCD 83. AD 84. ABCD
85. AD 86. AD 87. ABCD 88. ABC 89. CD 90. ABCD 91. AB
92. AB 93. AC 94. ABCD 95. BC 96. ABCD 97. ABCD 98. AC
99. AB 100. ABCD 101. ABC 102. ACD 103. CD 104. BD 105. CD
106. AD 107. CD 108. ABC 109. AD 110. BC 111. AD 112. AC
113. AC 114. ABC 115. BC 116. ACD 117. CD 118. ABCD 119. ABC
120. ABD 121. ABD 122. ABCD 123. ABCD 124. ACD 125. AB 126. ABC
127. BC 128. AC 129. ABC 130. AC 131. ABC 132. ABCD 133. ABC
134. BD 135. AC 136. BD 137. AC 138. ABC 139. BC 140. AC
141. BCD 142. BCD 143. AD 144. ABD 145. ABC 146. AD 147. ABC
148. ABC 149. ABC 150. ABC 151. ABC 152. AB 153. ABC 154. ABCD
155. AC 156. ABC 157. ABC 158. ABC 159. AB 160. AB 161. ABC
162. ABC 163. ABC 164. ABCD 165. ABC 166. ABD 167. BC 168. CD
169. CD 170. ABC 171. ACD 172. ACD 173. ACD 174. AC 175. ACD
176. ABD 177. BCD 178. CD 179. ABC 180. BC 181. ABC 182. AC
183. ABD 184. BCD 185. ABCD 186. AC 187. AC 188. BC 189. BC
190. ABD 191. BD 192. CD 193. ABD 194. BCD 195. CD 196. AD

四、判 断 题

1. × 2. × 3. √ 4. × 5. √ 6. × 7. √ 8. √ 9. √
10. × 11. × 12. × 13. × 14. √ 15. × 16. √ 17. √ 18. √
19. √ 20. √ 21. √ 22. √ 23. × 24. √ 25. × 26. √ 27. √
28. × 29. × 30. × 31. √ 32. √ 33. √ 34. × 35. √ 36. ×
37. √ 38. √ 39. × 40. √ 41. × 42. √ 43. × 44. × 45. ×
46. √ 47. √ 48. × 49. √ 50. √ 51. √ 52. × 53. √ 54. ×
55. √ 56. √ 57. √ 58. √ 59. √ 60. √ 61. √ 62. √ 63. √
64. √ 65. × 66. × 67. × 68. √ 69. √ 70. √ 71. √ 72. √
73. × 74. √ 75. × 76. × 77. × 78. √ 79. √ 80. √ 81. √
82. √ 83. √ 84. √ 85. √ 86. × 87. √ 88. × 89. × 90. √
91. √ 92. × 93. × 94. √ 95. √ 96. × 97. √ 98. √ 99. ×
100. × 101. √ 102. √ 103. × 104. √ 105. × 106. √ 107. √ 108. ×
109. √ 110. × 111. × 112. √ 113. √ 114. × 115. × 116. √ 117. ×
118. × 119. √ 120. √ 121. × 122. × 123. √ 124. √ 125. √ 126. √
127. √ 128. √ 129. × 130. √ 131. √ 132. × 133. √ 134. √ 135. ×
136. √ 137. × 138. × 139. × 140. √ 141. √ 142. × 143. × 144. ×
145. √ 146. √ 147. √ 148. × 149. √ 150. × 151. × 152. √ 153. ×
154. × 155. × 156. × 157. × 158. × 159. × 160. √ 161. √ 162. ×
163. √ 164. × 165. × 166. √ 167. × 168. √ 169. √ 170. √ 171. ×
172. × 173. √ 174. × 175. √ 176. × 177. × 178. √ 179. × 180. √
181. √ 182. × 183. √ 184. √ 185. × 186. × 187. √ 188. √ 189. ×
190. √ 191. × 192. √ 193. × 194. × 195. × 196. × 197. × 198. ×
199. × 200. ×

五、简 答 题

1. 答：①异步计数器响应速度较慢，当信号脉冲输入间隔小于转换总周期时，计数器无法工作(2 分)。

②因为异步计数器进位信号是逐级传送的，计数速度受触发器传输延迟时间和触发器个数这两个因素的影响，总转换时间等于前两者之积，故使异步计数器的转换速度大大降低(3 分)。

2. 答：P0 口是一个双向并行 I/O 端口，在访问外部存储器时，作为复用的低 8 位地址/数据总线(1 分)。

P1 口是 8 位准双向并行 I/O 端口，在编程校验期间，用于传输低 8 位地址(1 分)。

P2 口是 8 位准双向并行 I/O 端口，在访问外部存储器时，用于输出高 8 位地址，在编程期间用于传输高 8 位地址和控制信息(2 分)。

P3 口准双向并行 I/O 端口，可提供各种特殊功能(1 分)。

3. 答：顺序控制系统大致分成三级控制(2 分)，分别为：组级控制，子组组级控制和设备级控制(3分)。

4. 答:输煤顺序控制系统包括:卸煤控制、运煤控制、斗轮堆/取料机控制、配料控制、转运站控制、碎煤机控制、计量设备、辅助系统控制、信号报警系统和控制屏(5分)。

5. 答:①主蒸汽温度调节一般采用喷水减温和调节燃烧器摆角的方法(2分)。②再热器出口蒸汽温度调节一般采用调节烟气挡板、调节火焰中心温度和喷水减温的方法(3分)。

6. 答:炉膛火焰电视监视系统包括:①炉膛火焰场景潜望镜及其控制保护系统;②电视摄像机及其保护系统;③电视信号传输线;④火焰电视监视器(CRT)(5分)。

7. 答:工业电视摄像机主要单元包括:光导摄像管、视频放大器、偏转扫描系统、对比度控制单元、聚焦线圈和熄灭脉冲形成单元等(5分)。

8. 答:锅炉水位电视监测系统包括五部分,分别为:①水位表(1分);②水位表照明系统(1分);③电视摄像机及其冷却保护系统(1分);④电视信号传输线(1分);⑤水位电视监视器(又称CRT)(1分)。

9. 答:常采用的输入/输出卡件主要包含:模拟量输入卡件(AI)、模拟量输出卡件(AO)、开关量输入卡件(DI)、开关量输出卡件(DO)、脉冲量输入卡件(PI)和脉冲量输出卡件(PO)(5分)。

10. 答:汽轮机紧急跳闸系统的保护功能有:①汽轮机电超速保护(0.5分);②轴向位移保护(0.5分);③真空低保护(0.5分);④轴承振动保护(0.5分);⑤差胀越限保护(0.5分);⑥MFT主燃料跳闸停机保护(0.5分);⑦轴承油压低保护(0.5分);⑧高压缸排汽压力高保护(0.5分);⑨发电机内部故障停机保护(0.5分);⑩手动紧急停机保护等等(0.5分)。

11. 答:为了消除PR9266测量线圈所附着的小质量块自由振动的影响以及改善传感器的低频特性,在小质量块上附加有阻尼线圈和阻尼筒(2分)。此外,阻尼线圈还可以通入直流电源(传感器用于垂直位置时),给小质量块以提升力,用来平衡小质量块的重力,使弹簧系统回到原设定的机械零位,改善振动特性和防止负载变化的影响(3分)。

12. 答:输入继电器PLC是接收来自外部开关信号的"窗口"(1分)。输入继电器与PLC输入端子相连,并且有许多常开和常闭触点,供编程时使用(1分)。输入继电器只能由外部信号驱动,不能被程序驱动(1分)。输出继电器PLC是用来传递信号到外部负载的器件,输出继电器有一个外部输出的常开触点,它是按程序执行结果而被驱动的,内部许多常开、常闭触点供编程时使用(2分)。

13. 答:热力除氧原理建立在气体的溶解定律上,即在一定温度下,当液体和气体间处于平衡状态时,单位体积中溶解的气体量与水面上该气体的分压力成正比(2分)。而混合气体的分压力等于各组成气体的分压力之和(1分)。除氧器中水被定压加热后,液面上蒸汽的分压力升高,相应的其他气体分压力降低(1分)。当水沸腾后水蒸气分压力接近全压,于是其他气体分压力接近零,由此,水中氧气被去除(1分)。

14. 答:DEH控制系统主要有以下功能:①自动启动功能(1分);②负荷自动控制(1分);③手动操作(1分);④超速保护功能(1分);⑤自动紧急停机功能(1分)。

15. 答:可编程序控制器采用循环扫描的工作方式,在系统程序控制下按自诊断、与编程器通信、读入现场信号、执行用户程序、输出控制信号等,这样一个工作过程依次循环进行,用户程序按逐条依次扫描的方式进行(5分)。

16. 答:指令就是采用功能名称的英文编写字母作为助记符来表达PLC各种功能的命

令，由指令构成的能完成控制任务的指令组就是指令表(1分)。

LD:动合触点与母线连接指令(1分)。

AND-NOT:串联常闭触点指令(1分)。

OUT:线圈输出指令(1分)。

OR-LD:电路块并联连接指令(1分)。

17. 答:炉膛火焰场景潜望镜通过水冷壁上的开孔伸到炉膛内，使摄像机镜头俯视炉膛火焰的全貌，并通过其光学系统的火焰图像在摄像管的光导涂层上成像(2分)。潜望镜有两层隔热保护，外层通水以抗御炉膛内强大的辐射热；内层通压缩空气，用来冷却光学系统和清扫镜头(1分)。当潜望镜的温度达到其预定极限时，保护系统动作，控制机构将潜望镜从炉膛内退出，控制室内保护操作台盘上设有潜望镜伸入和退出的远方操作按钮以及信号灯(2分)。

18. 答:7200系列的零转速监视器是由两个独立的电涡流传感器和前置器组成，每个传感器产生一个脉冲(2分)。然后，通过监视器测量出两个传感器输出脉冲之间的时间间隔(1分)。当该时间间隔超过设定限值时，通过报警回路点亮零转速指示灯，并驱动报警继电器，于是两个传感器通道的输出触点相互串联，作为机组自动盘车装置控制投入的信号(2分)。

19. 答:T1、T2、T3、T4切换器如表C-1所示。其中“×”为任意，“1”为通，“0”为断(1分)。

表1　负荷控制方式及其切换器状态表

负荷控制方式	切换器状态			
	T1	T2	T3	T4
BASE	×	×	×	×
TF	0	1	1	0
BF	1	0	0	1
COORD	1	1	1	1

(4分)

20. 答:季节性安全防范工作有:防寒防冻、防暑降温、防雷、防台风、防汛、防雨、防爆、防雷闪、防小动物等(5分)。

21. 答:①工作是否必要和可能(1分)；②工作票上所填写的安全措施是否正确和完善(2分)；③经常到现场检查工作，确保工作安全进行(2分)。

22. 答:全面质量体系的构成要素主要包括:质量方针、质量目标、质量体系、质量策划、质量成本、质量改进、质量文化和质量审核(5分)。

23. 答:①不顾安全工作规程规定，冒险作业(2分)；②不顾质量，减工漏项，临修中该修的不修(3分)。

24. 答:火力发电厂计算机实时监控系统应具有以下功能:①数据采集(0.5分)；②运行监视(0.5分)；③报警记录(0.5分)；④跳闸事件顺序记录(0.5分)；⑤事故追忆打印(0.5分)；⑥机组效率计算(0.5分)；⑦重要设备性能计算(0.5分)；⑧系统运行能量损耗计算(0.5分)；⑨操作指导(0.5分)；⑩打印报表(0.5分)。

25. 答:①有利于提高职工的质量意识和素质(1分)；②有利于开发智力资源，增强创造性(1分)；③有利于改变旧的管理习惯，推广科学新方法(1分)；④有利于全员参加管理，加强精神文明建设(1分);⑤有利于改进质量,增加效益(1分)。

26. 答:对运行中的锅炉,当出现下列情况时,允许将FSSS退出运行(2分):①装置拒动(1分);②装置故障,须检查处理(1分);③锅炉试验或设备故障,须将装置退出运行(1分)。

27. 答:对热工信号系统试验的质量有如下要求:①当转换开关置于“灯光试验”位置(或按“试灯”)按钮时,全部光字牌应亮(或慢闪)(1分)。②当转换开关置于“信号试验”位置(或按“试验”按钮)时,应发出音响,所有光字牌闪光报警,按消音按钮,音响应消失,所有光字牌变为平光(2分)。当模拟触点动作时,相对应的光字牌应闪亮,并发出音响报警,按消音按钮,音响应消失,光字牌闪光转为平光(2分)。

28. 答:汽轮机轴向位移测量,是在汽轮机的轴上做出一个凸缘,把电涡流传感器放在凸缘的正前方约2 mm处(1分)。一般是利用推力轴承作为测量的凸缘,所测位移又和推力量大小有内在联系,即可用位移来说明推力情况,所测出的位移基本上是稳定的(2分)。整个测量系统由传感器、信号转换器和位移监视器组成(2分)。

29. 答:①压力保护装置投入保护前,导压管路及其一、二次阀门,应随主系统进行压力(真空)试验,确保管路畅通,无泄漏(2分)。②压力保护装置启动前,应检查取压点至装置间的静压差是否被修正(1分)。由于静压差所造成的该装置发信错误,应不大于给定的越限发信报警绝对误差值的0.5%(2分)。

30. 答:不同燃料燃烧时,其火焰的脉动频率是不同的,如煤粉火焰脉动频率大约为10 Hz左右,油火焰为30 Hz左右,这是由燃料的固有特性所决定的(3分)。基于这种特性,当多种燃料同时燃烧时,就可以检测出各种燃料的燃烧状态(2分)。

31. 答:汽轮机转速监视设备试验包括以下两种:①试验式校验。使用专用校验台,用对比法进行校验,若无专用台,可用直流电动机带动一个60齿的轮子进行,并用比较法校验(2分)。②现场校验。安装工作全部结束时,通电1 h,可进行现场校验。校验时,可用调试箱或信号发生器加脉冲信号的方法。将现场校验结果与试验室结果对照,也可在探头未安装前,用转速校验器代替汽轮机进行系统试验(3分)。

32. 答:①甲磨煤机甲润滑油泵启、停操作试验、自动启动试验(1分)。②甲磨煤机乙油泵参照甲油泵(1分)。③甲磨煤机允许启动条件逻辑检查、启停操作试验、保护停试验、热风门强制关逻辑试验、冷风门强制开逻辑试验、报警信号检查(2分)。④乙磨煤机调试参照甲磨煤机(1分)。

33. 答:①给水泵电气联琐投入逻辑检查。②给水泵热工联琐投入逻辑检查。③预选备用泵逻辑检查。④甲给水泵启动许可条件逻辑检查(1分)。⑤甲给水泵的启停操作试验。⑥甲给水泵的自动启动试验。⑦甲给水泵自动停试验。⑧甲给水泵的保护停试验(1分)。⑨报警信号检查。⑩甲给水泵润滑油泵的启停操作试验。⑪甲给水泵润滑油泵的自动启动试验。⑫甲给水泵润滑油泵的保护启动试验(1分)。⑬甲给水泵润滑油的自动停试验。⑭报警信号检查。⑮甲给水泵出口电动门的开关操作试验。⑯甲给水泵出口电动门的自动开试验(1分)。⑰甲给水泵出口电动门的自动关试验。⑱甲给水泵顺序控制启动试验。⑲甲给水泵顺序控制停止试验。⑳乙给水泵、乙泵润滑油泵、乙泵出口电动门、乙给水泵顺序控制的调试可参照甲进行(1分)。

34. 答:主要应包括:①引风机甲润滑油泵启停操作试验(1分)。②引风机甲润滑油泵自动启动试验(0.5分)。③引风机乙润滑油泵启停操作试验(0.5分)。④引风机乙润滑油泵自动启动试验(0.5分)。⑤引风机允许启动逻辑条件检查(0.5分)。⑥引风机启停操作试验(0.5分)。⑦引风机保护停试验(0.5分)。⑧引风机调节挡板强制关逻辑试验(0.5分)。⑨报警信号检查(0.5分)。

35. 答:①为环形网络拓扑结构(1分)。②由于环形网络数据沿单向逐点传输,当OS站向PCU2无法传输数据时,在不考虑网络线故障的前提下,表明EWS或PCU1出故障,由此判断出网络数据传输方向为顺时针(2分)。③可采用冗余双向网络或在各站点上加设旁路通道来保证网络数据传输的通畅(2分)。

36. 答:通过DCS系统的工程师调用过程控制站中的算法库,在工程师站按功能块图方法进行图形化组态连接,然后编译下装至过程控制站的内存中,即完成了控制方案的组态过程(5分)。

37. 答:主要有:①热工信号系统试验(0.5分)。②主汽门关闭及联动抽汽逆止门试验(1分)。③发电机油开关跳闸联动试验(0.5分)。④轴向位移保护试验(0.5分)。⑤低真空保护试验(0.5分)。⑥低油压联动保护试验(0.5分)。⑦高加水位保护试验(0.5分)。⑧水内冷发电机断水保护试验(1分)。

38. 答:所谓例外报告技术是指当一数据要发送到网络上时,必须是该数据在一定时间间隔内发生了显著变化这样才能够通过网络进行传输(2分)。这个显著变化称为"例外死区",它由用户在DCS组态时完成,采用例外报告技术的DCS系统,要处理两种特殊数据情况(1分):①对于长时间不超过例外死区的数据,传输一次要间隔一最大时间t_{max}(1分)。②对于频繁超出例外死区的数据,要设置一最小时间t_{min},以限制数据向网络的传输次数(1分)。

39. 答:①SCS系统以及有关控制设备、测量仪表、电缆接线均已正确安装,并符合技术规范要求(2分)。②控制回路电缆接线已经做过检查,确认正确并符合技术规范要求(2分)。③DCS系统已能正常工作,卡件功能正确,通信已建立,画面可操作(2分)。④有关仪表、变送器的设定值已调整校验(2分)。⑤马达的控制回路已受电,控制开关打在试验位置,如无试验位置应拆除动力回路线(2分)。

40. 答:①首先必须充分了解被控对象的生产工艺、技术特性及对自动控制的要求(0.5分)。②设计PLC控制系统图,确定控制顺序(0.5分)。③确定PLC的输入/输出器件及接线方式(0.5分)。④根据已确定的PLC输入/输出信号,分配PLC的I/O点编号,给出PLC的输入/输出信号连接图(0.5分)。⑤根据被控对象的控制要求,用梯形图符号设计出梯形图(0.5分)。⑥根据梯形图按指令编写用户程序(0.5分)。⑦用编程器依次将程序送到PLC中(0.5分)。⑧检查、核对、编辑、修改程序(0.5分)。⑨程序调试,进行模拟试验(0.5分)。⑩存储编好的程序(0.5分)。

41. 答:煤粉燃烧器的主要任务是将输送煤粉的一次风及二次风分别喷入燃烧室参与燃烧(2分)。性能良好的燃烧器应能使煤粉气流着火稳定,一二次风混合良好(1分)。燃烧过程迅速且强烈,火焰尽可能充满整个燃烧室,燃烧器本身阻力小(2分)。

42. 答:省煤器是利用锅炉尾部烟气的热量来加热锅炉给水的受热面,可以降低排烟温度,提高给水进入汽包的温度,从而减小汽包热应力,有利于汽包安全工作(5分)。

43. 答:带有杂质的蒸汽进入过热器之后,杂质中的一部分将会沉积在过热器管子的内壁上,形成盐垢(1分)。盐垢热阻很大,会妨碍传热,使壁温升高而超温、爆管(1分)。盐分进入汽轮机后,沉积在通流部分,使汽轮机相对内效率降低,结垢严重时还将影响运行,盐垢积沉在阀门上时,将使阀门操作失灵、漏汽(2 分)。净化途径:汽水分离、整体清洗和锅炉排污(1 分)。

44. 答:启动前对汽水管路的冲洗一般不少于两次(5 分)。

45. 答:需供给冷却水的主要设备有凝汽器、冷油器及发电机氢气、空气冷却器等(5 分)

46. 答:一般由振动传感器、振动放大器和显示仪表组成(5 分)。

47. 答:应进行如下外观检查:①导管外表应无裂纹、伤痕和严重锈蚀等缺陷(2 分)。②检查导管的平整度,不直的导管应调直(2 分)。③管件应无机械损伤及铸造缺陷(1 分)。

48. 答:在节流体所要求的最小直管段内,其内表面应清洁,无凹坑(3 分)。节流装置的各管段和管件的连接处不得有管径突变现象(2 分)。

49. 答:对于热电偶,应不超过$\pm 0.2\Omega$,对于热电阻,应不超过$\pm 0.1\Omega$(5 分)。

50. 答:应进行下列工作:①进行安装工程和设备的盘点(1 分)。②检查各项装置的安装是否符合设计和有关规范的规定(2 分)。③移交竣工验收料、设备附件、生产试验仪器和专用工具(2 分)。

51. 答:由热工检测、自动调节、程序控制、热工信号及保护等部分组成(2 分)。

52. 答:越限报警信号是指热力参数值越出安全界限而发出的报警信号(5 分)。

53. 答:汽轮机在启停和运转中,因转子轴向推力过大或油温过高,油膜将会被破坏,推力瓦钨金将被熔化,引起汽轮机动、静部摩擦,发生严重事故,故要设置此装置(5 分)。

54. 答:超速保护、低真空保护、轴向位移保护和低油压保护等(5 分)。

55. 答:①被测烟温度在 0～600℃范围内,最佳温度在 300～400℃之间(2 分)。②烟气流通条件好(2 分)。③安装、维修、校验方便(1 分)。

56. 答:状态信号是用来表示热力系统中的设备所处的状态,如“运转”、“停运”等(5 分)。

57. 答:高压加热器突然停止运行,就将造成给水温度下降,锅炉汽压下降,并会造成锅炉汽包水位先上升后下降,使锅炉运行不稳定,并影响到全厂的热效率(5 分)。

58. 答:热工信号越限时,即达到报警第一值热工预告信号系统发出声光报警,使运行人员及时采取有效措施,使热工参数恢复正常数值(2 分)。若运行人员采取措施不当,则热工参数就会继续偏离规定值而达到第二值,当热工参数达到第二值时,信号系统发生报警信号,相应联锁或保护动作,称这时的报警信号叫热工事故信号(3 分)。

59. 答:仪表管路按其作用可分为:①测量管路;②取样管路;③信号管路;④气源管路;⑤伴热管路;⑥排污及冷却管路(5 分)。

60. 答:其与节流件间的直管距离应符合下列规定:①当温度计套管直径小于或等于 $0.03D$ 时,不小于 $5D$(2 分)。②当温度计套管直径在 $0.03D$ 到 $0.13D$ 之间时,不小于 $20D$(3 分)。

61. 答:应具备以下条件:①仪表及控制装置安装完毕,单体校验合格。②管路连接正确,试压合格。③电气回路接线正确,端子固定牢固。④交直流电力回路送电前,用 500 VMΩ 表检查绝缘,其绝缘电阻不小于 1 MΩ,潮湿地区不小于 0.5 MΩ。⑤电源的容量、电压、频率及熔断器或开关的规范应符合设计和使用设备的要求。⑥气动管路吹扫完毕,气源干燥、洁净,压力应符合设备使用要求(5 分)。

62. 答:其主要特点是由一台或两台锅炉与一台汽轮机连接组成为一独立单元,锅炉的新蒸汽只供给本单元的汽轮机和使用新蒸汽的辅助设备使用,而与其他机组不相通,近代大容量机组多采用这种系统(5 分)。

63. 答:方框图的几个要素是:环节、信号线、相加点和分支点(5 分)。

64. 答:有比例带、积分时间、微分时间 3 个整定参数(5 分)。

65. 答:可分为系统存储器、用户存储器和数据存储器 3 类(5 分)。

66. 答:当单根均质材料做成闭合回路时,无论导体上温度如何分布以及导体的粗细或长短怎样,闭合回路的热电动势总是为零(4 分)。这就是均质导体定律(1 分)。

67. 答:误差按其性质,可分为:①系统误差(1 分);②偶然误差(2 分)(或称随机误差);③粗大误差(2 分)。

68. 答:产生误差的因素有以下 4 种(1 分):①测量装置误差(1 分);②环境误差(1 分);③方法误差(1 分);④人员误差(1 分)。

69. 答:将热电动势转换成数字量温度应包含如下功能:热电偶冷端自动补偿、前置信号放大、A/D 模数转换、非线性校正和标度变换(5 分)。

70. 答:锅炉水位全程调节,就是指锅炉从上水、再循环、升压、带负荷、正常运行及停止的全过程都采用自动调节(5 分)。

71. 答:全面质量体系的构成要素主要包括:质量方针、质量目标、质量体系、质量策划、质量成本、质量改进、质量文化及质量审核(5 分)。

72. 答:节流装置选型,应综合考虑流体条件、管道条件、压损和运行准确度等要求(2 分)。具体有:①必须满足测量准确度要求(0.5 分);②压力损失不应超过规定要求(0.5 分);③前后直管段应满足规定要求(0.5 分);④在满足测量精度的条件下,尽可能选择结构简单、价格便宜的节流装置(0.5 分);⑤要考虑安装地点流体对节流装置的磨损和脏污条件(0.5 分);⑥要求现场安装方便(0.5 分)。

73. 答:①零点的获得:将蒸馏水冰或自来水冰(注意冰避免过冷)破碎成雪花状,放入冰点槽内(1 分)。注入适量的蒸馏水或自来水后,用干净的玻璃棒搅拌并压紧使冰面发乌(1 分)。用二等标准水银温度计进行校准,稳定后使用(1 分)。②零点检定时温度计要垂直插入冰点槽中,距离器壁不得小于 20 mm,待示值稳定后方可读数(2 分)。

74. 答:①为了减小环境温度对线路电阻的影响,工业上常采用三线制连接,也可以采用四线制连接(1 分)。②热电阻引入显示仪表的线路电阻必须符合规定值,否则将产生系统误差(1 分)。③热电阻工作电流应小于规定值(工业用时为 6 mA),否则将因过大电流造成自热效应,产生附加误差(2 分)。④热电阻分度号必须与显示仪表调校时分度号相同(1 分)。

75. 答:①将差压变送器高、低压力容器连通后通大气,并测量输出下限值(1 分);②引入静压力,从大气压力缓慢改变到额定工作压力,稳定 3 min 后,测量输出下限值,并计算其对大气压力时输出下限值的差值(2 分)。③具有输入量程可调的变送器,除有特殊规定外,应在最小量程上进行静压影响的检定,检定后应恢复到原来的量程(2 分)。

76. 答:在环境温度为 15～35℃,相对湿度为 45%～75%时,变送器各端子之间施加下列频率为 50 Hz 的正弦交流电压,1 min 后,应无击穿和飞弧现象(2 分)。

检定时的要求如下:

输出端子-接地端子:500 V。

电源端子-接地端子:1000 V。

电源端子-输出端子:1000 V(3 分)。

77. 答:导压管安装前应做以下工作:①管路材质和规格的检查(2 分);②导管的外观检查(1 分);③导管内部清洗工作(1 分)。

78. 答:屏蔽层应一端接地,另一端浮空,接地处可设在电子装置处或检测元件处,视具体抗干扰效果而定(2 分)。

若两侧均接地,屏蔽层与大地形成回路,共模干扰信号将经导线与屏蔽层间的分布电容进入电子设备,引进干扰,而一端接地,仅与一侧保持同电位,而屏蔽层与大地示构成回路,就无干扰信号进入电子设备,从而避免大地共模干扰电压的侵入(3 分)。

六、论 述 题

1. 答:标准压力表量程选择:在静载负荷条件下,仪表正常允许使用的压力范围不应超过测量上限值的 3/4。标准压力表允许使用的压力范围不应超过测量上限值的 2/3,也就是标准表的测量上限应比被检表的测量上限值高 1/3(3 分)。所以

$$标准表的测量上限值=被检表测量上限值+\frac{1}{3}\times被检表测量上限值=被检表测量上限值\times\left(1+\frac{1}{3}\right)(2\text{ 分})$$

标准压力表精度的选择:

标准表基本误差的绝对值不应超过被检压力表基本误差绝对值的 1/3(5 分)。根据这一原则,可用下面的等式求得标准压力表的精度为(3 分):

$$标准表精度\geqslant\frac{1}{3}\times被检表精度\times\frac{被检表测量上限}{标准表测量上限}(2\text{ 分})$$

2. 答:①变送器的铭牌应完整、清晰、应注明产品名称、型号、规格、测量范围等主要技术指标,高、低压容室应有明显标记,还应标明制造厂的名称或商标、出厂编号、制造年月(3 分);②变送器零部件应完整无损,紧固件不得有松动和损伤现象,可动部分应灵活可靠(3 分);③新制造的变送器的外壳、零件表面涂覆层应光洁、完好、无锈蚀和霉斑,内部不得有切屑、残渣等杂物,使用中和修理后的变送器不允许有影响使用和计量性能的缺陷(4 分)。

3. 答:检定时,从下限值开始平稳地输入压力信号到各检定点,读取并记录输出值直至上限(2 分);然后反方向平稳地改变压力信号到各检定点,读取并记录输出值直至下限(2 分)。以这样上、下行程的检定作为 1 次循环,有疑义及仲裁时需进行 3 次循环的检定(2 分)。在检定过程中不允许调零点和量程,不允许轻敲或振动变送器,在接近检定点时,输入压力信号应足够慢,须避免过冲现象(2 分)。上限值只在上行程时检定,下限值只在下行程时检定(2 分)。

4. 答:DDZ-Ⅱ型差压变送器和差压流量变送器一般应检定的项目有:①外观检查(1 分);②密封性检查(1 分);③基本误差检定(1 分);④回程误差检定(1 分);⑤静压影响检定(1 分);⑥输出开路影响检定(1 分);⑦输出交流分量检定(1 分);⑧电源电压变化影响检定(1 分);⑨恒流性能检查(1 分);⑩过范围影响检定;绝缘电阻检定;绝缘强度检定;小信号切除性能试验(1 分)。

5. 答:电动压力变送器检定项目有:外观;密封性;基本误差;回程误差;静压影响;输出开路影响;输出交流分量;绝缘电阻;绝缘强度(2 分)。

电动压力变送器检定接线示意图如图 1 所示

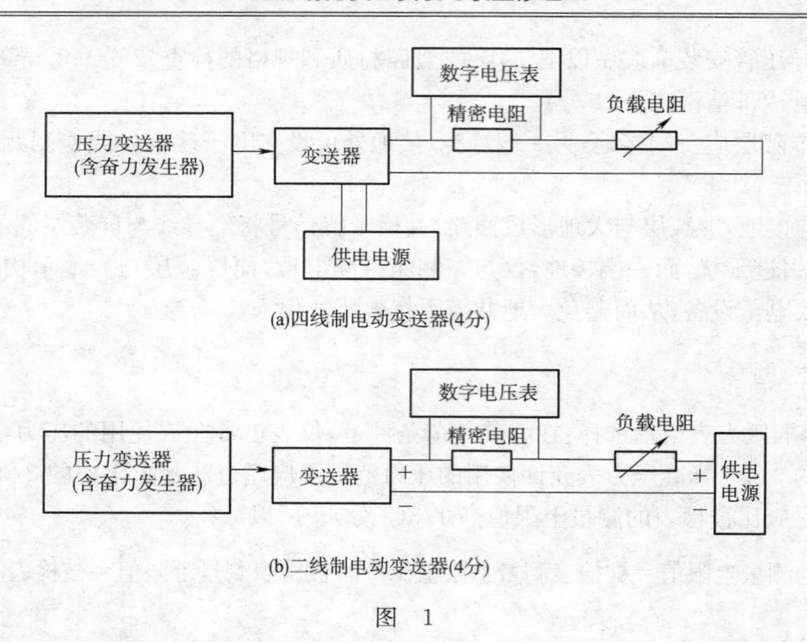

(a)四线制电动变送器(4分)

(b)二线制电动变送器(4分)

图 1

6. 答:热电偶检定之前进行清洗是为了消除热电偶表面的污染,改善热电性能和延长使用寿命(5 分)。退火是为了消除热电极内应力,改善金相组织和提高热电偶的稳定性(2 分)。清洗分为酸洗和硼砂洗。酸洗可消除热电极表面的有机物和一般金属杂质及氧化物。硼砂清洗是利用硼砂的还原性,消除电极表面难溶于酸的金属杂质及氧化物(2 分)。退火分为空气退火和炉内退火,空气退火是为了热电偶纵向受热均匀,电极表面上附着的低熔点金属和杂质得到了挥发。空气退火的缺点就是热电极径向受热温度不均匀,降温时冷却速度太快,不易获得均匀组织,结果产生内应力;炉内退火可弥补热电极径向受热不均匀,能消除内应力,提高热电性能的稳定性(4 分)。

7. 答:①温度计按规定浸入方式垂直插入槽中,插入前应注意预热(零上温度计)或预冷(零下温度计)。读数时恒温槽温度应控制在偏离检定点±0.20℃以内(以标准温度计为准)(2 分)。②温度计插入槽中一般要经过 10 min(水银温度计)或 15 min(有机液体温度计)方可读数,读数过程中要求槽温恒定或缓慢均匀上升,整个读数过程中槽温变化不得超过 0.1℃。使用自控恒温槽时控温精度不得大于±0.05℃/10 min(2 分)。③读数要迅速,时间间隔要均匀,视线应与刻度面垂直,读取液柱弯月面的最高点(水银温度计)或最低点(有机液体温度计)。读数要估读到分度值的 1/10(3 分)。④精密温度计读 4 次,普通温度计读数 2 次,其顺序为标准→被检 1→被检 2→被检 n,然后再按相反顺序读回到标准,最后取算术平均值,分别得到标准温度计及被检温度计的示值(3 分)。

8. 答:热电偶是有两种不同的导体(或半导体)A 电极和 B 电极构成的。将 A、B 电极的一端焊接在一起,称为测量端(或工作端),另一端称为参考端(或自由端)。使用时,将热电偶 A、B 两电极套上既绝缘又耐热的套管,将测量端置于被测介质中,参考端接至电测仪器上(3 分)。

热电偶的测温原理是基于物质的热电效应,若两种不同的导体组成闭合回路,由于两种导体内的电子密度不同,热电偶两端温度不同,在回路中产生电动势,形成热电流。接在回路中的电测仪器就会显示出被测热电偶的热电势值 $E_{AB}(t,t_0)$。若热电偶的参考端温度 t_0 恒定或等于 0℃,则热电偶的热电势 $E_{AB}(t,t_0)$仅是测量端温度 t 的函数。即 $E_{AB}(t,t_0)=e_{AB}+$常数$=f(t)$(5 分)。由此说明,当热电偶参考端温度 t_0 恒定时,热电偶所产生的热电势仅随测量端温度 t 的变化而变化。一定的热电势对应着相应的温度值,通过测量热电势即能达到测量温度的目的(3 分)。

9. 答:标准节流装置的组成是①标准节流件及其取压装置(2 分);②节流件上游侧第一个阻力件和第二个阻力件(2 分);③下游侧第一个阻力件(2 分);④所有主件及附件之间的直管段(2 分)。示意图如图 2 所示。

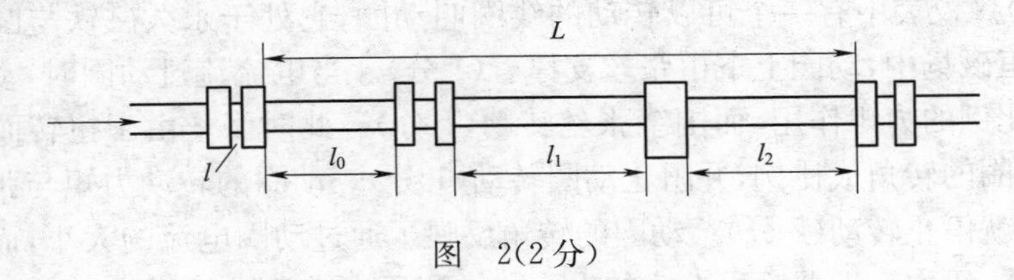

图 2(2 分)

10. 答:单圈弹簧管如图 3 所示,管子的截面为扁圆形,长轴为 a,短轴为 b,短轴与圆弧平面平行,且 $R-r=b$,A 端为固定端,B 端为自由端,整个管子弯成中心角为 ψ 的圆弧形(1 分)。

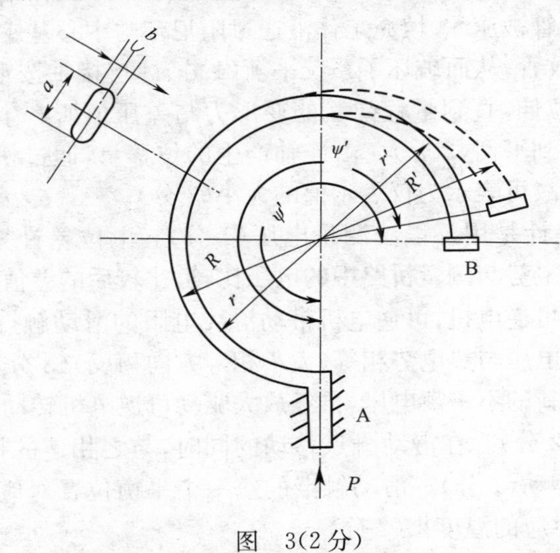

图 3(2 分)

当通入压力后,由于短轴方向的内表面积比长轴方向的大,受力也就大,管子有变圆的趋势,即 a 变小,b 变大,设变化后的长轴为 a',短轴为 b'。管子受压变形时,管子的长度近似不变,因此可以认为弹簧管的内、外圆弧长度不变。但由于管子受压变形,自由端发生位移,即中心角由 ψ 变成 ψ',弹簧管圆弧半径也由 R 和 r 变成了 R' 和 r'(2 分)。

因为管子受压变形后,圆弧长度不变,即

$$R\psi=R'\psi',r\psi=r'\psi'$$

两个等式相减,得

$$(R-r)\psi=(R'-r')\psi'$$

又因 $R-r=b,R'-r'=b'$

则 $b\psi=b'\psi'$(2 分)

由于管子受压变形时，$b'>b$，因此 $\psi>\psi'$。由此说明，受压力作用时，弹簧管的曲率半径增大，管子趋向伸直，自由端外移(1分)。

当弹簧管内受负压作用时，则有 $b'<b$，$\psi<\psi'$。说明弹簧管在负压作用下，管子的曲率半径变小，管子趋向弯曲，自由端向内移(1分)。

自由端的位移量与作用压力(或负压)、初始中心角 ψ、材料的性质、管子的壁厚、截面的形状及弹簧管的曲率半径等因素有关，目前尚无定量的理论公式(1分)。

11. 答：动圈仪表是利用载流导体在恒磁场中受力的大小与导体中电流强度成比例的原理工作的(2分)。仪表中有一个可以转动的线圈叫动圈，它处于永久磁铁与圆柱形铁芯所制成的径向均匀恒磁场中，动圈上下由张丝支撑着(1分)。当电流流过动圈时，动圈就受到一个与电流大小成比例的力矩作用，而围绕张丝转动(1分)。此时张丝由于扭转而产生一个反力矩，此力矩与动圈的转角成比例，并阻止动圈转动(1分)。动圈的转动力矩与张丝的反力矩大小相等时，动圈就停止转动(2分)。动圈的转角反映了通过动圈电流的大小，而动圈的电流来自与压力变送器，压力变送器输出电流的大小与被测压力成正比(2分)。因此，动圈的转角间接地反映了被测压力的大小，并借助指针在刻度盘上指示出被测的压力值(1分)。

12. 答：双波纹管差压计是根据差压与位移成正比的原理工作的，当正负压室产生差压后，处于正压室中的波纹管被压缩，填充工作液通过阻尼环与中心基座之间的环隙和阻尼旁路流向处于负压室中的波纹管，从而破坏了系统平衡(4分)。连接轴按水平方向从左向右移动，使量程弹簧产生相应的拉伸，直到量程弹簧的变形力与差压值所产生的测量力平衡为止，此时，系统在新的位置上达到平衡(3分)。由连轴产生的位移量，通过扭力管转换成输出转角，因其转角与差压成正比，故可表示为仪表示值的大小(3分)。

13. 答：电子、电位差计是用补偿法测量电压(1分)。电位差计采用不平衡电桥线路(1分)。热电偶输出的直流电势与测量桥路中的电压比较，比较后的差值电压经放大器放大后输出足够大的电压，以驱动可逆电机，可逆电机带动滑线电阻的滑动触点移动，改变滑线电阻的电阻值，使测量桥路输出电压与热电势相等(大小相等方向相反)(3分)。当被测温度变化时，热电势变化，桥路又输出新的不平衡电压，再经放大驱动可逆电机转动，改变滑动触点的位置，直到达到新的平衡为止(2分)。在滑动触点移动的同时，与之相连的指针和记录笔沿着有温度分度的标尺和记录纸运动(1分)。滑动触点的每一个平衡位置对应着一定的温度值，因此能自动指示和记录出相对应的温度来(2分)。

14. 答：温度变送器的工作原理是：热电偶(或热电阻)的信号输入仪表后，经输入桥路转换成直流毫伏信号，该信号与负反馈信号比较后，经放大器调制放大到足够大，放大后的信号由输出变压器输出到检波放大器，滤去交流信号后输出一个随输入温度信号变化的 0～10 mA 的统一信号(6分)。

温度变送器可与各类热电偶、热电阻配合使用，将温度或温差信号转换成统一的毫安信号，温度变送器再与调节器及执行器配合，可组成温度或温差的自动调节系统(4分)。

15. 答：由于开方器的运算关系 $I_o=K\sqrt{I_i}$ 特点，输入不同的 I_i，则输出 I_o 变化率亦即放大倍数也是不同的，输入信号越小，放大倍数越大，输入信号趋于零时则放大倍数趋于无穷大(2分)。因此开方器输入信号越小，其输出误差就越大(2分)。当开方器 $I_i<0.1$ mA 时，$I_o<0.32$ mA，在这样小的信号之下，DDZ-Ⅱ型线路难以保证运算准确度(2分)。同时在小流量测量时，由于静压波动或差压变送器输出的微小波动都会导致输出产生较大的误差(2分)。因

此采用小信号切除电路，使 I_i小于 0.1 mA 时的 I_o为零，即在 I_o小于 0.32 mA 时把输出端短接，停止输出电流，也不影响大信号的输入(2 分)。

16. 答：①全部送风机跳闸；②全部引风机跳闸；③炉膛压力过低；④炉膛压力过高；⑤锅炉送风量过少；⑥全炉膛火焰丧失；⑦主燃料丧失(10 分)。以上 7 条为保护炉膛安全，防止炉膛爆炸的基本条件，另外根据各台机组的保护要求，还设置以下工况：给水流量过低、汽包水位过低、炉水循环不良、主汽温度过高、主汽压过高、汽机跳闸且旁路故障、控制电源失去等(10 分)。

17. 答：直流电位差计的工作原理图如图 4 所示。

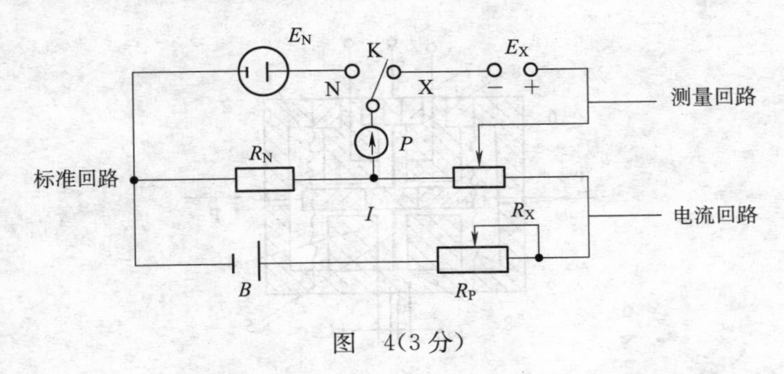

图　4(3 分)

直流电位差计由 3 个回路组成，即：①标准回路，亦称校准工作电流回路；②测量回路；③工作电流回路(3 分)。

工作原理：直流电位差计测量电势是采用补偿原理，即用一个大小相等、方向相反的已知直流压降与被测电势平衡(1 分)。如图 4 所示，当电源 B 的电流 I 通过电阻 R_X和 R_N时将产生电压降，若将开关 K 打向 N(标准)调节 R_P，改变回路中的电流 I，使 R_N的压降等于外接标准电池的电动势 E_N，此时检流计指零，则 $E_N=IR_N$，保持 I 不变，把开关 K 打向 X(未知)调节 R_X，使检流计再次指零，又得 $E_X=IR_X$(2 分)。换算得 $E_X=E_N\cdot R_X/R_N$，比值 R_X/R_N和 E_N已知，就能求出未知电势 E_X(1 分)。

18. 答：自动平衡电桥是由测量桥路、放大器、可逆电机、同步电机、指示和记录机构等主要部分组成(2 分)，其组成框图如图 5 所示。

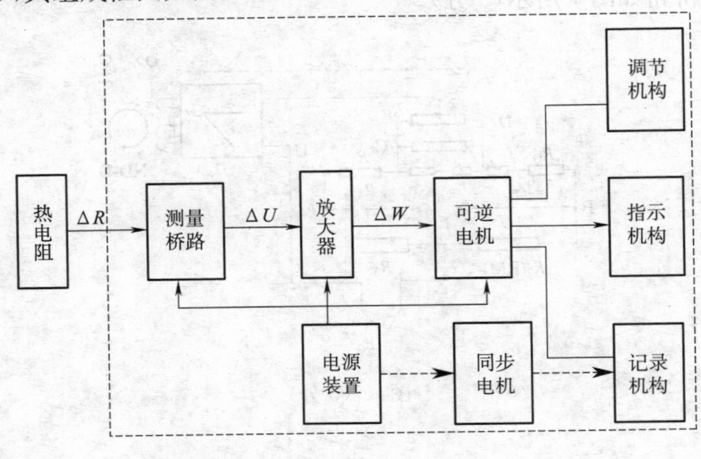

图　5(3 分)

自动平衡电桥有直流和交流两种，都是利用电桥的平衡原理工作的(1 分)。热电阻测温元件 R_t 作为桥路的一个桥臂，当 R_t 处于下限温度时，电桥处于平衡状态，桥路输出为零(1 分)。当温度增加时，R_t 的电阻值增加，桥路平衡被破坏，输出一不平衡电压信号，经放大器放大后，输出足够大功率以驱动可逆电机转动，带动滑线电阻上的滑动触点移动，改变上支路两个桥臂电阻的比值，从而使桥路达到新的平衡(1 分)。可逆电机同时带动指示记录机构指示和记录出相应的温度值(1 分)。在整个测量范围内，热电阻在不同温度 t 下的 R_t 值，在滑线电阻上都有一个对应的位置，这样便可以指示出被测温度的大小来(1 分)。

19. 答:差动电容式差压变送器的工作原理简图如图 6 所示。

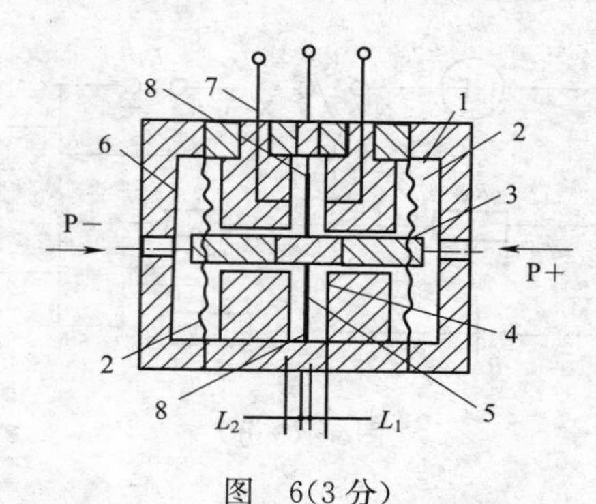

图 6(3 分)

1—正压室；2—弹性测量膜片；3—连接轴；4—固定电极；5—可动电极；
6—负压室；7—电极引线；8—环形弹簧极

差动电容式差压变送器的工作原理如下图所示，图中可动电极 5 固定在连接轴 3 中间，在可动电极两侧各装一固定电极 4，组成两差动电容(2 分)。当差压为零时，可动电极与两固定电极间的间隙相等，$L_1=L_2=L_0$，两差动电容量相等，$C_1=C_2$(2 分)。当差压 p_+-p_- 分别加到正负压室弹性测量膜片上时，引起膜片位移，连接轴 3 带动其上的可动电极产生相应的微小位移，使可动电极与两固定电极的间隙 L_1 和 L_2 不相等，相应的电容 C_1 和 C_2 电容量也不相等(2 分)。这样将两弹性测量膜片上检出的压差信号变为电容量的变化(1 分)。通过电路的检测和转换放大，转变为二线制输出的 4～20 mA 直流信号(2 分)。

20. 答:测量桥路如图 7 所示(5 分)。

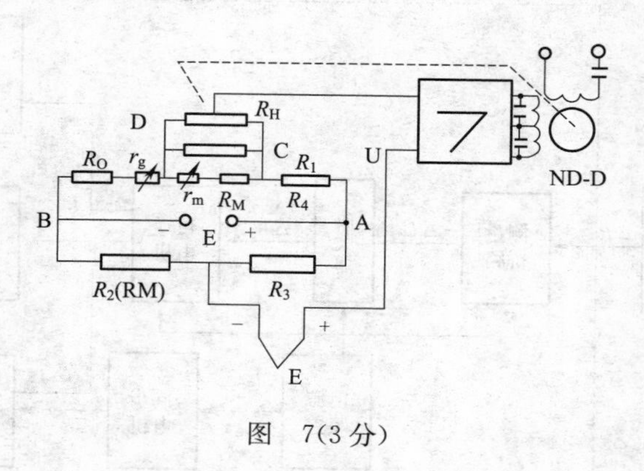

图 7(3 分)

测量桥路的上支路由 R_H、R_B、R_M并联后再与 R_G、R_4 串联组成(1 分);下支路由 $R_2(R_W)$、R_3串联组成(1 分)。R_G+r_g是仪表的起始电阻;R_M+r_m是测量范围电阻(1 分);R_H是滑线电阻,它与 R_B并联后的阻值为(90±0.1)Ω(1 分);R_B是固定电阻;R_4是上支路限流电阻,是上支路的电流为 4 mA(1 分);R_2是参考端温度自动补偿电阻(1 分);R_3是下支路限流电阻,保证下支路电流为 2 mA(1 分)。

21. 答:产生误差的因素有:①测量装置误差;②环境误差;③方法误差;④人员误差(4 分)。

测量装置误差:①标准器误差:是指提供标准量值的标准器具,它们本身体现出来的量值,都不可避免地含有误差;②仪器误差;凡是用来直接或间接将被测量和测量单位比较的设备,称为仪器或仪表,而仪器或仪表本身都具有误差;③附件误差:由于附件存在误差,促使整套装置带来误差(3 分)。

环境误差:由于各种环境因素与要求的标准状态不一致而引起的测量装置和被测量本身的变化而造成的误差(1 分)。

方法误差:由于采用近似的测量方法而造成的误差(1 分)。

人员误差:由于测量者受分辨能力的限制,因工作疲劳引起的视觉器官的变化,还有习惯引起的读数误差,以及精神上的因素产生的一时疏忽等引起的误差(1 分)。

22. 答:误差按其性质,可分为:①系统误差;②偶然误差(或称随机误差);③粗大误差(3 分)。

系统误差是指在同一条件下,多次测量同一量值时,绝对值和符号保持不变,或在条件改变时,按一定规律变化的误差(2 分)。

偶然误差是指在同一条件下,多次测量同一量值时,绝对值和符号以不可预定方式变化着的误差(2 分)。

粗大误差是指明显歪曲测量结果的误差。如测量时对错了标志、读错了数以及在测量时因操作不小心而引起的过失性误差等(3 分)。

23. 答:可编程序控制器由中央处理器、存贮器、输入/输出组件、编程器和电源组成(2 分)。

中央处理器:处理和运行用户程序、对外部输入信号作出正确的逻辑判断,并将结果输出以控制生产机械按既定程序工作。另外,还对其内部工作进行自检和协调各部分工作(2 分)。

存贮器:存贮系统管理、监控程序、功能模块和用户程序(1 分)。

输入/输出组件:输入组件将外部信号转换成 CPU 能接受的信号。输出组件将 CPU 输出的处理结果转换成现场需要的信号输出,驱动执行机构(2 分)。

编程器:用以输入、检查、修改、调试用户程序也可用来监视 PLC 的工作(1 分)。

电源部件:将工业用电转换成供 PLC 内部电路工作所需的直流电源(2 分)。

24. 答:数据采集系统主要功能有:①CRT 屏幕显示:包括模拟图、棒形图、曲线图、相关图、成组显示、成组控制(3 分);②制表打印:包括定时制表、随机打印(包括报警打印、开关量变态打印、事件顺序记录、事故追忆打印、CRT 屏幕拷贝)(3 分);③在线性能计算:二次参数计算、定时进行经济指标计算、操作指导、汽轮机寿命消耗计算和管理。工程师工作站可用作运行参数的设置和修改,各种应用软件、生产管理和试验分析等软件的离线开发(4 分)。

25. 答:自动平衡电桥测量桥路原理示意图如图 8 所示。

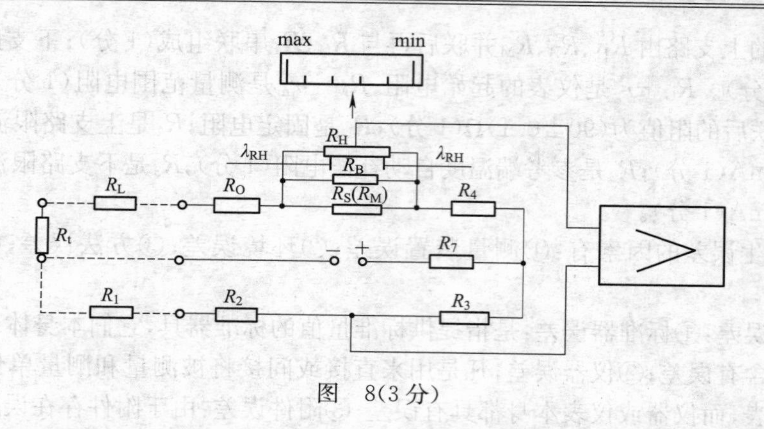

图 8(3 分)

图中的电阻元件除热电阻 R_t 和外线路电阻 R_L 外，均为锰铜电阻(2 分)。

各电阻的作用为：R_t 为热电阻用于感受被测温度：R_L 为(外)线路电阻，它与连接导线配合使用，确保线路电阻值为规定值：R_G 为起始电阻，用来调整仪表的起始刻度；R_M 为量程电阻，用来调整仪表的测量范围；R_H 为滑线电阻，R_B 为工艺电阻，R_B 与 R_H 并联后阻值为 90 Ω；R_4 为上支路限流电阻，用以保证上支路电流为规定值；R_2 与 R_3 为下支路限流电阻，用它保证下支路电流为规定值；R_7 为限流电阻，用来限制流过热电阻的电流(5 分)。

26. 答：输入/输出模块是可编程序控制器与现场设备连接的接口。输入模块的作用是接受现场设备的控制条件信号，如限位开关、操作按钮、传感器信号等(2 分)。

这些信号被预先限定在某个电压或电流范围内，输入模块将这个信号转换成中央处理器能够接收和处理的数字信号。输出模块的作用是接收中央处理器处理过的数字信号，并把它转换成被控设备所能接收的电压或电流信号，以驱动诸如电机启动器、阀门执行器或灯光显示等设备(3 分)。

由于输入、输出模块直接连接现场设备，因此对它们有如下要求：①抗干扰性能好，要能在噪声较大的场合可靠地工作；②输入模块要能直接接受现场信号(交流或直流电压、热电偶、热电阻信号等)；③输出模块要直接驱动诸如交流接触器、电磁阀等现场执行机构；④可靠性和安全性要求高，除了能在恶劣环境下可靠地工作外，如果万一发生故障，要求能安全地保护现场设备，不致扩大事故影响(5 分)。

27. 答：①行灯电压不准超过 36 V(5 分)。在特别潮湿或周围均属金属导体的地方工作时，如在汽鼓、凝汽器、加热器、蒸发器、除氧器以及其他金属容器或水箱等内部，行灯的电压不准超过 12 V(3 分)；②行灯电源应由携带式或固定式的降压变压器供给，变压器不准放在汽鼓、燃烧室及凝汽器等的内部(2 分)；③携带式行灯变压器的高压侧，应带插头，低压侧带插座，并采用两种不能互相插入的插头(2 分)；④行灯变压器的外壳须有良好的接地线，高压侧最好使用三线插头(3 分)。

28. 答：节流装置的测量原理是基于流体流动的节流原理(1 分)。若在圆形管中与管道轴线垂直方向固定一个中间具有圆孔，而孔径比管道直径小的阻挡件，则当流体流过此阻挡件时，流速增加，静压力减小，在阻挡件前后产生静压差，这个静压差与流量之间有一定的函数关系，测出该压差，即可得出流体的流量，这就是节流装置的测量原理(3 分)。

标准节流装置测量流量时必须满足的条件：①流体充满管道，作连续稳定流动，流体应是单相、均匀的流体，在到达节流件之前，流体的流线与管道轴线平行，没有旋转流(2 分)；②被测流体流过的管道应具有圆截面，直径不小于 50 mm(2 分)；③标准节流件应安装在两段等内径的直管段之间，节流件前后一定距离内不得有其他局部阻力件(2 分)。

29. 答：须已知的条件有：①被测流体名称(1 分)；②被测流体的最大流量、常用流量、最小流量(1 分)；③工作压力(表压)(1 分)；④工作温度(1 分)；⑤允许压力损失(1 分)；⑥管道内径(1 分)；⑦节流件形式及取压方式(1 分)；⑧管道材料(1 分)；⑨节流件材料(1 分)；⑩要求采用的差压计或差压变送器型号及其差压上限(1 分)。

30. 答：在使用热电偶测温时，要求热电偶的参考端温度必须保持恒定，由于热电偶一般做得比较短，尤其是贵金属材料制成的热电偶更短，这样，热电偶的参考端离被测对象很近，使参考端温度较高且波动很大，所以应该用较长的热电偶，把参考端延伸到温度比较稳定的地方(5 分)。这种方法对于价格便宜的热电偶还比较可行，对于贵金属很不经济，同时不便于敷设热电偶线(2 分)。考虑到热电偶参考端温度常在 100℃以下，此时若能找到一种在此温度范围内与热电偶具有相同热电特性的补偿导线，则可以起到延长热电偶的作用，且价格便宜，宜于敷设，所以，在使用热电偶时要连接补偿导线(3 分)。

31. 答：①精密表只允许在无损坏和具有尚未过期的检定证书时才能使用(2 分)；②300 分格的精密表必须根据检定证书中的数值使用，证书中没有给出的压力(疏空)值，须编制线性内插表(2 分)；③在未加压或疏空时，精密表处于正常工作位置的情况下，轻敲表壳后，指针对零点的偏差或由于轻敲表壳，引起指针示值变动量超过规定时，仪表不允许使用(2 分)；④精密表允许在(20±10)℃下使用，其指示值误差满足下式要求：

$$\Delta=\pm(\delta+\Delta t\times 0.04\%)/℃$$

$$\Delta t=|t_2-t_1|$$

式中 δ——仪表允许基本误差；

t_2——仪表使用时的环境温度；

t_1——当 t_2 高于 22℃或 23℃时，为 22℃或 23℃，低于 18℃或 17℃时，为 18℃或 17℃。

Δ 的表示方法与基本误差相同(2 分)。

⑤用精密表检定一般弹簧管式压力表时，精密表的绝对误差须小于被检仪表允许绝对误差的 1/3，方可使用(2 分)。

32. 答：①取样点及取样装置选择。测氧的取样点必须是高温烟气，而且要确保烟样被抽到氧化锆探头处保持至少 600℃，而且希望达到设计工作温度。如果采用定温电炉的氧化锆探头，可适用于低温烟道处测氧。取样点的烟气含氧量必须有变化，不应取自死区烟道的烟样。取样装置应保证烟样的流速至少在 10～15 m/s。取样装置应便于烟流量和空气流量的调节和监视(4 分)。②与氧化锆传感器联用的显示仪应进行使用前标度误差的校验，确保其准确可靠(1 分)。③氧化锆传感器应在热态条件下检查氧化锆管于氧化铝管接头处的严密性。此处的粘结缝如果有泄漏，则会造成指示偏低(2 分)。④用于锅炉风量控制系统中被调量的氧量传感器，其测量电路应进行非线性校正和烟温自动补偿(1 分)。⑤氧化锆传感器在安装前应先进行实氧校验，确保其精度、可靠(1 分)。⑥引起氧化锆测量的各项误差因素尚须在使用中检查、校正(1 分)。

33. 答：因为各种型号的补偿导线，其热电特性不一样，在同一温度下，补偿电动势的大小也不一样，如果补偿导线选错或极性接反，不仅不能起到补偿作用，反而会抵消部分热电势(3 分)。例如，使用铂铑 10-铂热电偶时，错用了镍铬-镍硅热电偶的补偿导线，若极性接正确，将造成过补偿，使仪表指示偏高，若极性接反，则造成欠补偿，使仪表指示偏低(2分)。同样若补偿导线选对了，但极性接反了，同样会造成欠补偿，使仪表指示偏低(2分)。所以补偿导线选错或接反，会造成错误的测量结果，给生产带来损失(2分)。

34. 答：端子箱的安装质量要求有如下4条：①端子箱周围的温度应不大于45℃，否则另选地点重装(2分)；②端子箱的位置到各测点的距离要适中，安装高度便于接线和检查，又不影响通行和主设备维修(2分)；③端子箱应密封，所有进出接线应具有明显而不退色的编号，其外壳上应具有写上编号、名称和用途的标志牌(3分)；④热电偶测量系统的冷端补偿器，一般应装在端子箱内，使热电偶的冷端和补偿器处在相同的环境温度中(3分)。

35. 答：按力学原理，当汽包水位在任意值 H 时，双室平衡容器的输出差压 ΔP 为

$$\Delta P = P_+ - P_- = L\rho_1 - H\rho_\omega - (L-H)\rho_s g$$
$$= L(\rho_1 - \rho_s) - H(\rho_\omega - \rho_s)g \text{(2分)}$$

由此可看出，当平衡容器的环境温度降低时，冷凝水密度 ρ_1 增大，输出差压 ΔP 将增大，引起差压式水位计指示水位下降，指示带有负误差(2分)。

因平衡容器的环境温度的下降形成水位指示的负误差程度决定于平衡容器的尺寸 L、环境温度的下降量以及平衡容器的结构型式(单室还是双室)。平衡容器尺寸 L 越大，水位指示负误差也越大；环境温度下降量越大，水位指示负误差也增加，但负误差增加量还与平衡容器结构型式有关。在双室平衡容器中，因负压管中充满饱和蒸汽，其向冷凝水加热部分抵消了环境温度对冷凝水的冷却。在单平衡容器中却没有这种抵消作用。因此，单室平衡容器比双室平衡容器在环境温度下降时更会产生较大的负误差(5分)。

为减小平衡容器环境温度对水位指示的影响，应该对图中的平衡容器及汽水连通管加保温(注意容器顶面不应保温，以产生足够冷凝水量)。理想方法是装蒸汽加热罩(1分)。

36. 答：静压误差是差压变送器存在的一个特殊问题。所谓"静压误差"，就是指被测介质静压作用所造成的一项附加误差。它的大小与静压的数值成正比(2分)。

产生静压误差的原因较多，其主要有以下3个方面：①测量膜盒两侧有效面积不相等，若两边有静压存在时，就会产生一个附加的作用力。②出轴与出轴密封膜片的几何中心不相重合，因而静压对密封膜片所形成的合力不是作用在出轴的几何中心线上，这就对出轴产生一个附加力矩。③当两根平衡吊带与出轴轴心不处于同一垂直平面时，也会对主杠杆产生一个附加的转动力矩(3分)。

综上所述，产生的主要原因是力平衡变送器各机械零件安装位置不当，受力不均，在静压作用下对杠杆系统产生附加作用力。它与被测信号无关。静压误差较大时，需找出机械安装原因予以消除。一般可用静压调整机构或用增、减平衡吊带下端垫圈厚度方法，来适当改变出轴与平衡吊带间的相对位置，以消除或减小静压误差(5分)。

37. 答：①首先应开好工作票；②将与汽包水位高、低有关的热工保护信号强制好；③隔离电触点水位计测量筒水侧和汽侧的一、二次阀；④打开排污阀，放掉测量筒内的压力；⑤待测量筒完全冷却后，方可拆卸电极；⑥新电极更换好后，投用时应缓慢开放二次阀和一次阀，防止应力对电极的损害；⑦工作结束后，要及时恢复强制信号，终结工作票(10分)。

38. 答：①将系统看做纯比例作用下的一个闭合自动调节系统，如果逐步减小调节器的比例带，当出现4∶1的衰减过减过程时，确定4∶1衰减比例带 δ_s 和4∶1衰减操作周期 Ts，然后按照经验公式计算出各个具体参数，这叫衰减曲线整定法(5分)。②按纯比例调节作用，先

求出衰减比为 1∶1(稳定边界)的比例带和周期,再按经验公式求其他参数称为稳定边界整定法(5 分)。

39. 答:出现这种情况的主要原因是:调节器的参数设置不当;运行工况变化较大;阀门特性变化以及运行操作人员投自动时处理不当(1 分)。

调节器的整定参数直接影响调节系统的调节质量,参数设置不当,调节质量会变差,甚至无法满足生产的要求(1 分)。

调节系统参数一般按正常工况设置,适应范围有限,当工况变化较大时,调节对象特性变化也较大,原有的整定参数就不能适应,调节质量变差,所以运行人员反映自动不好用,这是正常的(2 分)。要解决这一问题,需要增加调节器的自适应功能。阀门特性变化相当于调节对象特性(包括阀门在内的广义调节对象特性)变化,原有的整定参数也就不能适应,影响了调节质量(1 分)。

运行人员投自动时,一般不太注意系统的偏差(特别是无偏差表的调节器或操作器),尽管系统设计有跟踪,切换时是无忧的,但如果投入时偏差较大,调节器输出就变化较大(相当于给定值扰动),阀位也变化较大,造成不安全的感觉(2 分)。有时虽然注意了偏差,觉得偏差较大,又调整给定值去接近测量值,使偏差减小(1 分)。这实际上又是一个较大的定值扰动,使阀位变化较大,又造成不安全感觉(1 分)。正确的做法是,投自动时应在偏差较小的情况下进行,投入自动后不要随意改变给定值(给定值是生产工艺确定的),即使要改变,变化量也不要太大(1 分)。

40. 答:孔板开孔上游侧直角入口边缘、孔板下游侧出口边缘和孔板开孔圆筒形下游侧出口边缘应无毛刺,划痕和可见损伤(10 分)。

41. 答:桥型支架一般用∠40×4 角钢为主架,用 30×4 扁钢为支架,支架间距为 400～500 mm,桥身度一般不大于 1 200 mm,主架本身则用∠40×4 或∠50×5 角钢分段悬挂在建筑物或钢构架上(8 分)。桥架可分为几层,并根据需要连成片(层间距一般为 200 mm)(2 分)。

42. 答:立柱有单立柱和双立柱,可一侧或两侧安装支架(1 分)。立柱长度的选择决定于支架安装层数(一般层间距离为 300 mm)(1 分)。水平敷设的电缆托架,其立柱可在楼板下吊装,梁下吊装,侧壁上(室内外混凝土壁、隧道壁、柱壁、金属结构壁等)安装以及露天立柱或支架上安装(2 分)。吊装时,立柱顶部可直接焊在预埋钢板上,亦可通过角连片 V 焊接在预埋钢板上或用膨胀螺栓固定在混凝土结构上(3 分)。当支架为三层及以上时,双立柱的固定应增加斜撑(2 分)。立柱之间的最大距离大于 2 000 mm(1 分)。

43. 答:抑制干扰的原则是:①消除或抑制干扰源,如电力线与信号线隔离或远离(3 分)。②破坏干扰途径,对于以“路”的形式侵入的干扰,从仪表本身采取措施,如采用隔离变压器,用光电耦合器等切断某些途径,对于以“场”的形式侵入的干扰,通常采用屏蔽措施(3 分)。③削弱接受电路(被干扰对象)对干扰的敏感性,如高输入阻抗的电路比低输入阻抗的电路易受干扰,模拟电路比数字电路的抗干扰能力差(4 分)。

工业自动化仪器仪表与装置修理工(初级工)技能操作考核框架

一、框架说明

1. 依据《国家职业标准》注,以及中国北车确定的"岗位个性服从于职业共性"的原则,提出工业自动化仪器仪表与装置修理工(初级工)技能操作考核框架(以下简称:技能考核框架)

2. 本职业等级技能操作考核评分采用百分制。即:满分为 100 分,60 分为及格,低于 60 分为不及格。

3. 实施"技能考核框架"时,考核制件(活动)命题可以选用本企业的加工件(活动项目),也可以结合实际另外组织命题。

4. 实施"技能考核框架"时,考核的时间和场地条件等应依据《国家职业标准》,并结合企业实际确定。

5. 实施"技能考核框架"时,其"职业功能"的分类按以下要求确定:

(1)"维修及检定"属于本职业等级技能操作的核心职业活动,其"项目代码"为"E"。

(2)"维修前的准备"、"维护与保养"属于本职业等级技能操作的辅助性活动,其"项目代码"分别为"D"和"F"。

6. 实施"技能考核框架"时,其"鉴定项目"和"选考数量"按以下要求确定:

(1)按照《国家职业标准》有关技能操作鉴定比重的要求,本职业等级技能操作考核制件的"鉴定项目"应按"D"+"E"+"F",其考核配分比例相应为:"D"占 30 分,"E"占 50 分,"F"占 20 分。

(2)依据中国北车确定的"核心职业活动选取 2/3,并向上取整"的规定,在"E"类鉴定项目——"系统原理"、"系统回路设备检测"、"仪表检定"与"安装接线调试"的全部 4 项中,至少选取 3 项。

(3)依据中国北车确定的"其余'鉴定项目'的数量可以任选"的规定,"D"和"F"类鉴定项目——"维修前准备"、"维护与保养"中,分别选取 1 项。

(4)依据中国北车确定的"确定'选考数量'时,所涉及的'鉴定要素'的数量占比,应不低于对应'鉴定项目'范围内'鉴定要素'总数的 60%,并向上取整"的规定,考核制件的鉴定要素"选考数量"应按以下要求确定:

①在"D"类"鉴定项目"中,在已选定的 1 个或全部鉴定项目中,至少选取已选鉴定项目所对应的全部鉴定要素的 60%项,并向上保留整数。

②在"E"类"鉴定项目"中,在已选定的至少 3 个鉴定项目所包含的全部鉴定要素中,至少选取总数的 60%项,并向上保留整数。

③在"F"类"鉴定项目"中，在已选的1个鉴定项目所包含的全部鉴定要素中，至少选取总数的60%项，并向上保留整数。

举例分析：

按照上述"第6条"要求，若命题时按最少数量选取，即：在"D"类鉴定项目中选取了"工具的使用"1项，在"E"类鉴定项目中选取了"系统原理"、"系统回路设备检测"、"安装接线调试"3项，在"F"类鉴定项目中选取了"设备维护与保养"1项，则：

此考核制件所涉及的"鉴定项目"总数为5项，具体包括："工具的使用"，"系统原理"、"系统回路设备检测"、"安装接线调试"，"设备维护与保养"；

此考核制件所涉及的鉴定要素"选考数量"相应为14项，具体包括："工具的使用"1个鉴定项目包含的全部4个鉴定要素中的3项，"系统原理"、"系统回路设备检测"、"安装接线调试"3个鉴定项目包括的全部12个鉴定要素中的8项，"设备维护与保养"1个鉴定项目包含的全部5个鉴定要素中的3项。

7. 本职业等级技能操作需要两人及以上共同作业的，可由鉴定组织机构根据"必要、辅助"的原则，结合实际情况确定协助人员的数量。在整个操作过程中，协助人员只能起必要、简单的辅助作用。否则，每违反一次，至少扣减应考者的技能考核总成绩10分，直至取消其考试资格。

8. 实施"技能考核框架"时，应同时对应考者在质量、安全、工艺纪律、文明生产等方面行为进行考核。对于在技能操作考核过程中出现的违章作业现象，每违反一项(次)至少扣减技能考核总成绩10分，直至取消其考试资格。

注：按照中国北车规定，各《职业技能操作考核框架》的编制依据现行的《国家职业标准》或现行的《行业职业标准》或现行的《中国北车职业标准》的顺序执行。

二、工业自动化仪器仪表与装置修理工(初级工)技能操作要素细目表

职业功能	鉴定项目			鉴定要素			
	项目代码	名称	鉴定比重(%)	选考方式	要素代码	名称	重要程度
维修前准备	D	工具的使用	30	必选	001	工具类仪表的使用	X
					002	机械工具的使用	Y
					003	标准器具的使用	Y
					004	电源的选用	Y
维修及检定	E	系统原理	50	至少选取3项	001	仪表使用说明书	X
					002	仪表系统图及安装图	X
					003	主要工艺参数	X
		系统回路设备检测			001	显示设备参数设置	X
					002	判断信号类型	X
					003	检测位置及方式准确	X
					004	测量读数	X
					005	电路连接	X

续上表

职业功能	鉴定项目			鉴定要素			
	项目代码	名称	鉴定比重（%）	选考方式	要素代码	名称	重要程度
维修及检定	E	仪表检定	50	至少选取3项	001	仪表精度	X
					002	基本误差	X
		安装接线调试			001	仪器仪表与装置安装	X
					002	仪器仪表与装置接线	X
					003	校验仪表线号	X
					004	回路检测调试	X
维护与保养	F	设备维护与保养	20	必选	001	清理场地	Z
					002	清洁设备	Z
					003	设备操作规程	X
					004	设备润滑	Y

注：重要程度中X表示核心要素，Y表示一般要素，Z表示辅助要素。下同。

工业自动化仪器仪表与装置修理工（初级工）技能操作考核样题与分析

职 业 名 称：________________

考 核 等 级：________________

存 档 编 号：________________

考核站名称：________________

鉴定责任人：________________

命题责任人：________________

主管负责人：________________

中国北车股份有限公司劳动工资部制

职业技能鉴定技能操作考核制件图示或内容

压力变送器校准：压力变送器 1 台，0～2.5 MPa、压力源、扳手、螺丝刀、万用表等。

工作步骤：

1)准备工作；

2)连接；

3)校验；

4)拆除。

考试时间：

1)准备时间：1 min(不计入考核时间)。

2)正式操作时间：60 min。

3)提前完成操作不加分，超时停止操作考核。

职业名称	工业自动化仪器仪表与装置修理工
考核等级	初级工
试题名称	压力变送器校准
材质等信息	

职业技能鉴定技能操作考核准备单

职业名称	工业自动化仪器仪表与装置修理工
考核等级	初级工
试题名称	压力变送器校准

一、材料准备

材料规格:压力变送器,0～2.5 MPa。

二、设备、工、量、卡具准备清单

序号	名　称	规　格	数　量	备　注
1	压力源	视被校表量程而定	1个	
2	扳手	10′、12′	2把	
3	螺丝刀	平口	1把	
4	数字多用表		1台	

三、考场准备

1. 压力表校验仪及相关附件具备使用条件;
2. 校验室内环境符合计量建标体系;
3. 准备 $L=0.5$ m,$d=0.5$ mm 导线若干。

四、考核内容及要求

1. 考核内容(按考核制件图示及要求制作)。
2. 考核时限:60 min。
3. 需5点调校两次,并分别计算误差。
4. 考核评分(表)

工种		工业自动化仪器仪表与装置修理工		开考时间			
试题名称		压力变送器校准		结束时间			
序号	项　目	配分	评定标准		实测结果	扣分	得分
1	万用表串联到电路中	5	使用正确得5分				
2	扳手的使用	5	使用正确得5分				
3	螺丝刀的使用	5	使用正确得5分				
4	压力表校验仪的使用	5	使用正确得5分				
5	24 V电源的使用	5	使用正确得5分				
6	220 V电源的使用	5	使用正确得5分				
7	看懂说明书	5	使用正确得5分				
8	检测量程	5	使用正确得5分				

续上表

序号	项　目	配分	评定标准	实测结果	扣分	得分
9	压力—电流信号	5	判断正确得5分			
10	电流值	5	读数正确得5分			
11	电路连接正确	5	连接正确得5分			
12	检测位置准确	5	使用正确得5分			
13	读出仪表精度	5	读数正确得5分			
14	计算基本误差	5	计算正确得5分			
15	端子接线	5	连接正确得5分			
16	检测回路电流	5	测量正确得5分			
17	拆卸电路	5	操作正确得5分			
18	整理现场	2	操作正确得2分			
19	清洁设备	3	操作正确得3分			
20	不可带电操作	5	操作正确得5分			
21	对压力表校验仪泄压操作	5	操作正确得5分			
22	考核时限	不限	超时停止操作			
23	工艺纪律	不限	依据企业有关工艺纪律管理规定执行，每违反一次扣10分			
24	劳动保护	不限	依据企业有关劳动保护管理规定执行，每违反一次扣10分			
25	文明生产	不限	依据企业有关文明生产管理规定执行，每违反一次扣10分			
26	安全生产	不限	依据企业有关安全生产管理规定执行，每违反一次扣10分，有重大安全事故，取消成绩			
			合　计			
考评员			专业组长			

职业技能鉴定技能考核制件(内容)分析

职业名称	工业自动化仪器仪表与装置修理工
考核等级	初级工
试题名称	压力变送器校准
职业标准依据	工业自动化仪器仪表与装置修理工中国北车职业技能标准

试题中鉴定项目及鉴定要素的分析与确定

分析事项 \ 鉴定项目分类	基本技能“D”	专业技能“E”	相关技能“F”	合计	数量与占比说明
鉴定项目总数	1	4	1	6	核心技能“E”应满足占比高于 2/3 的要求，但基本技能和相关技能可不做此要求
选取的鉴定项目数量	1	4	1	6	
选取的鉴定项目数量占比(%)	100	100	100	100	
对应选取鉴定项目所包含的鉴定要素总数	4	14	4	22	
选取的鉴定要素数量	4	10	3	17	
选取的鉴定要素数量占比(%)	100	71	75	77	

所选取鉴定项目及相应鉴定要素分解与说明

鉴定项目类别	鉴定项目名称	国家职业标准规定比重(%)	《框架》中鉴定要素名称	本命题中具体鉴定要素分解	配分	评分标准	考核难点说明
D	工具的使用	30	工具类仪表的使用	万用表串联到电路中	5	选用正确得 5 分	
			机械工具的使用	扳手的使用	5	选用正确得 5 分	
				螺丝刀的使用	5	选用正确得 5 分	
			标准器具的使用	压力表校验仪的使用	5	选用正确得 5 分	
			电源的选用	24 V 电源的使用	5	选用正确得 5 分	
				220 V 电源的使用	5	选用正确得 5 分	
E	系统原理	50	仪表使用说明书	看懂说明书	5	使用正确得 5 分	
			主要工艺参数	检测量程	5	使用正确得 5 分	
	系统回路设备检测		判断信号类型	压力—电流信号	5	判断正确得 5 分	
			测量读数	电流值	5	读数正确得 5 分	
			电路连接	电路连接正确	5	连接正确得 5 分	
			检测位置及方式准确	检测位置准确	5	使用正确得 5 分	
	仪表检定		仪表精度	读出仪表精度	5	读数正确得 5 分	
			基本误差	计算基本误差	5	计算正确得 5 分	
	安装接线调试		仪器仪表与装置接线	端子接线	5	连接正确得 5 分	
			回路检测调试	检测回路电流	5	测量正确得 5 分	
F	设备维护与保养	20	清理场地	拆卸电路	5	操作正确得 5 分	
				整理现场	2	操作正确得 2 分	
			设备操作规程	不可带电操作	5	操作正确得 5 分	
				对压力表校验仪泄压操作	5	操作正确得 5 分	

续上表

鉴定项目类别	鉴定项目名称	国家职业标准规定比重(%)	《框架》中鉴定要素名称	本命题中具体鉴定要素分解	配分	评分标准	考核难点说明
F	设备维护与保养	20	清洁设备	清洁设备	3	操作正确得3分	
质量、安全、工艺纪律、文明生产等综合考核项目				考核时限	不限	超时停止操作	
				工艺纪律	不限	依据企业有关工艺纪律管理规定执行，每违反一次扣10分	
				劳动保护	不限	依据企业有关劳动保护管理规定执行，每违反一次扣10分	
				文明生产	不限	依据企业有关文明生产管理规定执行，每违反一次扣10分	
				安全生产	不限	依据企业有关安全生产管理规定执行，每违反一次扣10分，有重大安全事故，取消成绩	

工业自动化仪器仪表与装置修理工(中级工)技能操作考核框架

一、框架说明

1. 依据《国家职业标准》注,以及中国北车确定的“岗位个性服从于职业共性”的原则,提出工业自动化仪器仪表与装置修理工(中级工)技能操作考核框架(以下简称:技能考核框架)

2. 本职业等级技能操作考核评分采用百分制。即:满分为100分,60分为及格,低于60分为不及格。

3. 实施“技能考核框架”时,考核制件(活动)命题可以选用本企业的加工件(活动项目),也可以结合实际另外组织命题。

4. 实施“技能考核框架”时,考核的时间和场地条件等应依据《国家职业标准》,并结合企业实际确定。

5. 实施“技能考核框架”时,其“职业功能”的分类按以下要求确定:

(1)“维修前的准备”属于本职业等级技能操作的核心职业活动,其“项目代码”为“E”。

(2)“维修及检定”、“维护与保养”属于本职业等级技能操作的辅助性活动,其“项目代码”为“D”和“F”。

6. 实施“技能考核框架”时,其“鉴定项目”和“选考数量”按以下要求确定:

(1)按照《国家职业标准》有关技能操作鉴定比重的要求,本职业等级技能操作考核制件的“鉴定项目”应按“D”+“E”+“F”,其考核配分比例相应为:“D”占20分,“E”占70分,“F”占10分。

(2)依据中国北车确定的“核心职业活动选取2/3,并向上取整”的规定,在“E”类鉴定项目——“系统原理”、“系统回路设备检测”、“仪表检定”与“安装接线调试”的全部4项中,至少选取3项。

(3)依据中国北车确定的“其余‘鉴定项目’的数量可以任选”的规定,“D”和“F”类鉴定项目——“维修前准备”、“维护与保养”中,至少分别选取1项。

(4)依据中国北车确定的“确定‘选考数量’时,所涉及的‘鉴定要素’的数量占比,应不低于对应‘鉴定项目’范围内‘鉴定要素’总数的60%,并向上取整”的规定,考核制件的鉴定要素“选考数量”应按以下要求确定:

①在“D”类“鉴定项目”中,在已选定的1个或全部鉴定项目中,至少选取已选鉴定项目所对应的全部鉴定要素的60%项,并向上保留整数。

②在“E”类“鉴定项目”中,在已选定的至少3个鉴定项目所包含的全部鉴定要素中,至少选取总数的60%项,并向上保留整数。

③在“F”类“鉴定项目”中,对应“设备维护与保养”的5个鉴定要素,至少选取3项。

举例分析：

按照上述“第6条”要求，若命题时按最少数量选取，即：在“D”类鉴定项目中的选取了“工具的使用”1项，在“E”类鉴定项目中选取了“系统原理”、“系统回路设备检测”、“安装接线调试”3项，在“F”类鉴定项目中选取了“设备维护与保养”1项，则：

此考核制件所涉及的“鉴定项目”总数为5项，具体包括：“工具的使用”，“系统原理”、“系统回路设备检测”、“安装接线调试”，“设备维护与保养”；

此考核制件所涉及的鉴定要素“选考数量”相应为14项，具体包括：“工具的使用”鉴定项目包含的全部4个鉴定要素中的3项，“系统原理”、“系统回路设备检测”、“安装接线调试”3个鉴定项目包括的全部13个鉴定要素中的8项，“设备维护与保养”鉴定项目包含的全部5个鉴定要素中的3项。

7. 本职业等级技能操作需要两人及以上共同作业的，可由鉴定组织机构根据“必要、辅助”的原则，结合实际情况确定协助人员的数量。在整个操作过程中，协助人员只能起必要、简单的辅助作用。否则，每违反一次，至少扣减应考者的技能考核总成绩10分，直至取消其考试资格。

8. 实施“技能考核框架”时，应同时对应考者在质量、安全、工艺纪律、文明生产等方面行为进行考核。对于在技能操作考核过程中出现的违章作业现象，每违反一项（次）至少扣减技能考核总成绩10分，直至取消其考试资格。

注：按照中国北车规定，各《职业技能操作考核框架》的编制依据现行的《国家职业标准》或现行的《行业职业标准》或现行的《中国北车职业标准》的顺序执行。

二、工业自动化仪器仪表与装置修理工（中级工）技能操作要素细目表

职业功能	鉴定项目				鉴定要素		
	项目代码	名称	鉴定比重（%）	选考方式	要素代码	名称	重要程度
维修前准备	D	工具的使用	20	必选	001	工具类仪表的使用	X
					002	机械工具的使用	Y
					003	标准器具的使用	Y
					004	电源的选用	Y
维修及检定	E	系统原理	70	至少选取3项	001	仪表使用说明书	X
					002	仪表系统图及安装图	X
					003	主要工艺参数	X
		系统回路设备检测			001	显示设备参数设置	X
					002	判断信号类型	X
					003	检测位置及方式准确	X
					004	测量读数	X
					005	电路连接	X
		仪表检定			001	仪表精度	X
					002	基本误差	X

续上表

职业功能	鉴定项目			鉴定要素			
	项目代码	名　称	鉴定比重(%)	选考方式	要素代码	名　称	重要程度
维修及检定	E	安装接线调试	70	至少选取3项	001	仪器仪表与装置安装	X
					002	仪器仪表与装置接线	X
					003	校验仪表线号	X
					004	回路检测调试	X
					005	组态软件调试	X
维护与保养	F	设备维护与保养	10	必选	001	清理场地	Z
					002	清洁设备	Z
					003	设备操作规程	X
					004	设备润滑	Y

工业自动化仪器仪表与装置修理工(中级工)技能操作考核样题与分析

职业名称：

考核等级：

存档编号：

考核站名称：

鉴定责任人：

命题责任人：

主管负责人：

中国北车股份有限公司劳动工资部制

职业技能鉴定技能操作考核制件图示或内容

现场故障处理:汽鼓压力故障处理,检查分析故障原因并判断处理。

工作步骤:

1)准备工作;

2)根据现象判断故障原因;

3)现场检查;

4)现场处理。

考试时间:

1)准备时间:1 min(不计入考核时间)。

2)正式操作时间:60 min。

3)提前完成操作不加分,超时停止操作考核。

职业名称	工业自动化仪器仪表与装置修理工
考核等级	中级工
试题名称	现场故障处理一除尘烟温故障
材质等信息	

职业技能鉴定技能操作考核准备单

职业名称	工业自动化仪器仪表与装置修理工
考核等级	中级工
试题名称	现场故障处理－汽鼓压力故障

一、材料准备

材料规格:无

二、设备、工、量、卡具准备清单

序号	名　称	规　格	数　量	备　注
1	万用表			
2	电笔			
3	螺丝刀			
4	活扳手			
5	克丝钳子			

三、考场准备

1. 锅炉设备正常运行,且具备考试条件;
2. 锅炉操作工现场监护。

四、考核内容及要求

1. 考核内容(按考核制件图示及要求制作)。
2. 考核时限:60 min。
3. 考核评分(表)

工种		工业自动化仪器仪表与装置修理工		开考时间			
试题名称		现场故障处理－汽鼓压力故障		结束时间			
序号	项　目	配分	评定标准		实测结果	扣分	得分
1	万用表串联到电路中	5	选用正确得 5 分				
2	扳手的使用	5	选用正确得 5 分				
3	螺丝刀的使用	5	选用正确得 5 分				
4	正确选用标准器具	5	选用正确得 5 分				
5	看懂说明书	10	正确得 10 分				
6	看懂系统图	10	正确得 10 分				
7	说出汽鼓压力报警值	10	正确得 10 分				
8	电压、电流信号	5	判断正确得 5 分				

续上表

序号	项目	配分	评定标准	实测结果	扣分	得分
9	电流值或电压值	5	读数正确得5分			
10	电路连接正确	5	连接正确得5分			
11	检测位置准确	5	使用正确得5分			
12	通过线号查找回路	10	正确得10分			
13	端子接线及回路接线	5	连接正确得5分			
14	检测回路电流或电压	5	测量正确得5分			
15	拆卸电路	2	操作正确得2分			
16	整理现场	2	操作正确得2分			
17	不可带电操作	4	操作正确得4分			
18	清洁设备	2	正确得2分			
19	考核时限	不限	超时停止考试			
20	工艺纪律	不限	依据企业有关工艺纪律管理规定执行,每违反一次扣10分			
21	劳动保护	不限	依据企业有关劳动保护管理规定执行,每违反一次扣10分			
22	文明生产	不限	依据企业有关文明生产管理规定执行,每违反一次扣10分			
23	安全生产	不限	依据企业有关安全生产管理规定执行,每违反一次扣10分,有重大安全事故,取消成绩			
			合计			
考评员			专业组长			

职业技能鉴定技能考核制件(内容)分析

职业名称	工业自动化仪器仪表与装置修理工
考核等级	中级工
试题名称	现场故障处理一汽鼓压力故障
职业标准依据	工业自动化仪器仪表与装置修理工中国北车职业技能标准

试题中鉴定项目及鉴定要素的分析与确定

分析事项 \ 鉴定项目分类	基本技能“D”	专业技能“E”	相关技能“F”	合计	数量与占比说明
鉴定项目总数	1	4	1	7	核心技能“E”应满足占比高于2/3的要求，但基本技能和相关技能可不做此要求
选取的鉴定项目数量	1	3	1	6	
选取的鉴定项目数量占比(%)	100	75	100	86	
对应选取鉴定项目所包含的鉴定要素总数	4	13	5	24	
选取的鉴定要素数量	3	10	3	18	
选取的鉴定要素数量占比(%)	75	77	60	75	

所选取鉴定项目及相应鉴定要素分解与说明

鉴定项目类别	鉴定项目名称	国家职业标准规定比重(%)	《框架》中鉴定要素名称	本命题中具体鉴定要素分解	配分	评分标准	考核难点说明
D	工具的使用	20	工具类仪表的使用	万用表串联到电路中	5	选用正确得5分	
			机械工具的使用	扳手的使用	5	选用正确得5分	
				螺丝刀的使用	5	选用正确得5分	
			标准器具的使用	正确使用标准器具	5	选用正确得5分	
E	系统原理	70	仪表使用说明书	看懂说明书	10	正确得10分	
			仪表系统图及安装图	看懂系统图	10	正确得10分	
			主要工艺参数	说出汽鼓压力报警值	10	正确得10分	
	系统回路设备检测		判断信号类型	电压、电流信号	5	判断正确得5分	
			测量读数	电流值或电压值	5	读数正确得10分	
			电路连接	电路连接正确	5	连接正确得10分	
			检测位置及方式准确	检测位置准确	5	使用正确得5分	
	安装接线调试		校验仪表线号	通过线号查找回路	10	正确得10分	
			仪器仪表与装置接线	端子接线及回路接线	5	连接正确得10分	
			回路检测调试	检测回路电流或电压	5	测量正确得5分	
F	设备维护与保养	10	清理场地	拆卸电路	2	操作正确得2分	
				整理现场	2	操作正确得2分	
			设备操作规程	不可带电操作	4	操作正确得4分	
			清洁设备	清洁设备	2	正确得2分	

续上表

鉴定项目类别	鉴定项目名称	国家职业标准规定比重(%)	《框架》中鉴定要素名称	本命题中具体鉴定要素分解	配分	评分标准	考核难点说明
质量、安全、工艺纪律、文明生产等综合考核项目				考核时限	不限	超时停止考试	
				工艺纪律	不限	依据企业有关工艺纪律管理规定执行，每违反一次扣10分	
				劳动保护	不限	依据企业有关劳动保护管理规定执行，每违反一次扣10分	
				文明生产	不限	依据企业有关文明生产管理规定执行，每违反一次扣10分	
				安全生产	不限	依据企业有关安全生产管理规定执行，每违反一次扣10分，有重大安全事故，取消成绩	

工业自动化仪器仪表与装置修理工(高级工)技能操作考核框架

一、框架说明

1. 依据《国家职业标准》注,以及中国北车确定的"岗位个性服从于职业共性"的原则,提出工业自动化仪器仪表与装置修理工(高级工)技能操作考核框架(以下简称:技能考核框架)

2. 本职业等级技能操作考核评分采用百分制。即:满分为100分,60分为及格,低于60分为不及格。

3. 实施"技能考核框架"时,考核制件(活动)命题可以选用本企业的加工件(活动项目),也可以结合实际另外组织命题。

4. 实施"技能考核框架"时,考核的时间和场地条件等应依据《国家职业标准》,并结合企业实际确定。

5. 实施"技能考核框架"时,其"职业功能"的分类按以下要求确定:

(1)"维修前的准备"属于本职业等级技能操作的核心职业活动,其"项目代码"为"E"。

(2)"维修及检定"、"维护与保养"属于本职业等级技能操作的辅助性活动,其"项目代码"为"D"和"F"。

6. 实施"技能考核框架"时,其"鉴定项目"和"选考数量"按以下要求确定:

(1)按照《国家职业标准》有关技能操作鉴定比重的要求,本职业等级技能操作考核制件的"鉴定项目"应按"D"+"E"+"F",其考核配分比例相应为:"D"占15分,"E"占75分,"F"占10分。

(2)依据中国北车确定的"核心职业活动选取2/3,并向上取整"的规定,在"E"类鉴定项目——"系统原理"、"系统回路设备检测"、"仪表检定"与"安装接线调试"的全部4项中,至少选取3项。

(3)依据中国北车确定的"其余'鉴定项目'的数量可以任选"的规定,"D"和"F"类鉴定项目——"维修前的准备"、"维护与保养"中,至少分别选取1项。

(4)依据中国北车确定的"确定'选考数量'时,所涉及的'鉴定要素'的数量占比,应不低于对应'鉴定项目'范围内'鉴定要素'总数的60%,并向上取整"的规定,考核制件的鉴定要素"选考数量"应按以下要求确定:

①在"D"类"鉴定项目"中,在已选定的1个或全部鉴定项目中,至少选取已选鉴定项目所对应的全部鉴定要素的60%项,并向上保留整数。

②在"E"类"鉴定项目"中,在已选定的至少3个鉴定项目所包含的全部鉴定要素中,至少选取总数的60%项,并向上保留整数。

③在"F"类"鉴定项目"中,对应"设备维护与保养"的5个鉴定要素,至少选取3项。

举例分析：

按照上述“第 6 条”要求，若命题时按最少数量选取，即：在“D”类鉴定项目中选取了“工具的使用”1 项，在“E”类鉴定项目中选取了“系统原理”、“系统回路设备检测”、“安装接线调试”3 项，在“F”类鉴定项目中选取了“设备维护与保养”1 项，则：

此考核制件所涉及的“鉴定项目”总数为 5 项，具体包括：“工具的使用”，“系统原理”、“系统回路设备检测”、“安装接线调试”，“设备维护与保养”；

此考核制件所涉及的鉴定要素“选考数量”相应为 15 项，具体包括：“工具的使用”1 个鉴定项目包含的全部 4 个鉴定要素中的 3 项，“系统原理”、“系统回路设备检测”、“安装接线调试”3 个鉴定项目包括的全部 14 个鉴定要素中的 9 项，“设备维护与保养”1 个鉴定项目包含的全部 5 个鉴定要素中的 3 项。

7. 本职业等级技能操作需要两人及以上共同作业的，可由鉴定组织机构根据“必要、辅助”的原则，结合实际情况确定协助人员的数量。在整个操作过程中，协助人员只能起必要、简单的辅助作用。否则，每违反一次，至少扣减应考者的技能考核总成绩 10 分，直至取消其考试资格。

8. 实施“技能考核框架”时，应同时对应考者在质量、安全、工艺纪律、文明生产等方面进行考核。对于在技能操作考核过程中出现的违章作业现象，每违反一项(次)至少扣减技能考核总成绩 10 分，直至取消其考试资格。

注：按照中国北车规定，各《职业技能操作考核框架》的编制依据现行的《国家职业标准》或现行的《行业职业标准》或现行的《中国北车职业标准》的顺序执行。

二、工业自动化仪器仪表与装置修理工(高级工)技能操作要素细目表

职业功能	鉴定项目			鉴定要素			
	项目代码	名　称	鉴定比重(%)	选考方式	要素代码	名　称	重要程度
维修前准备	D	工具的使用	15	必选	001	工具类仪表的使用	X
					002	机械工具的使用	Y
					003	标准器具的使用	Y
					004	电源的选用	Y
维修及检定	E	系统原理	75	至少选取3项	001	仪表使用说明书	X
					002	仪表系统图及安装图	X
					003	主要工艺参数	X
		系统回路设备检测			001	显示设备参数设置	X
					002	判断信号类型	X
					003	检测位置及方式准确	X
					004	测量读数	X
					005	电路连接	X
		仪表检定			001	仪表精度	X
					002	基本误差	X

续上表

职业功能	鉴定项目				鉴定要素		
	项目代码	名　称	鉴定比重(%)	选考方式	要素代码	名　称	重要程度
维修及检定	E	安装接线调试	75	至少选取3项	001	仪器仪表与装置安装	X
					002	仪器仪表与装置接线	X
					003	校验仪表线号	X
					004	回路检测调试	X
					005	组态、PLC 软件调试	X
					006	工控机操作	X
维护与保养	F	设备维护与保养	10	必选	001	清理场地	Z
					002	清洁设备	Z
					003	设备操作规程	X
					004	设备润滑	Y

工业自动化仪器仪表与装置修理工（高级工）技能操作考核样题与分析

职业名称：________________

考核等级：________________

存档编号：________________

考核站名称：________________

鉴定责任人：________________

命题责任人：________________

主管负责人：________________

中国北车股份有限公司劳动工资部制

职业技能鉴定技能操作考核制件图示或内容

现场故障处理：微机监控组态显示异常，检查分析故障原因并判断处理。

工作步骤：

1)准备工作；

2)根据现象判断故障原因；

3)现场检查；

4)现场处理。

考试时间：

1)准备时间：1 min(不计入考核时间)。

2)正式操作时间：60 min。

3)提前完成操作不加分，超时停止操作考核。

职业名称	工业自动化仪器仪表与装置修理工
考核等级	高级工
试题名称	现场故障处理一组态显示异常
材质等信息	

职业技能鉴定技能操作考核准备单

职业名称	工业自动化仪器仪表与装置修理工
考核等级	高级工
试题名称	现场故障处理一组态显示异常

一、材料准备

材料规格:无

二、设备、工、量、卡具准备清单

序号	名　称	规　格	数　量	备　注
1	万用表			
2	电笔			
3	螺丝刀			
4	活扳手			
5	钳子			

三、考场准备

1. 锅炉设备正常运行,且具备考试条件;
2. 锅炉操作工现场监护。

四、考核内容及要求

1. 考核内容(按考核制件图示及要求制作)。
2. 考核时限:60 min。
3. 考核评分(表)

工种	工业自动化仪器仪表与装置修理工		开考时间			
试题名称	现场故障处理一组态显示异常		结束时间			
序号	项目	配分	评定标准	实测结果	扣分	得分
1	万用表串联到电路中	5	选用正确得 5 分			
2	正确使用工具	5	选用正确得 5 分			
3	正确使用器具	5	选用正确得 5 分			
4	看懂说明书	10	使用正确得 10 分			
5	看懂系统图或安装图	8	正确得 8 分			
6	说出量程等信息	5	正确得 5 分			
7	判断输入输出信号	5	判断正确得 5 分			
8	测量并读出电压值	5	正确得 5 分			

续上表

序号	项目	配分	评定标准	实测结果	扣分	得分
9	电路连接正确	10	连接正确得 10 分			
10	检测位置准确	7	使用正确得 7 分			
11	能读出线号并正确连接	10	正确得 10 分			
12	端子接线及回路接线	10	连接正确得 10 分			
13	检测输入输出数值	5	测量正确得 5 分			
14	整理现场	2	操作正确得 2 分			
15	不可带电操作	4	操作正确得 4 分			
16	清洁设备	4	正确得 4 分			
17	考核时限	不限	超时停止考试			
18	工艺纪律	不限	依据企业有关工艺纪律管理规定执行，每违反一次扣 10 分			
19	劳动保护	不限	依据企业有关劳动保护管理规定执行，每违反一次扣 10 分			
20	文明生产	不限	依据企业有关文明生产管理规定执行，每违反一次扣 10 分			
21	安全生产	不限	依据企业有关安全生产管理规定执行，每违反一次扣 10 分，有重大安全事故，取消成绩			
			合计			
考评员			专业组长			

职业技能鉴定技能考核制件(内容)分析

职业名称	工业自动化仪器仪表与装置修理工
考核等级	高级工
试题名称	现场故障处理—组态显示异常
职业标准依据	工业自动化仪器仪表与装置修理工中国北车职业技能标准

试题中鉴定项目及鉴定要素的分析与确定

分析事项 \ 鉴定项目分类	基本技能“D”	专业技能“E”	相关技能“F”	合计	数量与占比说明
鉴定项目总数	1	4	1	6	核心技能“E”应满足占比高于2/3的要求，但基本技能和相关技能可不做此要求
选取的鉴定项目数量	1	3	1	5	
选取的鉴定项目数量占比(%)	100	75	100	83	
对应选取鉴定项目所包含的鉴定要素总数	4	14	5	23	
选取的鉴定要素数量	3	10	3	16	
选取的鉴定要素数量占比(%)	75	71.4	60	70	

所选取鉴定项目及相应鉴定要素分解与说明

鉴定项目类别	鉴定项目名称	国家职业标准规定比重(%)	《框架》中鉴定要素名称	本命题中具体鉴定要素分解	配分	评分标准	考核难点说明
D	工具的使用	15	工具类仪表的使用	万用表串联到电路中	5	选用正确得5分	
			机械工具的使用	正确使用工具	5	选用正确得5分	
	劳保穿戴		标准器具的使用	正确使用器具	5	选用正确得5分	
E	系统原理	75	仪表使用说明书	看懂说明书	10	使用正确得10分	
			仪表系统图及安装图	看懂系统图或安装图	8	正确得8分	
			主要工艺参数	说出量程等信息	5	正确得5分	
	系统回路设备检测		判断信号类型	判断输入输出信号	5	判断正确得5分	
			测量读数	测量并读出电压值	5	正确得5分	
			电路连接	电路连接正确	10	连接正确得10分	
			检测位置及方式准确	检测位置准确	7	使用正确得7分	
	安装接线调试		校验仪表线号	能读出线号并正确连接	10	正确得10分	
			仪器仪表与装置接线	端子接线及回路接线	10	连接正确得10分	
			回路检测调试	检测输入输出数值	5	测量正确得5分	
F	设备维护与保养	10	清理场地	整理现场	2	操作正确得2分	
			设备操作规程	不可带电操作	4	操作正确得4分	
			清洁设备	清洁设备	4	正确得4分	

续上表

鉴定项目类别	鉴定项目名称	国家职业标准规定比重(%)	《框架》中鉴定要素名称	本命题中具体鉴定要素分解	配分	评分标准	考核难点说明
质量、安全、工艺纪律、文明生产等综合考核项目				考核时限	不限	超时停止考试	
				工艺纪律	不限	依据企业有关工艺纪律管理规定执行，每违反一次扣10分	
				劳动保护	不限	依据企业有关劳动保护管理规定执行，每违反一次扣10分	
				文明生产	不限	依据企业有关文明生产管理规定执行，每违反一次扣10分	
				安全生产	不限	依据企业有关安全生产管理规定执行，每违反一次扣10分，有重大安全事故，取消成绩	